白洋淀流域

地下水循环与水化学演化

袁瑞强　宋献方　张应华　著

电子科技大学出版社
University of Electronic Science and Technology of China Press
·成都·

图书在版编目(CIP)数据

白洋淀流域地下水循环与水化学演化 / 袁瑞强，宋献方，张应华著. — 成都：电子科技大学出版社，2021.10
ISBN 978-7-5647-9210-7

Ⅰ. ①白… Ⅱ. ①袁… ②宋… ③张… Ⅲ. ①白洋淀—流域—地下水系统—水循环—研究②白洋淀—流域—地下水系统—水化学—研究 Ⅳ. ①P641

中国版本图书馆CIP数据核字（2021）第181594号

白洋淀流域地下水循环与水化学演化

BAIYANGDIAN LIUYU DIXIASHUI XUNHUAN YU SHUIHUAXUE YANHUA

袁瑞强　宋献方　张应华　著

策划编辑　段　勇
责任编辑　段　勇
助理编辑　杨梦婷

出版发行　电子科技大学出版社
　　　　　成都市一环路东一段159号电子信息产业大厦九楼　邮编：610051
主　　页　www.uestcp.com.cn
服务电话　028-83203399
邮购电话　028-83201495

印　　刷　成都新恒川印务有限公司
成品尺寸　185 mm×260 mm
印　　张　13
字　　数　300千字
版　　次　2021年10月第一版
印　　次　2021年10月第一次印刷
书　　号　ISBN 978-7-5647-9210-7
定　　价　48.00元

前　　言

陆地地下水循环是组成陆地水文循环的重要过程。除了少数封存地下水，绝大多数地下水都处于不断地循环运动中。其中，发生于大气环流水和降水、地表水与地壳浅部地下水之间水量转化的过程称为浅部地下水循环（张宗祜等，2006）。地壳浅部地下水由大气水、地表水的渗入而得到补给，流经地下，最后又排入地表水和大气中，以此完成整个水文循环中的地下水循环（沈照理等，1985）。同时，由于滨海地区地下水存在向大海排泄（Submarine Groundwater Discharge，SGD）（Burnett等，2006）或者海水入侵的问题，因此大陆上地下水循环还是构成海陆间水文循环的关键过程。

地下水循环是地下水系统的主要运行机制，是其各项功能得以实现的前提和基础。地下水系统的所有外在行为特征，例如：地下水系统的储存、传输、延迟、调蓄等作用以及资源、生态、环境等功能，都是在地下水补给—径流—排泄的循环过程中实现的。了解地下水循环规律是了解地下水系统的关键，是地下水系统科学中最基本的研究内容。研究地下水循环对于正确认识地下水系统，合理开发利用地下水具有科学指导意义。

研究地下水循环规律可以为正确评价地下水资源提供科学依据。地下水资源是指在一个完整的水文地质单元（地下水系统）内，地下水在天然条件下通过各种途径，直接或间接地接受大气降水或地表水入渗补给而形成的具有一定水化学特征、可资利用并按水文周期呈现规律变化的多年平均补给量（陈梦熊和马凤山，2002）。地下水资源实质是地下水系统中处于不断循环运动中的那部分水量，是研究区域内水土资源平衡和生态平衡等问题的基础资料。地下水天然资源的形成除了受到地质构造和水文地质条件的控制外，还取决于地下水的循环条件。因此，国际水文计划（IHP，2000）中指出“为了更好地、较为有效地进行水资源管理必须对水文循环有较为严谨的认识”。

在以地下水作为主要供水水源的地区，研究地下水循环是水资源可持续性研究的基础。亚洲几乎三分之一的饮用水取自地下水，世界绝大多数农村人口直接以地下水作为饮用水源（Holman等，2009）。在干旱、半干旱地区，地下水甚至是满足居民生活、农业耕作和工业生产的唯一水源。若这些区域人口和经济快速增长、城市化进程加速发展，将进一步激化水资源短缺的矛盾。因此水资源的利用必须考虑它的可持续性，地下水更是如此（张宗祜，2005）。从科学层面上来看，实现水资源的可持续利用取决于对水循环的认识水平。

气候变化对我国水资源产生了重大影响。近几十年来中国降水分布格局发生了明显变化，西部和华南地区降水增加，而华北和东北大部分地区降水减少。同时，随着生产力水平提高，人类活动对水资源的影响日趋深化。地下水资源常常被超量开采，饮用水安全受到挑战。气候变化和人类活动影响了地下水循环过程的各个环节，很大程度上改变了水文循环的路径和水文循环模式。面对气候变化和人类活动带来的影响，从20世纪90年代末开始，变化环境中的水文循环研究成为热点（夏军，2002）。

流经不同的岩石，地下水就会获得不同的化学成分。同时，在地下水循环过程中，多种作用，包括人类活动促使地下水水化学成分不断演化，并可能导致水质退化和使用过程中的健康风险，进而引起水质型缺水。这将加剧水资源匮乏区域的水资源短缺状况。因此，地下水循环过程中的水化学演化问题也得到广泛地关注。

华北平原水资源匮乏，供需矛盾突出。白洋淀流域是华北平原水问题的“天然实验场”。本书聚焦白洋淀流域地下水循环与水化学演化问题，反映了人类活动对其的影响。在本书的写作过程中，多位作者做出了贡献，杨丽虎和张广英参与了第三章的编写工作，王仕琴撰写了第四章和第七章的第四节，宋献方和张应华为全书统稿和校对，并做学术把关。

2022年1月于太原

目　　录

第一章　白洋淀流域

第一节　白洋淀及其形成和演变

白洋淀是河北平原（北抵燕山，东邻渤海，西与太行山为邻，南与河南、山东平原接壤）中部、大清河中游许多淀泊的总称，因白洋淀最大，故称白洋淀。白洋淀距北京163 km、天津159 km，石家庄187 km，处在三个地区地形三角形的中心位置上，地理位置为北纬38°43'～39°02'，东经115°38'～116°07'。行政区划隶属保定市的安新县、高阳县、雄县、容城县和沧州市的任丘市共5个县（市），其中保定市管辖面积占白洋淀总面积的93%，如图1-1所示。当十方院水位达10.5 m时（大沽高程），白洋淀总面积为366 km^2，其中85%的水域在安新县境内，占安新县总面积的42%。淀区有纯水村庄36个，半水村庄62个，村基高程在9.5～10.5 m之间，人口约16.8万人。

图1-1　白洋淀卫星影像图(资料来自Google Earth,2008)

从地形地势上看，白洋淀地处永定河与滹沱河两个冲积扇间的低洼地带，是该区域海拔最低的地方。淀区内大小洼地星罗棋布，古河道纵横交织。因此，白洋淀的特点是淀中有淀，沟壕相连，园田和水面相间分布。白洋淀纵横交错的沟壕将全淀分割成大小不等的淀泊143余个，其中百亩以上的大淀99个，百亩以下的小淀44个，淀底高程一般在4～5 m，成为一个水陆相间的湖泊，地形复杂。村庄、苇地及园田等陆地面积约占淀区面积的46.95%，水面约占53.05%；在水域范围，沟壕水面占7.4%，泊淀面积约占41.1%。白洋淀周边有堤防围绕，东有千里堤，南有淀南新堤，西有四门堤和防水捻，北有新安北堤，堤防总长203 km。白洋淀水陆交错带发育较好，在全淀范围内，以芦苇植被为景观特征的水陆交错带约占36%，主要由芦苇群落、苇地间小沟以及浅水区组成，苇地和水面的面积之比约为1：3.5。

白洋淀是华北平原面积最大的天然水体，对于区域的生态环境、局地气候发挥了不可替代的调节作用。白洋淀属于海河流域大清河水系，其控制范围为大清河中上游地区。源出太行山大清河水系的大小河流构成扇形河网汇流于白洋淀，淀内汇集了潴龙河、孝义河、唐河、府河、漕河、瀑河、萍河、拒马河等河流。淀水可以通过枣林庄枢纽调泄进入东淀，经过海河和独流减河泄入渤海。白洋淀是华北平原最大的天然淡水湖泊湿地，提供了巨大的生态服务价值，主要包括以下几个方面（刘克岩等，2007）。

（1）缓洪滞沥。白洋淀位于大清河中游，是大清河水系重要的天然淀洼，承接着白洋淀以上流域的洪、沥水。白洋淀正常情况可蓄纳约5亿立方米洪水，最高蓄水量约6亿立方米，并可使周边地区沥水排泄入淀。白洋淀在减缓洪水对下游城市的威胁、保障京九和京沪铁路畅通、保护华北油田等方面起到了重要作用。

（2）调节华北气候。白洋淀具有调节河北平原及京津地区气候，改善温湿状况等重要作用。比较1959—1965年与1966—1980年间的气象资料，由于淀区水面缩小，造成华北地区气温、湿度均有下降，年温差加大2 ℃，冰期延长37天。

（3）保护生态。白洋淀湿地生物资源丰富，水生植物共47种，鱼类54种，鸟类192种，野生哺乳动物14种。白洋淀为野生动、植物提供了生存场所，在维持地区生态平衡、保护湖泊生物多样性方面发挥着重要的作用。

（4）净化大清河水系。由于淀区水体流速减缓，泥沙等杂质大量沉淀，水质得到改善。湿地中的芦苇则可降低水中的重金属含量，特别是湿地独特的土壤—植物—微生物系统，可降低水中NH_4^+、NO_3^-等离子的含量，从而降低注入淀内的农业退水、生活污水和工业废水中的污染物质浓度，实现自然净化。

（5）渔苇生产。白洋淀水域辽阔，光热适宜，生物繁茂，利于鱼类等水生物繁殖生长，是我国北方重要的淡水水产品生产基地之一。淀内芦苇以数量大、质地优而著称全国，素有“芦苇之乡”的美誉。

（6）旅游资源。白洋淀是华北平原上面积最大的淡水湖泊，风景秀丽，环境优雅，气候宜人，水产资源丰富，有“北国江南”“华北明珠”的美称，交通便捷，是优质旅游资源。基于白洋淀对人类赖以生存和生活的生态环境的重要性，河北省政府于2002年10月批准建立白洋淀自然保护区，如图1-2所示。

图1-2　白洋淀内围网养鱼、交通方式，旅游观光、野生鱼类等自然景观

据相关古地理和水利史研究成果（谭徐明，2002；陈茂山，2005），先秦时期海河流域有浩瀚的大湖和辽阔的水域。当时黄河下游流经现在的海河流域，在黄河下游冲积平原与太行山东麓冲积扇之间，是一个自西南向东北延伸的巨型洼地。大量地质钻孔资料研究表明，在这个巨型洼地下，普遍存在着相当于中全新世沉积的湖沼相沉积物，说明在距今7000年至4500年这一带曾是一个巨大的湖泊。当时由于气候温湿多雨，海平面上升，这一巨型洼地形成一个断续相连的统一湖群。后来，由于气候逐渐变干，海平面下降，湖沼变浅，并在滹沱河与永定河两大冲积扇向前推进的背景下，相对统一的湖群逐渐瓦解为三个大型湖群：大陆泽—宁晋泊湖群、白洋淀—文安洼湖群、七里海—黄庄洼湖群。

从汉代开始出现黄河频繁决溢的记载。王莽始建国三年（公元11年），“河决魏郡，泛清河以东数郡”。东汉王景治河之后，黄河下游改向东流，从今利津一带入海，在相当长的一段时间里下游河道比较稳定。河北平原各河开始摆脱了黄河水系的控制，形成滹池河（今滹沱河）、派水（今大清河）、治水（今永定河）和沽水（今潮白河）等独立的水系统，分流入海。黄河改道东流，使河北平原各河进入独立的地方性水系的演化过程，在众多因素的共同作用下，逐步由分流入海向汇流入海演变。

白洋淀在宋代称为白羊淀，本是高阳和雄县之间一个比较小的湖泊。北宋时期出于军事和政治的需要，人为地改变了湖沼生态，使今白洋淀—文安洼一带湖群发生了重大变化。北宋与北方的辽国在这一带形成对峙，以拒马河下游白沟河为界，因此白沟河又称为界河。界河以南是一个带状的湖沼洼淀带。为了防御辽的骑兵南下，北宋初年开始逐步人为地将界河以南许多河流引入这一低洼地带，筑塘蓄水，“凡并边诸河，若滤沱、胡卢、永济等河，皆汇于塘”，使之形成一条西起今保定市以西，东到海滨黑龙港的屈曲4500米的淀泊带。北宋末年，由于金元时期永定河南徙和滹沱河北泛，淀泊逐渐被泥沙淤填。

在明朝弘治元年（1488年）之前白洋淀一带已被淤平，“其地可耕而食，中央为牧马场”。正德十二年（1517年）“杨村河（今潴龙河）决入，始成泽国”。同时永定河、子牙河等河流都汇注这里，扩大了一些淀泊的淹浸范围，还形成了许多新的淀泊。明代中期以后白洋淀跨任丘、新安、高阳三县境，方圆有300米，“深广四通，菱荷交匝，望之若江湖焉”。其他还有高桥淀、三角淀、五官淀、苍耳淀、马务淀、烧车淀、莲花淀、矛儿湾等，规模都不小，大的方圆150～200米，小的也有15～20米。仅雄县境内就有淀泊29处。明代地方志记述这一带水环境时说：“若白洋、石丘、平洋、烧车东南西北之淀，环几十聚落，一望孤芦，杂以菱藕，网竿置丽所在，而是民虽出入沮洳之场，作息风波之间，然习而安焉，稍食其利而忘其苦，至于渊平波浅，蒲绿荷红，渔歌菱唱，差可拟西湖、洞庭也。”淀内水产丰富，渊平波浅，环境优美，甚至可以与西湖、洞庭湖相比美。

乾隆二十八年（1763年）划定西淀和东淀的界线，以保定张青口为界，张青口以西为西淀，以东为东淀。“东西二淀跨雄、霸等十余州县，广袤百余里。畿内六十余河之水，会于西淀，经霸州之苑家口会同河，合子牙、永定二河之水，汇为东淀，盖群水之所储蓄也”。具体地说，东淀位于霸州、文安、大城、武清、东安、静海等州县，“周四百里有赢”，“西亘一百六十里，南北二三十里及六七十里不等”，面积最小有800～1200平方千米，最大有2400～2800平方千米。西淀“周三百余里”，“跨雄、新数邑之境，既广且深，西北诸山之水皆汇焉。东淀大体上即今文安洼和东淀，西淀大体上即以今白洋淀为主体的洼淀群。由于淀内的淤积和人类围垦，至20世纪初东淀湖群先淤为文安洼，后又分割成许多小洼淀，逐渐干涸。西淀的白洋淀，从顺治元年（1644年）至光绪七年（1881年）的237年间，由于大规模筑堤围垦，湖区面积缩小了90%。

20世纪50年代以来是历史上海河流域洼淀变化最大的时期，主要淀泊水面加速萎缩，消失殆尽，现存的白洋淀已成为流域历史上众多淀泊的最后残迹。20世纪50年代，海河流域湖沼洼淀主要有白洋淀、七里海、千顷洼、东淀、大港、大黄铺洼、黄庄洼、大陆泽、宁晋泊、永年洼等。由于当时处于丰水期，雨水相对比较丰沛，各河上游水库尚未修建，水资源开发利用率不高，因此这一时期流域湖沼洼淀的情况相对比较稳定。据有关资料统计，当时湖沼洼淀面积有1万平方千米。大陆泽—宁晋泊、白洋淀—文安洼、黄庄洼—七里海三大洼淀群的基本格局仍得以基本保持。20世纪60年代以后，海河流域洼淀呈现加速消亡的趋势。随着山区水库的大量修建，水资源开发利用程度不断提高。20世纪80年代以后，区域气候偏旱，降水减少。在这两方面的原因共同作用下，淀区面积大幅缩减，甚至连年发生干淀现象。20世纪60年代中期以前，白洋淀入、出淀水量与降水量（尤其是上游山区降水量）有很大关系。入淀水量丰富，且与流域降水变化基本同步。由于白洋淀为平原浅碟式湖泊，故出淀水量较大，年际变化很大。1965—1980年，入淀水量逐渐减少。主要原因有两个：一是水库调蓄导致河流径流量减少；二是降水量逐年减少。同时，出淀水量也明显减少，年际变化相应减小。自1981年至今，入淀水量进一步减少，仅个别丰水年份入淀水量较大，出淀水量很少。即使在个别丰水年份，白洋淀仍然存在干淀危险。1984年下半年至1988年上半年白洋淀干涸，1999至今没有出淀水量，2000—2004年平均每年有一半时间干淀（尹健梅，2008）。据统计，白洋淀等12个主要洼淀的水面面积50年代有2694平方千米，60年代下降到2178平方千米，70年代进一步减少到866平方千米，到2000年只有538平方千米，比50年代减少了80%。目前，汇入白洋淀的河流中拒马河、府河常年有水入淀，漕河、瀑河季节性有水，其余河流长期断流。白洋淀靠从上游水库或者引入的黄河水等调水活动维持水量和淀区面积，以保护并发挥其基本的生态和气候功能。然而，周边城镇的发展蓄积了大量生活和生产污废水，淀区的水污染问题曾经十分突出。水量短缺和水质退化严重威胁着白洋淀的可持续发展。如何把白洋淀这个华北地区硕果仅存的平原洼淀保护好，成为亟待解决的重大课题。

第二节　白洋淀流域

白洋淀流域是指唐河、拒马河、府河等水系的汇水区域，属于海河流域。白洋淀流域西部属于太行山区，东部属于华北平原，中部山前倾斜平原自北、西和南三个方向向白洋淀洼地倾斜。流域最高海拔约2786 m，位于太行山区；最低海拔约5 m，位于白洋淀洼地。曾有十余条河流注入白洋淀，目前大部分河流进入平原后干涸。流域地理坐标为东经113°39'16'至116°13'51'；北纬38°9'50'至40°3'51'；整个流域面积为31 816.46 km^2，流域界线长1 008.88 km（袁瑞强和宋献方，2020）。白洋淀流域包含河北省、山西省与北京市三个省市的一部分区域，大部分处于河北省保定市的行政区划内。白洋淀流域山区面积占57%，平原区面积占43%，城镇和人口集中分布在平原区，如图1-3所示。

图1-3　白洋淀流域卫星影像图（资料来自Google Earth，2008）

白洋淀流域由于地形地貌复杂，山地、丘陵、平原、洼地俱全，气候条件相差较大。整个流域属于温带大陆性季风气候区。春季经常受蒙古大陆气团影响，蒸发量大，降水稀少；夏季受太平洋暖湿气团和西或西南低压控制，炎热多雨；秋季多受高压控制，天气晴朗；冬季则受西伯利亚大陆性气团影响，寒冷干燥少雨。流域多年平均气温7.3～12.7 ℃，最高气温43.5 ℃。平均年积温在2992～4409 ℃之间（赵翔等，2005）。流域多年平均降水量554.0 mm，多年平均蒸发量1050 mm。降水量的年内分配集中，70%～80%的降水发生在6—9月份的汛期。降水的年际间变化也很大，1956年以来流域平均最大年降水量发生在1956年，为958.2 mm；而最枯的1965年，只有290.1 mm（刘克岩等，2007）。保证率50%及75%的年降水量分别为544.6 mm和431.1 mm（王焕榜和刘克岩，1991）。降水在流域内的分布很不均匀。西部山区迎风坡为降水的高值区，多年平均年降水量为600～700 mm，其中坡仓、紫荆关一带常为多雨中心，多年平均年降水量在700 mm以上。背风坡及东南部平原区降水较少，一般在400～600 mm之间（王焕榜和刘克岩，1991；刘克岩等，2007）。径流量主要来源于流域山区，年内、年际变化均大于降水。

流域内山区按高程和地貌划分为中山区、低山区和丘陵三大类。西部为中山区，海拔高程一般在1000 m以上。北起涞水县宋各庄、易县紫荆关、涞源县走马驿，南到阜平县岔河以西。中山区山体切割强烈，山势高峻，河谷深切，支脉发育，并嵌有小型盆地和断裂谷地。中山区东南部是低山区和丘陵区，呈条带状。北起涞水，南至阜平。低山区坡缓谷宽，陆地发育，有黄土覆盖。海拔高程除狼牙山为1105 m外，一般在500～1000 m之间。丘陵区海拔一般在100～500 m之间。地形低缓起伏，向东南渐坡展为平原，并有孤山圆丘突出地面。平原区系由大小不等的冲积扇构成，自北、西、南三个方向，向白洋淀倾斜，按其成因分山前洪积平原、冲积平原及洼淀区三部分。山前洪积平原主要由拒马河、易水、漕河、龙泉河、唐河、沙河出山口后洪积物堆积而成，水力切割，冲沟发育，一般海拔在30～100 m之间，地面坡降为1‰至4‰。冲积平原系河流冲积扇前部相连接而成，河流交叉处多分布有大小不等的洼地。上部是近代河流冲积层，下部为倾状冲积层。地势平坦，海拔在10～30 m之间，地面坡降小于1‰。洼淀区位于平原东部，为白洋淀河周边低洼易涝地区，海拔7～10 m（保定年鉴，2009）。山区景观以草地和林地为主，东部平原区主要分布着旱地；其余为洼淀（张明阳等，2005），如图1-4所示。

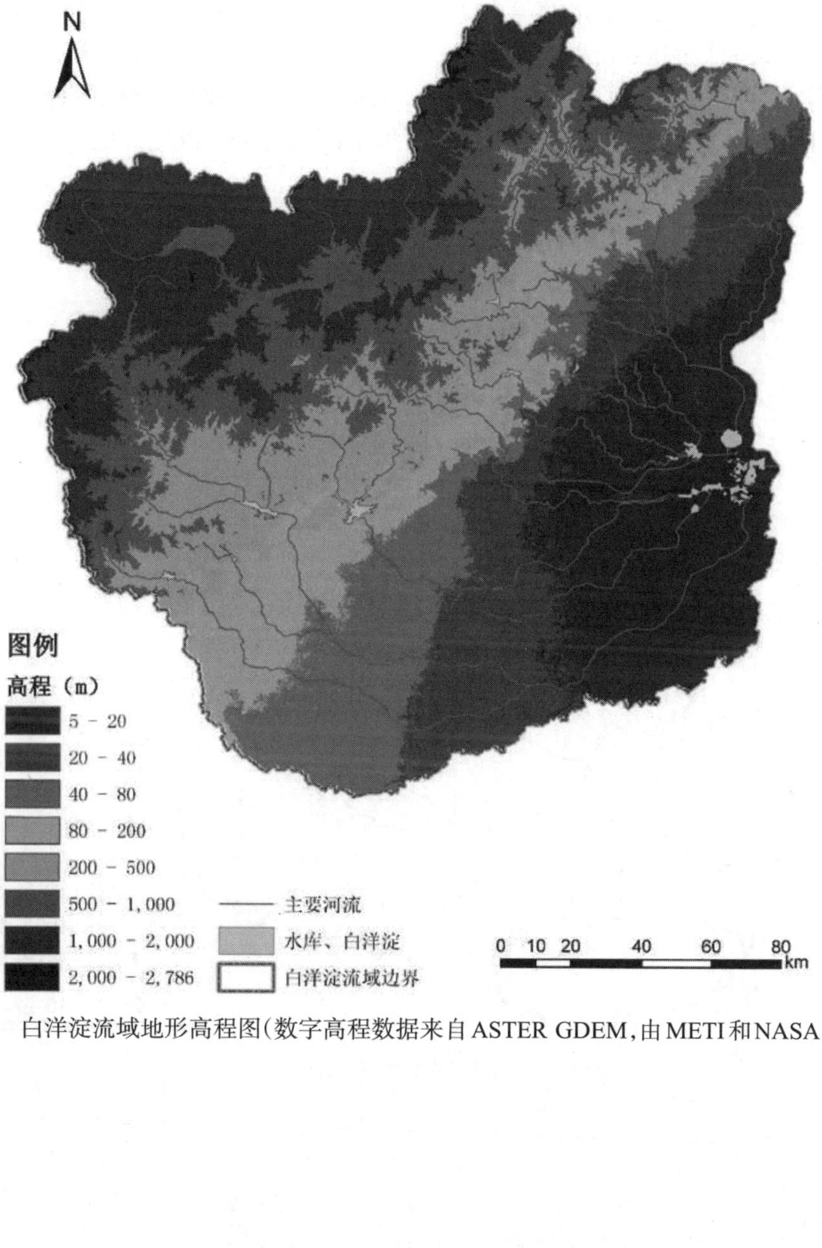

图1-4　白洋淀流域地形高程图(数字高程数据来自ASTER GDEM,由METI和NASA发布)

白洋淀流域内河流属于海河流域大清河水系。大清河主要分南北2支，长10千米以上的山区河道有99条，均发源于太行山，呈扇形分布。南支主要由潴龙河、孟良河、孝义河、唐河、清水河、金线河、界河、府河、漕河、萍河、瀑河等汇入白洋淀。北支拒马河从铁锁崖分为南、北拒马河。北拒马河先后有胡良河、琉璃河、小清河等汇入，至涿州市东茨村入白沟河。南拒马河有北易水、中易水纳入，经北河店东流，有马村河、兰沟河汇入，在高碑店市白沟镇与白沟河相汇，以下称大清河。大清河经白沟引河与白洋淀相通。南、北两支水系的汇水面积分别为2.10万平方千米和1.02万平方千米（刘克岩等，2007）。1974年以前只有南支汇入白洋淀。1974年后一般年份北支水量也汇入白洋淀。这些河流将上游的洪沥水汇入白洋淀，通过淀区调节，由枣林庄节制闸及十方院溢流堰控制下泄，后经赵王新河入大清河，大清河分别经独流减河、西河闸枢纽分泄入海。白洋淀由白洋淀、马棚淀、烧车淀、羊角淀等大小99个淀泊组成（百亩以上），东西长39.5千米，南北宽28.5千米，总面积362.8平方千米，为天然积水区，如图1-5所示。海河流域自1963年大洪水发生后，进行了大规模流域综合治理。目前流域内已建成大型水库6座以及为数众多的中小型水库和蓄水工程，控制山区集水面积的85%以上。因此，流域内绝大多数河道断流，多年无水入淀，如图1-6所示。

图1-5　白洋淀水系图

(a)王快水库

(b)西大洋水库

(c)安格庄水库

图1-6　白洋淀上游主要水库

白洋淀流域山区部分属于太行山隆起区，平原区部分位于河北平原盆地的冀中拗陷区。河北平原盆地是我国东部规模最大的一个新生代裂陷盆地（陈望和和倪明云，1987）。它西以太行山山前断裂与太行山隆起相邻，东以郯庐断裂带、齐河—广饶断裂同辽东、胶东和鲁西隆起区相壤，南部通过新乡—兰考断裂和南华北盆地相连，北部以北京—蓬莱断裂带（张家口—北京—蓬莱断裂带的盆地部分）和宁河—昌黎断裂与燕山隆起区相邻。盆地总体略呈中部膨大的反“S”形北北东（NNE）向展布（图1-7）。在河北平原盆地内展布有：北京、冀中、黄骅、渤中（部分）、临清5个拗陷区和大兴、沧县、埕宁、衡水—邢台4个隆起区。除衡水—邢台隆起和临清拗陷近东西向分布外，其余为NNE至北东东（NEE）向。每个拗陷盆地均由若干个断陷盆地组成。断陷盆地大多为单侧受断裂控制的半地堑，其边界断裂为倾角上陡下缓的铲形和平面状形态。

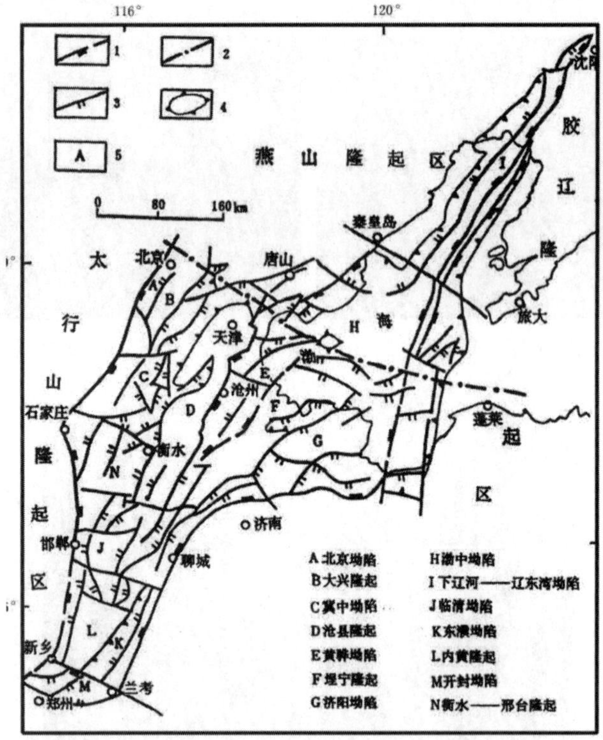

图1-7　河北平原盆地地质构造格架图(徐杰等,1985)

冀中坳陷位于渤海湾盆地西北部，为新生代渤海湾盆地的一个次一级构造单元，在构造位置上西邻太行山，北依燕山，东至沧县隆起，南抵邢衡隆起。冀中坳陷位于北北东向以太行山为代表，和近东西向以燕山为代表构造带的交汇处，地质构造复杂。在自然地理上位于华北平原西北部，东到武强—献县—杨柳青一线，南至德石铁路。冀中坳陷南北长300 km，东西宽80～130 km，总面积为28 350 km^2。基岩埋深624～10 300 m。冀中坳陷区基岩整体为一隐伏的背斜构造，其轴线大致在固安、高阳、大城一线，呈北北东向分布，主要由蓟县系组成，东、西两翼为古生界。

白洋淀流域第四纪地层区划属于燕山、太行山区的太行山小区和河北平原区的冀中小区。冀中小区在构造上属于坳陷带，区内新生界发育比较齐全，第四系厚度一般为200～600 m，自西向东由薄变厚。永清、保定、饶阳一线以西为冲洪积及冰川—冰水作用为主形成的山前倾斜平原堆积区，由上而下有多阶由细—粗交替的岩性韵律，水平方向由西向东呈现由粗—细、由单层厚度较大到多层厚度较薄有规律的分带。永清、保定、饶阳一线以东地区为冲积、冲湖积为主的低平原堆积区。白洋淀流域平原地区第四纪地层如下（陈望和和倪明云，1987）。

（1）固安组（下更新统）

本组分为上下段。下段在山前平原为冰渍泥砾及相应的冰水堆积物，与山区第一冰期堆积物可对应。根据孢粉推断当时年平均气温在5 ℃以下，比现代低7～9 ℃，为冰期气候。上段在山前平原为冲洪积—湖积亚粘土、粘土夹砂层，中东部平原为冲积—湖积粘土夹砂层。根据孢粉组合推断当时年平均气温在13～15 ℃左右，略高于现在，属温暖湿润气候。

（2）杨柳青组（中更新统）

本组分为上下段。下段在山前平原为冰川—冰水沉积相的亚粘土、亚砂土夹厚层砂砾石，中东部平原为冲积—冲湖积亚粘土、粘土夹砂层。孢粉组合推断当时年平均气温比现在低6～8 ℃，属冰期气候环境，是第四纪以来第二次冰期。东部平原本段与固安组的界面附近见层凝灰岩及玄武岩，说明此间发生过明显构造运动事件。经古地磁测定与奥尔都威事件一致，距今95万至179万年。上段在平原区为冲洪积—冲湖积亚粘土夹砂层，间夹海相层。孢粉组合推断当时气候温暖而潮湿，年平均气温在15 ℃左右，为间冰期，也是更新世气候最温暖的时期。

（3）欧庄组（上更新统）

本组分为上、中、下三段。下段为冲洪积—冲湖积黄色亚粘土、亚砂土夹砂、砾石层。岩性特征与山区黄土底部的砂、砾石层近似。孢粉组合推断本段气候是寒冷的，是第四纪以来第三次气候变冷，相当第三冰期气候（庐山冰期）。中段为冲洪积、冲积及湖积的黄色亚粘土、亚砂土夹砂层，其中含大量粉土质并夹黄土状土。与山麓地带马兰黄土可对比。孢粉组合推断为温暖而干燥的气候环境。上段为冲积、冲湖积夹海相层的灰色、灰黄色亚砂土、亚粘土夹砂层。孢粉组合反映出由寒冷潮湿—温暖干旱—寒冷的气候波动，推断年平均气温比现在低7～8 ℃，是第四纪的末次冰期。

（4）全新统

本统分三组，自上而下为岐口组，近代气候景观；高湾组，反映了温暖湿热气候；杨家寺组，反映了温凉气候。岐口组（Q_{4q}）以冲积相为主，为黄及灰黄色亚砂土、亚粘土，河道或古河道地带为砂及粉土。底界深度小于10 m。高湾组（Q_{4g}），山前平原为冲洪积黄色亚粘土、亚砂土夹薄层细粉砂；低平原地区为冲积相及湖积相的灰、灰黑色淤泥质亚粘土、粘土或泥碳。底界深度一般为10～20 m。杨家寺组（Q_{4y}）山前平原为冲洪积灰黄色亚砂土夹中细砂、中粗砂。山前平原边缘及低平原区为以冲积为主的灰黄、黄色亚粘土、亚砂土夹细粉砂层，局部为冲积、湖积灰黄、灰黑色含淤泥质（局部夹泥炭）的亚砂土夹细粉砂。底界深度一般为20～40 m。

平原区第四系含水层根据地质、水文地质特征由上而下划分为第一含水组（潜水—微承压水）、第二含水组（承压水）、第三含水组（承压水）、第四含水组（承压水）。大体以欧庄组上段Q_3^3的底界作为第一含水组底界，以欧庄组下段Q_3^1的底界作为第二含水组底界，以杨柳青组下段Q_2^1的底界作为第三含水组底界，以固安组下段Q_1^1的底界作为第四含水组底界。含水层主要为冲洪积卵砾石、中粗砂及细砂。山前平原地带以冲洪积或冰川—冰水沉积相的砾卵石、中粗砂为主。主要开采段为第一、第二含水组，局部包括第三含水组；中部平原以冲积—湖积的中细砂、细砂为主，主要开采段为第二、第三含水组，局部有第一含水组。河北平原冲积—洪积相的各亚相带特征如下。河床相：以沉积各种粒级的砂、砂砾石层为主，上细下粗，分选好，与河漫滩相构成粗–细重复出现的韵律，组成典型的“二元结构”。以河床相为主的堆积物，分布在古河道附近及河道带发育地区，具稳定的继承性。河漫滩相：以粉砂、粉土、亚砂土为主，次为夹薄层砂的亚粘土、粘土，分选中等，厚1～3 m（陈望和，1987）。

白洋淀区域自地面至埋深0.5 m，主要为灰黄、褐灰色含淤泥的亚砂土、亚粘土、粘土，为晚全新世堆积。埋深0.5～2 m（湖泊中的埋藏古河道地区可达5 m）为褐灰—黑灰色含大量淤泥的亚砂土、亚粘土和粘土，为中全新世堆积。埋深2～6 m（埋藏古河道地区可达10 m）为细粉砂、粉砂、亚砂土、亚粘土，褐灰色或浅灰黄褐色，含少量淤泥，为早全新世堆积。再下部，埋深6～15 m（古河道地区可达25 m），为浅灰黄褐色的中细砂、细砂、粉砂、亚砂土、亚粘土，含少量淤泥，为晚更新世堆积。底部，埋深15 m以下（古河道地区25 m以下），为棕红色粘土、亚粘土、厚1.5～5 m，如图1-8所示。

白洋淀流域平原区属于华北平原地下水全淡水区（张宗祜，2005）。相对于呈半封闭状，不具备直接接受大气降水、地表水等垂向入渗补给条件，仅有垂向的越流补给和缓慢的侧向径流补给的深层地下水。能直接接受大气降水、地表水、灌溉水等垂向补给和山前地带山区的侧向径流补给，以人工开采、蒸发、侧向径流等为排泄方式，地下水水力性质属于潜水—微承压水的，一般俗称浅层地下水（张宗祜和李烈荣，2005）。在华北平原，一般将山前平原的第1、2含水组，及中部、滨海平原的第1含水组中地下水称为浅层地下水系统，其下为深层地下水系统（张宗祜等，2006）。白洋淀流域浅层地下水是工农业生产的主要开采对象（刘昌明和魏忠义，1989），易于受到人类活动的影响。

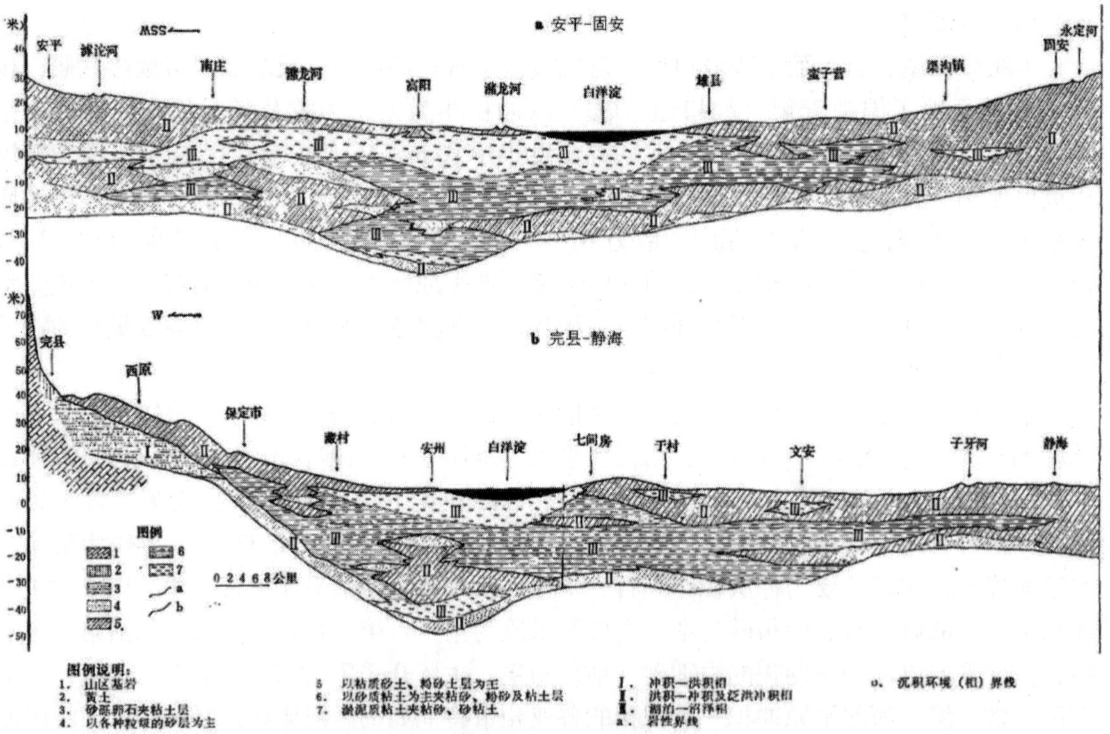

图1-8　白洋淀地区全新世岩相—古地理剖面示意图(王会昌,1983)

依据地貌、组成物质、地下水质、土壤、植被等自然条件的相似性，自然环境演变过程的同时性，以及区域开发、利用的一致性，吴忱（1992）将华北平原分成四个自然环境类型和三个自然环境小区。四个自然环境类型是：山前洪积扇类型；洪积扇前缘洼地类型；冲积扇—冲积平原类型；泻湖—三角洲平原类型。四个自然环境类型组成了三个自然环境小区。它们是：山前洪积扇平原区（即山前洪积扇类型）；中部冲积扇—冲积平原区（包括洪积扇前缘洼地类型和冲积扇—冲积平原类型）；滨海三角洲平原区（即泻湖—三角洲平原类型）。白洋淀流域平原区的自然环境小区包括山前洪积扇平原区和中部冲积扇—冲积平原区。

山前洪积扇由季节性河流洪积形成，下半部为砂砾石堆积，上半部为黄土状物质堆积，地面坡度较陡，约1/300～1/1000，古河道呈指状分布，有许多洪积扇结构、构造特征，故名洪积扇。洪积扇前缘洼地由河流差别堆积形成。冲积扇—冲积平原是河流冲积形成，由砂壤质土为主的古河道高地和粘壤质土为主的古河间洼地组成。在洪积扇前缘以下地区，古河道呈放射状分布，地势由顶部向前缘、由中间向两侧倾斜，地面坡度1/2000～1/3000，呈扇面状，故名冲积扇。在冲积扇前缘以下地区，古河道呈相互并行的条带装分布，地面坡度1/3000～1/6000，故名冲积平原。河流在山麓出山口处均发育了洪积扇。其中较大的河流，如滦河、潮白河、永定河、中易水、滹沱河、漳河等，发育了大型洪积扇。扇的中轴长度50～70 km，面积均大于500 km^2。较小的河流也发育了众多小洪积扇，中轴长度10～20 km，面积也在100 km^{2}左右。这些大小洪积扇已连接在一起，组成了山前洪积扇倾斜平原。扇面是黄土或黄土状物质，厚3～8 m；往下依次是细砂、中细砂、中粗砂、粗砂砾石，厚5～10 m；再往下是棕红色亚粘土，厚1～3 m，构成了上部砂砾石层的底板；再往下是砂砾石，厚十至数十米。山前冲洪积扇的边缘与古河道高地之间形成一系列洼淀，如白洋淀—文安洼洼淀群等。后来在洪积扇前缘又发育了冲积扇，有的洼地被冲积扇掩埋而消失，未发育冲积扇的地方则遗留了洼地。这些洼地相对于洪积扇来说是扇缘洼地，相对于冲积扇来说是扇间洼地。

根据张兆吉等（2009）的研究成果，山前冲积洪积倾斜平原沿太行山、燕山山麓呈带状分布。海拔高程在太行山山麓100 m以下，在燕山山麓50 m以下。由各河流的冲洪积扇连接而成。有相当一部分前第四纪山麓丘陵，被第四系冲洪积砂砾石层、亚砂土及亚粘土松散堆积物超覆掩埋，形成古潜山。整个山前冲积洪积倾斜平原可划分为6个亚区。白洋淀流域属于拒马河—唐河山前平原亚区。该区地面标高，扇顶50～70 m，东部白洋淀10～15m。由拒马河、易水河、漕河、府河、唐河等河流冲洪积扇构成。京广铁路以西，第四系沉积物之下掩埋由变质岩、闪长岩、白云岩及少量石灰岩组成的古山麓丘陵。中部冲积湖积平原由海河、古黄河等水系的冲积物组成，地面标高多在50 m以下。白洋淀—黄庄洼低平原区位于河北省和天津市，包括河北的白洋淀、东淀、文安洼和天津黄庄洼等扇前洼地区，地面标高2.5～10 m。随着近20年降水量减少及上游水库拦蓄，本区大部分河道常年干涸，或仅在汛期短时过流，或成为城市及工业排污河。

第三节 白洋淀流域水循环和水环境问题

华北是我国重要的商品粮基地、工业基地和人口密集区。然而，该区域水资源极为稀缺。华北海河流域多年平均水资源总量约为419×10^8 m^3，人均水资源占有量仅为335 m^3，不足全国1/6，世界的1/24（夏军，2002）。在整个华北平原，水资源总量的70%～80%用于农业灌溉，其中大部分来源于地下水（Liu等，2001； Xu等，2005）。近40年来，伴随农业灌溉机井的建设带来灌溉效率的提升，使该区域发展并维系了以夏玉米、冬小麦为主要作物的轮作制度（表1-1）。在供水充分的情况下，小麦和玉米总蒸散发量约为850 mm，其中30%作为土壤蒸发损失掉（Liu等，2002）。对应于每年426 mm的实际蒸散发量，该区域最优的灌溉总量为300 mm（Sun等，2006）。为了维持作物高产，每年至少开采250 mm地下水用于灌溉（Jiang等，2008）。超采地下水不可避免地成为作物高产的代价。由此带来地下水水位下降，浅层和深层出现大面积的地下水复合漏斗，以及严重的生态环境问题。这些问题的核心是“水”（夏军，2002）。白洋淀流域水循环和水环境经受了人类活动的强烈干预。该流域出现的水循环和水环境问题是华北地区水问题症结所在的典型代表。因此，白洋淀流域是华北平原所面临的“水危机”的“天然实验场”。

表1-1 华北平原小麦-玉米轮作农业灌溉制度（Sun 等，2009）

作物	灌溉	灌溉时间	生长阶段	灌溉量 / mm
小麦	1	10月初	播种	（60～80）
	2	11月下旬—12月上旬	休眠期前	（60～80）
	3	3月下旬—4月上旬	返青期	60～80
	4	4月下旬—5月上旬	开花期	60～80
	5	5月下旬	灌浆期	（60～80）
玉米	6	6月中旬	播种	60～80
	7	7月中旬	拔节	（60～80）

注:括号中的数字表示需根据降水量的多少而确定。

白洋淀流域主要靠地下水开采满足工、农业生产及生活的需要。地下水的开采量占总用水量的85%以上。白洋淀流域平原区人口密集，工农业发达。近年来该区域内经济和人口持续高速增长。根据相关统计资料，自1999—2007年该区域年平均国民生产总值增长率维持在11%左右，年平均人口增长率约为8‰。高速增长的经济和人口给区域内水资源的可持续性利用带来巨大压力。由于工业生产对地下水进行集中过量开采，白洋淀流域保定市漏斗和一亩泉漏斗区面积已达785 km^2，中心沉降量466.75 mm，沉降速率为23.34 mm/a（何庆成等，2006）。农业灌溉开采水量占地下水总开采量的80%。农作物（主要是冬小麦和夏玉米）每消耗100 mm的水量将导致地下水水位下降约0.64 m（Yang等，

2006)。据统计，1981—2000年，累计开采地下水83.58亿立方米，地下水位每年以0.38 m的速度下降。市区地下水位1975—2000年累计下降了13.51 m，平均每年下降0.54 m，城市地下水位下降速度大于农村（安波等，2004）。为了减缓并最终逆转地下水水位持续下降的趋势，长期以来人们关注发展节水农业以减少地下水开采量。然而农业灌溉量减少的部分主要是灌溉回归补给到地下水的部分（Kendy等，2003）。为了维持农业高产，农作物需水部分仍然依靠灌溉满足，因此地下水水位依然持续下降。在短时期内降水量不发生明显变化以及未实现跨流域调水的情况下，不考虑农作物产量，减少作物供水量是阻止地下水水位继续下降的有效途径（Jiang等，2008；Kendy等，2003；Kendy等，2004；Liu等，2008；Wang等，2008；Xu等，2005）。

受上游水库截留和气候变化的双重影响，白洋淀流域1965—2002年平均降水量523.4 mm，比1956—1964年的均值减少了22%，而流域径流量相应减少50%，入淀水量相应减少69%。流域上游已修建王快、西大洋等六座大型水库和90多座中小型水库，总库容达36亿立方米，导致整个流域平水年水资源开发利用率超过60%，而枯水年高达96%。在这种自然和人类活动双重影响下，白洋淀流域水文特征发生了巨大变化。入淀的河流已经变为季节性河流或者常年断流。以1979年为突变点界，白洋淀流域年径流量发生了变异性质的衰变（刘克岩等，2007）。上游来水量减少，中游河道长期断流，导致白洋淀湿地水位降低，水量减少，面积萎缩，干淀频繁，生物多样性减少（赵翔等，2005）；白洋淀作为“华北之肾”的生态服务功能正在衰竭。

在历史上白洋淀流域内的洼淀和河流水系就处于不断地演变中。大约自20世纪50年代起，白洋淀流域内的洼淀和河流水系在人类的强烈影响和气候变化的共同作用下产生了剧烈的变化。在几十年内，该区域由可以媲美江南水乡，曾经“渔、苇、粮、航”四业兴旺的“华北明珠”剧变为河流几乎全部干涸，洼淀面积快速收缩，靠远距离调水维持的状况；由泉水众多，地下水资源丰富骤变为浅层含水层被疏干，地下水位降落漏斗发育，作为曾经具有突出的气候调节和生态环境服务功能的“华北之肾”正在衰竭，污染问题突出。然而，目前的白洋淀仍是华北地区最大的天然淡水湖泊和最大的湿地生态系统，保留了丰富的水生动植物资源，对于华北地区气候的调节，特别是空气干湿度和气温的调节，起着相当重要的作用。因此，恢复白洋淀流域的水循环健康，积极保护白洋淀，修复区域生态环境是十分必要的。

气候变化和人类活动通过影响地下水循环过程的各个环节而影响整个地下水系统，很大程度上改变了水文循环的路径和水文循环模式。研究白洋淀流域地下水循环和水化学演化，是恢复区域水循环健康，科学指导井灌农业发展，达成“人水和谐”目标的关键，是保护并恢复白洋淀湿地生态服务功能的迫切需求，更是促进区域经济社会可持续发展的前提和基础，对于发展水文循环对全球变化响应的研究具有重要意义。

雄安新区位于白洋淀流域下游部分，规划范围包括雄县、容城、安新三县行政辖区（含白洋淀水域），任丘市鄚州镇、苟各庄镇、七间房乡和高阳县龙化乡，规划面积1770平方千米。雄安新区地处北京、天津、保定腹地，距北京、天津均为105千米，距石家庄155千米，距保定30千米，距北京新机场55千米，区位优势明显。设立雄安新区作为北京非首都功能疏解集中承载地，是以习近平为核心的党中央作出的一项重大历史性战略选择，是千年大计、国家大事。2018年12月，国务院批复了《河北雄安新区总体规划（2018—2035年）》。雄安新区要建设成为高水平社会主义现代化城市、京津冀世界级城市群的重要一极、现代化经济体系的新引擎、推动高质量发展的全国样板。新区将建设绿色生态宜居新城区，坚持把绿色作为高质量发展的普遍形态，充分体现生态文明建设要求，坚持生态优先、绿色发展，贯彻绿水青山就是金山银山的理念。新区将淀水林田草作为一个生命共同体，形成"一淀、三带、九片、多廊"的生态空间结构；建立多水源补水机制，逐步恢复白洋淀淀区面积，有效治理农村面源污染，确保淀区水质达标，逐步恢复"华北之肾"功能；确立水资源开发利用红线，以水定城、以水定人，实行最严格的水资源管理制度。科学认识白洋淀流域地下水循环和水化学演化对于雄安新区的建设具有重要的奠基作用。

本书以白洋淀流域为系统，按照山区、平原、城市等不同地理单元，针对国家急需解决和全社会高度关注的白洋淀水资源短缺及环境污染和生态恶化的热点问题，充分利用已有的中国科学院崇陵实验流域水循环监测网络及其他部门地下水监测站点的常规观测数据，基于结合水文地球化学、同位素技术、统计分析和机器学习的研究方法，在点、坡面和流域尺度上探讨水循环过程及其互馈机制，探索研究评估水循环要素的方法，分析水环境变化和水化学演化问题，探讨径流、蒸散发以及"降水—地表水—土壤水—地下水"关系发生变化的根本原因和时空变化规律。

第二章　结合水文地球化学、同位素技术、统计分析和机器学习的地下水水文研究

第一节　水文地球化学分析方法和同位素技术结合

“水文地球化学”在20世纪50年代成为一门独立的学科，主要研究地下水化学成分的形成以及各种化学元素在其中的迁移规律，并探索地层中地下水的地球化学作用（沈照理，1993）。地下水化学成分的形成条件经常受地质及水文地质因素控制，这与地表水有明显不同。地下水埋藏在地壳中，在几十年到几万年乃至更长的地质历史时期内循环着，不断地与地球表层岩石圈、大气圈、生物圈等相互作用着，参与地球系统的各种物理化学和生物化学过程，同时不断地形成和改变着其化学成分。地下水水化学组成和水质与其赋存的环境关系密切，正所谓“水流经的岩石怎样，水也就怎样”。同时，地下水的化学成分还与区域地质发展历史和水文地质条件变化有关，应该用动态的眼光来看待，即“地下水的化学成分反映了地区的地质发展历史”。应用地下水水化学形成和演化规律（矿物溶解/沉淀，离子吸附/解吸，离子交换等），通过各种水化学图解法、离子比例法以及水化学过程的模型模拟可以揭示地下水的补给、径流和排泄等水文循环过程。

自然界中氢元素（H）的稳定同位素（^{1}H、^{2}H或D）和氧元素（O）的稳定同位素（^{16}O、^{17}O、^{18}O），可组成多种不同的水分子。按照数量由多到少排列为$^{1}H^{1}H^{16}O$，$^{1}H^{1}H^{18}O$和$^{1}H^{2}H^{16}O$三种水分子在自然界中都容易检测到。由于氢原子和氧原子可构成水分子，因此氢氧同位素是水文循环极佳的天然示踪剂。氢氧同位素的标记特性来自于同位素分馏（isotopic fractionation）现象。这种现象是元素同位素质量差异引起的，是物理或者化学过程中发生的同位素分离的现象。瑞利（Lord Rayleigh）于1896年发表了描述蒸馏过程中水蒸气分离的方程，即瑞利蒸馏方程。该方程也可以用于描述“类蒸馏过程”（distillation-like processes）中同位素组分的富集或者贫化，即瑞利分馏过程。例如，水面蒸发过程和降雨、降雪过程。当云团向内陆运动过程中，随着海拔或纬度升高，云团温度降低，水汽遇冷不断凝结，形成降水，同时降水和剩余水汽中水同位素的组成随同位素分馏而不断变化。由此，受到同位素分馏现象和地理分带性规律的共同作用，在水文循环的过程中产生了各种同位素变化效应。一般，将降水中稳定同位素δD、$\delta^{18}O$值与降雨及地理特征之间存在的规律称为“效应”。各种同位素效应是同位素分馏的具体表现，主要的效应包括：高程效应、纬度效应、大陆效应、季节效应、雨量效应（dansgaard，1964）。各种同位素效应往往同时存在，共同作用，决定了降水中氢氧稳定同位素的组成。通过分析水中

δD与$\delta^{18}O$值的特征，可分析形成大气降水的水汽来源和输送通道，示踪台风的运动轨迹，识别地下水系统的补给、径流和排泄过程，以及估算水体蒸发、水体混合比率和地下水滞留时间，重建补给历史和气候变化等问题。同位素水文方法解决了一些用传统方法很难解决的问题。

同位素组成不同的多种物质以任意比例混合，其与混合物的同位素组成满足同位素质量平衡（isotope mass balance），可以表示为

$$\delta_1 n_1 + \delta_2 n_2 + \delta_3 n_3 + \cdots = \delta_f (n_1 + n_2 + n_3, + \cdots) \qquad (2\text{-}1)$$

式中，δ_i表示组分i的同位素组成千分差值（δ值）；n_i为组分i的分子数量；依此类推；δ_f表示混合物的同位素组成δ值。

根据这个关系可以得到一个重要的推论：在δD-$\delta^{18}O$图上，两个同位素组成不同的混合端元（end members）以任意比例混合后，混合物的δD和$\delta^{18}O$值对应的点将落在两个端元的连线上；若是三端元混合，则混合物的对应点将落在三个端元围成的区域内。当两端元混合时，利用该方程和各个组分的同位素值可以直接求得各个组分的混合比例。当三端元混合时，则需要增加一个参与平衡计算的化学成分因子（通常选择化学性质较稳定的氯离子）以增加一个混合方程进行求解。基于水化学和同位素的端元混合模型方法已经广泛地应用于基流分割（Pearce等，1986）、地表水与地下水相互作用以及地下水的混合问题研究。需要注意该方法的应用前提是各个混合组分的同位素组成有显著的差异。

若地下水系统补给源同位素值在年内随时间呈现近似正弦波动，即

$$\delta_{in}(t) = A\sin(\omega t) + M \qquad (2\text{-}2)$$

对正弦形式的输入函数做卷积积分，得到同为正弦形式的输出函数

$$\delta_{out}(t) = B\sin(\omega t + \phi) + M \qquad (2\text{-}3)$$

其中，$\omega = 2\pi$；A，B表示$\delta^{18}O$变化的振幅；M表示$\delta^{18}O$的平均值；φ表示相位变化。对于可以近似为完全混合或者指数模型的地下水流动系统，输入函数卷积积分可以表示为

$$\delta_{out}(t) = T^{-1}\int_0^\infty \delta_{in}(t - t')\exp(-t'/T)dt' \qquad (2\text{-}4)$$

将输入函数带入卷积积分，并求解可以得到地下水平均滞留时间T

$$T = \omega^{-1}(f^{-2} - 1)^{1/2}$$

$$\text{或者} \quad \cos\phi = (\omega^2 T^2 + 1)^{1/2} \qquad (2\text{-}5)$$

式中，$f = B/A$，表示振幅衰减比率。地下水的平均停留时间T可以通过输入和输出函数振幅衰减或者相位变化φ来计算。然而，通过相位变化φ计算的结果往往不够准确（Maloszewski 等，1983）。对于可以近似为扩散模型的地下水流动系统，平均滞留时间可以按下式计算：

$$T = \omega^{-1}\left(\frac{-\ln f}{D/vx}\right)^{1/2} \qquad (2\text{-}6)$$

式中，D表示弥散系数；v表示平均流速；x表示沿流向地下水系统的长度；D/vx是一个无

量纲的弥散参数（Maloszewski 和 Zuber，1982）。当弥散参数 D/vx 较大时，扩散模型的计算结果趋同（Maloszewski 等，1983）。

必须强调，氢氧稳定同位素技术在应用于地下水水文研究时必须结合水文地质条件以及水文、水化学资料等才能获得有意义的结论（Cook 和 Herczeg，2000；Kendall 和 McDonnell，1998）。在地下水循环研究中水化学组分演化规律和水同位素的标记特性，暗含了地下水流动信息，可以作为地下水水文过程的指示。近几十年来，水文地球化学分析结合同位素技术被广泛应用于地下水水文研究中。

由于我国幅员辽阔，自然地理特征具有明显的分带性，气候类型丰富，因此在不同区域内地下水水文过程的研究具有不同的着眼点。总体上，属于半湿润气候类型的华北地区和属于半干旱、干旱气候类型的西北地区是相关研究的热点区域。

华北地区为我国三大地形阶梯最后一级，地理地貌条件独特，是人类活动最强烈的地区之一。华北平原从太行山前到渤海海滨构成了统一的第四系含水层系统和完整的地下水流系统，是典型的大型沉积盆地第四系地下水系统。该区域长期地过量开采地下水形成了巨型的区域地下水复合漏斗，引发了一系列资源与环境问题，已成为国际水文地质界关注的热点，在我国乃至世界具有典型意义。

在华北地区，我国学者利用氢氧同位素技术结合水化学和水文地质资料主要开展了地下水的补给、流动系统和古气候方面的研究工作。第一，地下水补给的研究方面，侯士彬等（2008）、王仕琴等（2008；2009）研究了土壤水运动机理和地下水的补给。赵云章等（2005）划分了黄河不同河段地表水对地下水的补给深度。张翠云（2008）分析了滹沱河上游地区河水、地下水、泉水、水库水同位素和化学特征以及地下水的补给。杨丽芝等（2009）识别鲁北平原地下水的补给来源。Li 等（2008）研究了华北平原西南复杂冲洪积扇区域浅层地下水的水化学和同位素特征，分析了降水入渗、地下水侧向径流和河流、水渠渗漏对地下水的补给。第二，在地下水流动系统方面，Chen 等（2004）根据华北平原地下水水化学和同位素特征将其以深度 100～150 m 为界分为两个系统。晁念英等（2004）研究了地下水氘过量参数的特征。宋献方等（2007a）探讨了潮白河流域从山区、山前平原到中部平原和滨海平原地下水循环变化规律，并研究了怀沙河流域地表水和地下水的相互作用（宋献方等，2007b）。于静洁等（2007）和刘锋等（2008）分别研究了永定河流域中下游地下水循环特征。Aji 等（2008）分析了潮白河和永定河流域浅层局部地下水流动系统和深层区域地下水流动系统。Lu 等（2008）研究了滹沱河冲洪积扇平原地下水流动系统。第三，古气候研究方面，华北平原深层地下水 ^{14}C 测年结果显示，由浅至深、由西而东地下水年龄增大，且与 $\delta^{18}O$ 含量存在良好的对应关系，即与古气候变化研究成果具有一致性。华北平原深层地下水中 $\delta^{18}O$ 和 δD 值变化反映了晚更新世和全新世古气候条件的变化（陈宗宇，1998；Chen 等，2003a）。Kreuzer 等（2009）认为早全新世和晚全新世 $\delta^{18}O$ 值变化与季风带来的降水增强有关，而与温度无关。

西北地区为我国三大地形阶梯的第二级，主要分布着高原和山区，地域辽阔，降水量少，属于半干旱、干旱气候类型，水资源极其缺乏。该区域内分布着大量山岳冰川，冰雪融水是该区域水资源的重要组成部分。

西北地区研究热点集中在阿拉善高原和鄂尔多斯盆地，聚焦于在地下水的补给来源和地表水与地下水的相互转化关系方面。第一，在阿拉善高原，顾慰祖（1998）研究了地下水和降水同位素组成特征。顾慰祖（2002）等研究了乌兰布和沙漠北部地下水的不同类型和补给来源。陈建生等（2003）证实巴丹吉林沙漠及其下游地区的地下水来源于祁连山山顶融化雪水的补给。在黑河流域，张光辉等（2004）研究了气候变化和人类活动对黑河流域地下水循环和更新演变的影响。聂振龙（2004）研究了黑河源区地下水的补给来源、补给机理和更新速率。陈建生等（2004）研究了黑河下游古日乃和额济纳盆地深部承压水的补给源。钱云平等（2005；2006）、张应华等（2006）研究了黑河对额济纳盆地地下水的补给。张应华等（2005）研究了黑河中游盆地地下水与地表水的转化。陈宗宇等（2006a）估算黑河水与地下水的转化数量。贾艳琨等（2008）分析酒泉—张掖盆地地下水的补给和流动。第二，在鄂尔多斯盆地，马致远等（2004；2006）研究了鄂尔多斯盆地渭北东部奥陶系岩溶地下水的补给。侯光才等（2007）研究了鄂尔多斯盆地南北两区白垩系地下水水循环条件的差异。黄冠星等（2007）发现鄂尔多斯盆地地下水中稳定同位素$\delta^{18}O$值的变化与该区古气候的变化具有良好的对应关系。此外，苏小四等（2003）分析了包头平原地下水循环模式。李健等（2007）分析了格尔木河流域平原区地下水系统同位素及水化学特征。李向全等（2004）对宁南“南北古脊梁”岩溶裂隙水系统进行研究，发现该区储水空间以岩溶裂隙为主。高晶等（2009）研究了河套平原地下水开发利用和引黄河水灌溉对其中东部地下水循环交替的影响。

国内学者将同位素技术和水化学方法相结合的方法应用到地表水和地下水相互作用研究中，以提高结果的准确性和可靠性。例如，宋献方等在怀沙河流域（2007）和岔巴沟流域（2009），吴文业等（2007）在沈阳浑河，王磊和章光新（2007）在扎龙湿地，苏小四等在黄河（2003）和马莲河（2009）成功地应用氢氧稳定同位素技术和水化学分析方法研究地表水与地下水之间不同的转化关系和转化强度。此外，Gao等（2010）运用水中$^{87}Sr/^{86}Sr$、SiO_2、^{18}O和主要离子成分分析了山西省浊漳河流域辛安喀斯特地区河水对岩溶水的贡献。郎赟超等（2005）应用水化学与$^{87}Sr/^{86}Sr$研究贵阳市喀斯特地区地下水与地表水之间的水量交换。国外学者也广泛地应用环境同位素、水化学方法来研究地下水与地表水的相互作用（Montoroi，2002；Ne´grel等，2003；Lambs，2004；Cook等，2006；Shand等，2009）。已有研究表明，在难以进行测定流量、地球物理勘探、水力测量的区域，环境同位素示踪结合水文地球化学分析是最为适用的方法（Cook等，2006；Turner和Townley，2006）。

在国际上，氢氧同位素结合多种示踪剂研究不同类型的含水层中地下水在不同的气候、地貌类型和土地利用条件下的补给和运动。这些研究大部分是在干旱、半干旱和半湿润区域开展的（Cook和Herczeg，2000）。这类区域地下水的补给过程相对短暂，补给量占降水量的比重较小，地下水停留时间介于10—1 000 000年。Zuber等（2004）应用多示踪剂（$\delta^{18}O$，δD，^{14}C，$\delta^{13}C$，^{4}He，Ne，Ar，Kr，Xe，$^{3}He/^{4}He$，$^{40}Ar/^{36}Ar$）研究了波兰Cracow西北部白垩纪石灰岩含水层地下水的补给构成和排泄方式，应用水中溶解的惰性气体研究了地下水补给时的温度。Barbieri等（2005）研究了意大利中部Gran Sasso地区喀斯特含水层地下水稳定同位素（^{2}H、^{18}O、$^{87}Sr/^{86}Sr$）和水化学特征，将地下水按循环条件进行分组。Pilla等（2006）利用地下水水化学和同位素数据重建了意大利北部Lomellina地区多层含水层组的水文地质结构和各层的水化学和同位素特征。Demlie等（2008）用水化学和同位素（^{2}H，^{18}O，^{3}H）方法研究了埃塞俄比亚中部城市化程度高的流域内火山裂隙含水层地下水的赋存和运动，将地下水分为浅部和深部两个流动系统。Paternoster等（2008）研究了意大利南部Vulture火山地区地下水和大气降水中的稳定同位素组成。Trabelsi等（2009）研究了突尼斯Djeffara流域Continental intercalaire含水层和Djeffara含水层之间的相互作用关系，发现两个含水层之间依靠El Hamma断裂带发生水力联系。Bajjali（2006）研究发现约旦Nuaimeh地区地下水和降水同位素组成十分接近且具有相同的变化规律，证明了降水对地下水的直接补给关系。Murad和Krishnamurthy（2008）发现阿拉伯联合酋长国东部地区地下水按照氢氧稳定同位素组成可分为位于LMWL上方和下方的两组，两组水样经历的蒸发过程不同，利用地下水中氢氧稳定同位素特征估算了两组地下水的蒸发损失。Londoño（2008）研究了阿根廷首都布宜诺斯艾利斯Pampa平原地下水流动问题，发现在非常平缓的区域通过水位测量得到的地下水流线，必须用水化学分析结果验证。Goni（2006）研究了乍得流域西南部半干旱地区降水、地表水和地下水的相互关系。Abdalla（2009）采集了半干旱地区苏丹中部白尼罗河北部地下水、降水和河水水样，研究了地下水的补给和排泄。

在水化学演化的研究方法方面，逐渐形成了多种水化学图解法和离子比例系数法，并在实际研究中广泛应用。利用Gibbs图可用于识别出天然水中化学成分的3个主要来源，即大气降水、岩石风化、蒸发—结晶等过程（张振国等，2018，汪子涛等，2019）。Gaillardet图可用于指示地下水水化学离子的来源及参与水化学作用的主要岩石类型（孙厚云等，2018）。李潇瀚等（2018）利用Schoeller图分析呼和浩特盆地内地下水的水化学成分变化，综合分析表明靠近地表的水体可能受到了混合作用的影响。张智雄（2018）等将绵阳红层地区的TDS、Cl^{-}浓度等绘制为等值线图，研究涪江左岸和梓潼江两岸的地下水化学成分的空间分布规律。地下水流向上主要离子和EC变化曲线图反映了流动途径上水化学变化的主要因子。

应用于离子比例系数法的离子多是构成特定矿物的离子，也有不同矿物间代表性离子的对比，以此判断主要离子的矿物来源。Na^{+}和K^{+}主要来源于蒸发岩或硅酸盐的风化产物，Ca^{2+}和Mg^{2+}可能来源于碳酸盐、蒸发岩或硅酸盐，Cl^{-}和SO_4^{2-}主要来源于蒸发岩的溶解，HCO_3^{-}主要来源于碳酸盐岩。苏春田等（2018）对湖南新田县下降泉、机井地下水中$c(Ca^{2+})/c(Mg^{2+})$、$c(HCO_3^{-})/c(SO_4^{2-}+Cl^{-})$、$c(Na^{+})/c(Cl^{-})$、$c(Cl^{-})/c(Ca^{2+})$比值进行分析，发现碳酸盐岩对研究区内富锶地下水影响显著。吴初等（2017）对比分析了内蒙古杭锦旗气田区丰水期与枯水期的地下水特征，证明了丰水期溶滤作用比枯水期更强。卞跃跃等（2017）对兖州煤田奥陶系灰岩地下水中不同离子组合如$[(Ca^{2+}+Mg^{2+})/(HCO_3^{-}+SO_4^{2-})]$，$[Cl^{-}$和$(Na^{+}+K^{+})]$以及$[(Na\text{-}Cl)/(Ca+Mg\text{-}SO_4\text{-}HCO_3)]$之间的比值关系进行分析，讨论了奥陶系灰岩水发生的阳离子交换作用。张超等（2018）分析了γCl^{-}与$\gamma(K^{+}+Na^{+})$之间的离子比值关系，发现肥城市内岩溶水同时受到盐岩溶滤作用以及铝硅酸盐矿物溶滤作用的影响。

氚（Tritium，^3H或T）是氢元素唯一的放射性同位素，其半衰期为12.43年。氚原子通过β衰变放出1个电子蜕变为^4He的稳定同位素^3He原子。氚的衰变可以用放射性同位素衰变定律来描述：

$$N = N_0 \cdot e^{-\lambda t} \text{ 或 } t = -\lambda^{-1} \ln(\frac{N}{N_0}) \quad (2\text{-}7)$$

式中，N_0为起始时刻放射性母核数；N为t时刻母核数；λ为衰变常数；t为衰变时间。

水中氚的含量通常用氚单位（ t ritium u nits，TU）表示。1TU表示10^{18}个氢原子中存在1个^3H原子，对应的放射性活度为0.1181 Bq/kg。20世纪50年代以前，大气降水中氚的唯一来源是上层大气中氮原子受到宇宙射线里中子流的轰击而自然生成。新生成的氚原子很快被同温层的O_2氧化生成水，最终降落到地面。

降水中天然氚含量非常低，是大气中氚天然生成速率、氚在大气中衰变速率和由大气圈进入水圈的速率之间的长期平衡的结果。大气中天然氚的生成速率和大气降水中氚含量是地磁纬度的函数。地磁纬度越高天然氚生成速率越快，降水中氚含量越高。大气降水中天然氚含量较低，而大气热核试验将导致大气降水氚含量大幅度增加。Kaufman和Libby（1954）测定产自低纬度地区Naples、Bordeaux等葡萄酒中氚的含量，表明大气热核试验前大气氚含量约3.4～6.6 TU。位于北纬45度的Ottawa热核试验前大气氚含量约为15 TU。20世纪50、60年代，世界各大国大规模开展大气热核试验，导致自1953年起世界范围内降水中的T浓度急剧增长，并于1963年形成T峰值，降水中氚浓度高达天然浓度的1000倍左右。其后，国际公约禁止进行大气核试验，降水中氚浓度逐渐下降，到20世纪90年代基本恢复到天然浓度的水平。氚的自然衰变使降水中氚含量每年减少5.5%。自1963年以来大气降水中氚含量的快速下降主要是由于海洋和地下水的吸收和稀释（Clark和Fritz，1997）。

在中纬度地区，年内降水中氚含量存在一次明显的高低变化过程。随着春季到来，地表温度逐渐升高，对流层与同温层的边界逐渐升高，使得原先同温层内的氚大量地进入对流层。通过每年的这种“春季渗漏”（spring leak），大量的氚补给进入水圈，使降水中出现氚的峰值（Clark和Fritz，1997）。其后，来自同温层的氚逐渐减少，降水中氚含量逐渐降低。假设在植物根系带以下土壤水的运动为活塞流形式。在此基础上，降水中氚含量的历史变化信息结合不同深度上土壤水中氚含量数据，可以估算出区域的地下水补给（Allison和Hughes，1978）。地下水中热核氚（thermonuclear tritium）的信号曾被用作地下水接受现代水补给的证据广泛地用于水文研究中。Schmalz和Polzer（1969）首先使用包气带土壤剖面上土壤水中氚的垂向分布来获得土壤水垂向运动的信息。这种方法假设土壤水在垂向上的流动是一维活塞流，剖面上氚浓度分布呈“钟”形曲线，其峰值对应于大气降水氚的历史峰值，如1963—1964年降水中氚的峰值。因此，结合氚峰值出现的深度可以估算出土壤水向下运动的平均速率，即地下水的平均补给速率。包气带的氚剖面法估算地下水补给速率在干旱和半干旱地区应用更具有意义。目前，地下水系统中几乎无法发现热核氚的信号，现代地下水测年很大程度上依靠天然氚的信号。由于在大多数地下水系统中，地质成因的氚可以忽略不计，测得的氚可以表明现代补给的存在。

利用氚同位素的放射性计时特性，结合氚同位素的数学物理模型可以对接受现代降水补给的地下水进行测年分析。地下水测年可以用来确定补给区，估算地下水流速度、流量、补给速率、水力传导系数和有效孔隙度，而且年龄数据还可以用来完善地下水流模型。通过实验分析获得地下水的平均滞留时间，推算出流域水资源的储存量。常用的模型包括单参数的活塞流模型、指数模型、线性模型，以及两参数的指数—活塞流模型和线性—活塞流模型等。活塞流模型（piston flow model，PFM）假设沿各条流线的运动时间（transit time）相同，示踪剂的水动力弥散和水分子扩散可以忽略。指数模型（exponential model，EM）假设沿各条流线的运动时间呈指数分布，最短的流线对应的运动时间为零，最长的流线对应的运动时间为无限大。指数模型在数学形式上等同于完全混合模型。然而，指数模型的建立基于流线之间不存在混合的假设，因此含水层内不存在所谓的完全混合。这种混合只存在于采样的部位。线性模型（linear model，LM）假设沿所有的流线运动速率相同，但是流动时间逐渐增加。如同EM模型，流线之间不存在混合，混合只发生在采样中。指数—活塞流模型（exponential-piston flow model，EPM）假设系统分为两个部分，一部分运动时间为指数模型分布，另一部分为活塞流模型分布。线性—活塞流模型（linear-piston flow model，LPM）类似于EPM，假设系统分为两个部分，一部分运动时间为线性模型分布，另一部分为活塞流模型分布。

利用氚同位素对地下水进行测年分析时常需要用到当地降水的氚含量时间序列数据。由于北半球大气降水中氚的变化模式类似，只是氚的浓度存在地域性变化（La Salle等，2001）。因此，可以从最靠近研究区的IAEA大气降水氚同位素观测站点获取降水中氚的历史数据，并根据Ottawa站的数据进行当地降水氚历史数据重建。结合研究区域地下水中氚的观测数据可以估算出地下水更新速率。由于补给进入地下水的氚存在季节变化，因此需要计算确定氚的输入函数值Cin（t）。最佳的方法是估算每年的平均氚浓度，然后以补给速率为权重，求各年氚平均浓度的加权平均值。年平均输入氚浓度为

$$C_{in}=\sum_{i=1}^{12}C_i\alpha_iP_i\Big/\sum_{i=1}^{12}\alpha_iP_i \tag{2-8}$$

式中，C_i、α_i和P_i分别是第i月大气降水中氚浓度、入渗系数和月降水量。将一年分为冬、夏两各部分，每部分的降水入渗系数为α_w和α_s，且存在关系$\alpha_s=\alpha\times\alpha_w$。上式可以改写为

$$C_{in}=[(\alpha\sum C_iP_i)_s+(\sum C_iP_i)_w]/[(\alpha\sum P_i)_s+(\sum P_i)_w] \tag{2-9}$$

式中，角标s和w分别表示夏和冬。α可以用下式求解

$$\alpha=[\sum_i(P_iC_i)_w-C]\sum_i(P_i)_w/[C-\sum_i(P_iC_i)_s]\sum_i(P_i)_s \tag{2-10}$$

式中，C代表当地地下水中δ^{18}O或者δD的平均值，而C_i代表降水中的月平均值。

地下水更新速率（renewal rate）定义为地下水系统中补给水体积与含水层总水体积的比。利用氚的完全混合模型（model of well-mixed reservoir）计算地下水的平均更新速率的原理如下：假设含水层是稳定状态，即水的输入等于输出，地下水连续补给且完全混合。地下水中的氚含量通过放射性衰变和年输入变化来计算。初始年定为大气核爆前公元

1952年。1952年以前，地下水的氚含量以常量$^3H_0$输入（氚为10 TU）计算。地下水中氚的等比例混合模型（model of mixing in equal proportions）同样假设地下水系统处于稳定状态，而观测到的地下水氚浓度是每年降水中的氚经过放射性衰变（从进入系统到采样结束）修正后的总和与地下水多年平均更新速率的乘积。1952年以前地下水的氚含量以常量10 TU计算。

我国学者应用放射性同位素氚研究了地下水流动系统、补给量、地下水年龄以及地下水更新速率等问题。华北平原地下水是研究的热点区域。

华北平原补给区水交替条件较好，氚分布深度可达100 m左右，向东递减为30～50 m。地下水中氚值总趋势呈西高东低、浅部高于深部的格局。这种分布特点说明了地下水总体迁移的水流运动模式（张宗祜和施德鸿，1997）。华北平原第四系含水层补给区地下水中氚含量超过6 TU，沿流动方向逐渐下降，在滨海平原区不到1 TU（Chen等，2003a；Lu等，2008）。Chen等（2003b）在中科院栾城站利用氚的平面分布特征判断了地下水的流动方向，利用氚的垂向分布估算了含水层尺度上地下水侧向补给强度；估算出太行山山前平原地下水可采量为150 mm/a，来自太行山的侧向补给速率为112.5 mm/a，山前平原面上补给速率为37.5 mm/a；通过水量平衡分析得到山前倾斜平原地下水水位下降速率为0.8 m/a，与栾城站实测资料吻合较好。Lu等（2008）基于地下水中氚含量分布研究了华北平原滹沱河冲洪积扇地下水流动系统的补给及流动系统的划分，并利用氚的完全混合模型研究了地下水流动速率。Chen等（2005）利用地下水中的溶解无机碳（DIC）中T和^{14}C研究地下水补给。结果表明山前平原区域地下水年龄小于40年，主要接受本地补给；中部平原和滨海平原地下水年龄介于100 005 000年。Kreuzer（2009）用^3H-^3He方法确定地下水年龄为5到36年，且地下水年龄与离开太行山的距离没有明显的关联。陈宗宇等（2006b）恢复了石家庄地区大气降水氚的历史数据，并讨论山前平原地下水更新速率的变化。研究结果表明，地下水平均更新速率随水位埋深增加和距滹沱河距离的增加而减小。冲积扇顶部地下水的平均更新速率为5%～33%每年，沿水流方向至石家庄市区，地下水更新速率减小到3%～12%每年，石家庄地下水降落漏斗区平均更新速率为1%～5%每年。Wang等（2008b）将氚和溴（NaBr）用做人工示踪剂研究了河北平原地下水补给问题，探讨了不同的土壤类型、土地利用、灌溉形式和植被情形下地下水补给的变化，得到平均补给速率和补给系数介于0.00～1.05 mm/d，0.0%～42.5%。此外，Lin和Wei（2006）借助内蒙古和山西的两个黄土非饱和带钻孔岩心，研究了黄土剖面孔隙水的氚含量变化，得到地下水平均入渗速率为0.3 m/a，地下水补给速率分别为47 mm/a和68 mm/a。苏小四和林学钰（2004）应用T的全混合模型估算银川平原浅层地下水更新时间为30年，更新能力明显大于深层承压水，同时发现潜水向承压水越流排泄。聂振龙（2004）研究了黑河地下水更新能力。

国外学者利用放射性同位素氚结合氚模型研究地下水补给、流动系统等问题，改进氚模型并将氚模型与分布式水文模型相结合。

城市分布区域下伏的潜水含水层内，地下水水质通常受到工业和居民生活排放污染物的影响，水质较差。然而，波兰Lublin市潜水含水层却保持了良好的水质。Zuber等

(2001)利用该含水层地下水中氚含量分布，结合EM、EPM、DM模型解释了地下水的氚年龄，并由此间接探讨了地下水水质保持良好的原因。La Salle（2001）用非承压含水层地下水所含放射性示踪剂的完全混合模型和等比例混合模型研究了尼日尔半干旱地区Iullemeden流域地下水的更新速率。Michel（2004）使用美国地质调查局（USGS）自20世纪60年代以来对Mississippi河干流，及其三条支流Ohio河、Missouri河、Arkansas河进行的氚含量长期观测数据，大气降水输入氚的观测数据，利用两组分混合模型（two-component mixing model）研究了Ohio河、Missouri河流域地下水的停留时间。Rangarajan等（2005）应用人工注射氚的方法研究了印度Neyveli地下水的补给。Houston（2007）利用地下水中的氚和氯离子质量平衡法研究了智利北部Turi流域地下水的补给问题。Boronina等（2005）实测了塞浦路斯Kouris流域降水中和地下水中的氚，用PMPATH建立地下水中氚运移的三维模型应用于地下水流动研究。Stewart等（2007）应用^{18}O、高精度^{3}H和SF_6/CFC观测资料研究了地下水停留时间和流动路径，通过EPM和DM（Dispersion Model）模型解释示踪剂数据，估算地下水停留时间，建立了地下水流动概念模型。Koeniger等（2005）结合50年的水文、气象资料和降水、径流氚含量数据，发展了氚平衡模型，并用于研究德国Weser河流域的三个子流域地下水停留时间、地下水的储量变化和不同平衡项的氚含量。Rose（2007）提出了用于模拟组成基流的浅层地下水停留时间的一种迭代算法。该算法基于十年尺度的氚浓度变化数据以及大气降水氚的输入数据，考虑了放射性衰变效应，浅层地下水与降水的混合等。该算法对氚浓度的变化十分灵敏，计算精度达到±5年。Koeniger等（2008）基于密集的大气降水和径流中氚的观测站点的长期观测，将分布式水文模型与氚平衡模型（TRIBIL）耦合，模拟研究德国Weser河流域大尺度流域水文过程。

第二节　氯离子质量平衡法

氯离子是地下水常量离子之一，且化学性质最为保守。氯离子质量平衡法在地下水水文研究中得到广泛的应用。氯离子质量守恒法（chloride mass balance technique，CMB）假设大气氯离子干、湿沉降输入是包气带水或者浅层地下水中氯离子的唯一来源，在降水转化为包气带水和地下水的过程中，氯离子的通量守恒。基于这种假设，利用氯离子质量守恒法可以直接估算地下水接受降水入渗的补给速率。常用的氯离子质量守恒法可以分为基于含水层的和基于非饱和带的，其中应用较广泛的是基于非饱和带的氯离子质量平衡法（陈植华等，1996）。

非饱和带是四大层圈结合部位的一个复杂的开放体系，记录了区域的乃至全球的水文地球化学和人为影响的变化，往往作为地质环境的监控区引起人们的注意，并把它与生态环境和全球变化研究联系起来（张宗祜等，1997）。在不受海侵影响的干旱半干旱地区，利用非饱和带水中的Cl^-作为示踪剂可以研究降水的补给过程，并计算土壤水的年龄及降水的补给速率（Stone等，1992）。用作示踪剂的溶质必须满足不与土壤颗粒骨架中的矿物质和有机物反应，化学性质保守的条件。氯离子具有较强的亲水性，符合上述要求。此外，地下水和土壤水中氯离子含量比氯离子检测限高几个数量级，因此氯离子是理想的溶质示踪剂。

尽管有多种方法可用于定量研究降水入渗补给量，当降水入渗补给速率较低时，基于非饱和带研究的氯离子质量平衡法是应用最广泛的定量研究方法（Scanlon等，2002）。CMB法是最为简单，最为经济，并且最为有效的定量干旱、半干旱区域降水入渗补给的方法之一（Allison等，1994；Murphy等，1996）。非饱和带不仅包含了用于定量降水入渗补给速率的信息，还包含了补给速率历史变化的信息（Cook等，1992），应用CMB法可以得到几十年至几千年时间尺度上地下水补给的估算结果（Scanlon等，2006）。基于非饱和带研究的CMB法在探讨区域地下水补给历史信息，研究土地覆被和土地利用类型变化方面已经被广泛地应用（Scanlon等，2007；Radford，2009）。此外，利用非饱和带土壤水氯离子和同位素对水文和环境变化的过程的记录，CMB法也被用于古气候变化的研究。

氯离子质量平衡法的提出和演化简单回顾如下（袁瑞强等，2015）。Eriksson和Khunakasem（1969）首先提出了利用地下水中氯离子含量估算地下水补给速率的氯离子质量平衡法。该方法假设地下水水量和氯离子质量守恒，系统处于稳定状态；地下水为x方向的一维流动；Q为大气氯离子输入速率，不随时间变化；含水层内没有其他氯离子来源。基于该假设，地下水平均补给速率可以由下式计算：

$$\bar{C}_g \cdot \int_0^x R dx = \int_0^x Q dx \tag{2-11}$$

式中，$\overline{C_g}$为沿流向不同位置、不同深度地下水中氯离子浓度的平均值；R为地下水补给速率。积分的起始位置为地下水系统的上游边界（地下水分水岭），沿着地下水流动方向x进行积分。

Allison和Hughes（1978）认为从长期平均的结果来看，氯离子从地表输入的通量等于植物根系带以下氯离子的通量，由此提出非饱和带的氯离子质量平衡法：

$$\overline{P \cdot C_p} = \overline{R \cdot C_R} \tag{2-12}$$

式中，P为某年降水量，其氯离子含量为C_P；R为该年地下水补给通量，其氯离子含量为C_R；横线表示数学期望。该方法假设大气降水中的氯离子，包括（干、湿沉降部分），是地下水中氯离子的唯一来源，而且在入渗补给的过程中氯离子保持化学惰性。根据随机过程理论，可由上式得到地下水平均补给速率：

$$\bar{R} = (\overline{P \cdot C_p} - \overline{\Delta R \cdot \Delta C_R}) / \bar{C}_R \tag{2-13}$$

式中，$\bar{R}$表示年平均补给速率；$\overline{C_R}$表示补给水中氯离子含量的年平均值；ΔR和ΔC_R表示某年的R和C_R与年平均值的偏差。由实测资料发现，尽管年降水量P和R存在较明显的年际变化，然而氯离子在地表的输入通量基本保持稳定。因此，P与C_p之间存在反比关系，类似地R与C_R也存在反比关系。因此，$\overline{\Delta R \cdot \Delta C_R}$为非零的负值。

进一步地，在满足上述假设的条件下，土壤非饱和带氯离子质量平衡关系可以简化为

（Sharma 和 Hughes，1985）

$$\overline{P}\times\overline{C}_P=\overline{R}\times\overline{C}_R \tag{2-14}$$

降水中氯离子年加权平均浓度由下式计算得到

$$\overline{\mathrm{C}}_P=\frac{\sum_{i=1}^{n}P_i\mathrm{C}_{Pi}}{\sum_{i=1}^{n}P_i} \tag{2-15}$$

式中，C_{Pi}为第 i 次降雨样品中的氯离子的浓度（mg/L）；P_i为第 i 次降雨量（mm）；n 为降雨次数。

非饱和带氯离子质量平衡方法假设植物根系带以下，包气带水以活塞流形式向下做一维运动。然而，在非均质介质中，土壤水的优先流也具有重要的作用。Sharma 和 Hughes（1985）提出了考虑土壤水优先流的氯离子质量平衡法。该方法在 Ericsson 方法的基础上，假设土壤水优先流不被植物根系带吸收利用，直接向下补给地下水。地下水的总补给包括土壤水活塞流形式的补给和优先流形式的补给两部分：

$$\overline{P}\times\overline{C}_P=\overline{R}_t\times\overline{C}_g \tag{2-16}$$

$$\overline{R}_t=\overline{R}_d+\overline{R}_b \tag{2-17}$$

$$\overline{R}_t\times\overline{C}_g=\overline{R}_d\times\overline{C}_s+\overline{R}_b\times\overline{C}_b \tag{2-18}$$

式中，$\overline{R_t}$ 表示总补给速率（mm/a）；$\overline{C_g}$ 表示地下水中氯离子的浓度；$\overline{R_b}$ 表示以活塞流形式补给的速率 （mm/a）；$\overline{C_s}$ 表示土壤水中氯离子的浓度；$\overline{R_b}$ 表示以优先流形式补给的速率 （mm/a）；$\overline{C_b}$ 表示优先流形式补给水中氯离子的含量，假设其等于降水中氯离子的平均含量（$\overline{C_b}=\overline{C_p}$）。求解上述三个方程可以得到 $\overline{R_d}$ 和 $\overline{R_b}$

$$\overline{R}_d=\overline{R}_t(\frac{\overline{C}_g-\overline{C}_p}{\overline{C}_s-\overline{C}_p}) \tag{2-19}$$

$$\overline{R}_b=\overline{R}_t(\frac{\overline{C}_s-\overline{C}_g}{\overline{C}_s-\overline{C}_p}) \tag{2-20}$$

Sharma 和 Hughes（1985）认为使用上述公式计算总补给速率时，可以通过比较土壤水中和地下水中氯离子含量，以了解土壤水的流动形式。如果土壤水中氯离子含量接近地下水中氯离子含量，可以假设土壤水通过活塞流形式补给地下水构成唯一的补给。如果土壤水中氯离子含量高于地下水中氯离子含量，那么地下水的补给还包括来自土壤水优先流补给的部分。

当考虑灌溉存在的情况时，式（2-18）可以改写为

$$\overline{R}_t\times\overline{C}_g=\overline{R}_d\times\overline{C}_s+\overline{R}_b\times\overline{C}_b+\overline{R}_{ib}\times\overline{C}_{ib} \tag{2-21}$$

式中，$\overline{R_{ib}}$ 代表通过局部发生的优先流形式补给到地下水的灌溉水量（mm/a）；$\overline{C_{ib}}$ 代表补

给到地下水的灌溉水中氯离子的含量，近似等于灌溉水的平均氯离子含量。

在均质介质中，包气带水的垂向运动可以近似为只存在活塞流形式。此时，非饱和带的氯离子剖面可以用于研究过去的补给速率和某一深度处土壤水的停留时间。非饱和带某一深度处土壤水的停留时间可以用该深度以上氯离子累积总量与年平均氯离子输入量来估算（Tyler，1996）：

$$t = \frac{1}{\overline{P} \times \overline{C}_p} \int_0^z \theta(z) C(z) dz \tag{2-22}$$

式中，t表示平均停留时间；$\theta(z)$ 表示深度z处土壤体积含水量；$\overline{C_p}$ 表示降水中氯离子的平均含量；$C(z)$ 表示深度z处土壤水中氯离子的含量。

当从地表开始到地面下A点以一定的间隔对非饱和带采样时，该方程可写为（马金珠，2004）

$$t = (10\sum_{i=1}^{A} h_i C_i \frac{w_i b_i}{\rho_i}) / (\overline{P} \times \overline{C}_p + D) \tag{2-23}$$

式中，h_i为采样间隔；C_i为每个深度处包气带水氯离子含量；w_i为重量含水量；b_i为干容重；ρ_i为包气带水的密度。

该方法假设包气带水只存在垂向向下的活塞流动，其余假设与前述CMB法相同。该方法的时间分辨率取决于非饱和带采样的间隔，采样间隔越小，时间分辨率越高。非饱和带氯离子平衡原理在降水稀少的干旱区研究地下水补给具有较强的适用性，与氢、氧稳定同位素及含水量在包气带垂向的变化相结合，能够准确地计算地下水的多年平均补给率，并记录水文气候变化信息。

如果平均降水Cl^-含量已知，则可以确定短时间尺度的补给变化。然而，已有的对降水Cl^-的观测表明长期来看降水输入的氯离子浓度极有可能是变化的。因此非饱和带水时间尺度的确定可用氚和氯–36代替累积氯方法（陈宗宇，2001），以提高定年的准确性。受限于从干旱—半干旱区非饱和带提取氚和氯–36水样较困难，有学者尝试结合氢氧稳定同位素剖面记录的环境干湿状况变化来确定包气带水的时间尺度（Yuan等，2012）。

CMB法虽然简便，但在特定区域具有独特的应用价值。该方法在发展过程中不断演化，在实际应用中受到一些假设条件的限制。同时，要利用该方法得到正确的结果必须有相关的研究数据支撑，如大气氯离子的干、湿通量数据。国内，氯离子质量平衡法已被广泛地应用于地下水水文过程的研究。

在华北平原，陈宗宇等（1998，2001）利用非饱和带水的氯含量变化研究气候变化对华北平原地下水的影响以及该地区的古水文—气候变化状况，其研究结果表明：研究区300年以来有过3次干/湿变化旋回，并且反映在地下水补给速率的变化上。张光辉等（2003）基于石家庄附近两个钻孔全岩心原状样应用CMB法研究了石家庄地区地下水补给历史，得到各钻孔记录长度分别为185年和295年，对应的平均降水入渗补给速率分别为9.1 mm/a和6.7 mm/a，且两个剖面的氯含量分布与研究区旱涝分布规律具有对应性，可清晰划分出三个干、湿旋回，与孢粉反映出的水文演化规律相一致。汪丙国和靳孟贵等

（2006）利用CMB法评价了河北平原垂向入渗补给量，结果表明该方法在山前冲洪积平原水位埋深大的淡水区应用效果较好，鹿泉和栾城的补给量分别为44.7 mm/a和31.3 mm/a，占多年平均降雨量的8.2%和5.8%，以扩散流入渗为主。王茜、沈彦俊等（2013）也利用氯离子平衡法估算了华北山前平原灌溉农田深层土壤水渗漏量为65 mm/a。氯离子质量平衡法在河北平原山前地带水位埋深大的淡水区应用较好，在浅层咸水分布区、盐渍化地区、受灌溉（或施肥）影响的地区以及地下水水位埋深小的地区应用受到限制。Yuan等（2012）利用华北平原干河床非饱和带氯剖面和$\delta^{18}O$恢复了降水入渗补给率近三十年的变化历史，估算平均降水入渗补给率为3.8±0.8 mm/a。该结果排除了灌溉的影响，因此降水入渗补给率的估算值偏低。

在西北干旱区，Edmunds等（2006）使用CMB法，结合同位素、惰性气体示踪研究了民勤盆地地下水补给历史，认为以活塞流形式补给的地下水不超过3 mm/a。Zhu等（2007）同样用CMB法研究了该地区地下水补给速率为1.55～1.64 mm/a，平均值为1.6 mm/a，约占当地降水量的1.5%，并估算了地下水直接补给量约为$0.666\times10^8\ m^3/a$，间接补给量（河渠入渗）为$0.945\times10^8\ m^3/a$，民勤盆地总补给量为$1.6\times10^8\ m^3/a$。Gates等（2008）通过非饱和带的18个钻孔（6～16 m深）的数据，利用CMB法估算出巴丹吉林沙漠地下水的平均补给速率为1.4 mm/a，约为平均年降水量的1.7%，并根据水量平衡法推论直接降水入渗补给不是该区域第四系含水层主要补给来源。类似地，刘晓艳、陈建生等（2010）利用氯离子示踪法计算了巴丹吉林沙漠东南部地区的降雨入渗补给量，得到乌海子、诺尔图地区的年平均补给率分别为0.81 mm/a和1.24 mm/a，占多年平均降雨量的0.9%和1.4%，推论现代降雨不是地下水的主要补给源。马金珠等（2004）利用CMB法估算巴丹吉林沙漠地下水的平均补给速率为1.3 mm/a，认为1500—1530年干旱区气候突变。Ma和Edmunds（2006）通过CMB法恢复了巴丹吉林沙漠22 m深的土壤水剖面记录的1185年的补给历史，以及水文和气候变化信息，得到主要的干、湿时期，确定该地区平均补给速率为0.95～1.33 mm/a。Ma等（2009）基于巴丹吉林沙漠沙丘非饱和带深度30 m的钻孔岩心，重建了过去2050年来时间分辨率为30～50年的气候变化过程，估算了该沙漠西部的补给速率为0.9 mm/a，约占该区域年降水量的1%。该研究成果是目前亚洲类似研究中重建历史最长的。

此外，马金珠等（2005）研究了腾格里沙漠的一个钻孔剖面，估算了过去930年以来的补给量变化过程及其所反映的气候波动特征，将气候划分为4个干期和3个湿期，平均补给量仅为1.26 mm。邓林等（2010）基于CMB法研究了陕北砂黄土包气带氯剖面记录的近百年来地下水补给过程，结果表明地下水的补给强度变化与年降水量在趋势上存在较好的对应关系，由于降水自20世纪90年代后期减少导致的地下水补给明显减少。王言思等（2009）用土壤水均衡法、氯离子剖面法和地下水动态法研究了内蒙古阿拉善盟孪井滩地下水补给问题，结果表明降水对地下水的补给量还不到0.1 mm/a，而在长期灌溉的地区多年平均补给量达231.5 mm/a。Huang等（2013）使用CMB法结合多种示踪剂研究得到六盘山附近黄土层的入渗补给速率达94～100 mm/a，并发现由于地表覆被由自然状态的草原变为冬小麦种植区使得地下水补给速率降低了42%～50%。Ting（1998）结合CMB法和泰森多边形法估算了中国台湾地区Pingtung平原地下水的补给速率和补给量，结果表明除了灌溉水入渗补给的部分，在整个研究区域内降水总量的15%补给进入地下水。

国外对氯离子质量平衡法进行了大量研究，结果表明CMB法能直接得到空间点上降水直接入渗补给的速率，是干旱、半干旱地区地下水补给研究的主要方法（Scanlon，2002）。Sibanda（2009）利用CMB法、地下水水位波动法、达西流网法、^{14}C定年法和地下水模型法分别对非洲南部津巴布韦半干旱区Nyamandhlovu地下水补给进行了估算，结果表明CMB法估算结果的范围大于其他方法，揭示了不同点上补给速率存在的空间变化。同时，CMB法也被尝试用于面上的地下水补给问题和湿润地区地下水补给问题的研究。Yidana和Koffie（2014）利用CMB法研究了Northern Ghana的Voltaian流域地下水补给的空间分布，发现补给速率的分布与δD和$\delta^{18}O$的分布呈反相关。补给速率高的地方地下水中重同位素组成较贫化，δ值低；补给速率低的地方，地下水中重同位素组成较富集，δ值高。同时，国外学者尝试将CMB法用于半湿润地区的研究。Russoa等（2003）研究了意大利半湿润地区Po平原地下水的补给，并讨论了土壤剖面上氯离子浓度的CMB法应用于种植作物区域的地下水补给问题，探讨了氯离子浓度的季节变化对该方法的影响，应用CMB法估算出研究区地下水年补给速率为205 mm/a。

近年来，国外学者尝试用CMB法探讨人类活动的影响。Fragalà和Parkin（2010）研究了英格兰西北部冰川沉积物和河流冲积物的Cl^-和NO_3^-剖面，分析了垂向的补给过程以及沉积物组成和结构以及地形对农业源污染物入渗的影响。Schmidt等（2013）基于对岩溶泉水中氯离子含量的多年观测，利用CMB法估算降水补给地下水的比率介于25%～50%，同时揭示近来上游污水入渗混入泉水的比率介于0%～20%。Perera等（2013）利用CMB法研究了加拿大多伦多东部Highland Creek区域用于融雪剂中有约40%的氯离子进入含水层，并导致氯离子在浅层地下水中的持续累积。Guan等（2010）研究了澳大利亚南部Mount Lofty山区11个曾经历过大规模山林砍伐的小流域的氯离子再平衡，指出部分流域受人类活动的影响使得流域输入和输出的氯离子没有达到平衡，不适宜使用CMB法。Cartwright等（2013）分析了澳大利亚南部河流22年的电导率记录，认为除了用Cl/Br比率确定的来自石盐溶解的氯离子外，其余的氯离子含量变化可以反映出流域水文环境的变化。例如，植被退化造成地下水位升高和基流量增大，更多的氯离子被排泄进入河流；流域上游地表覆被和土地利用很少受人类影响，所以达到化学平衡，并由氯离子的输入和输出之间的平衡反映出来。

正确运用氯离子质量平衡法，必须注意氯离子质量平衡法应用的假设条件。首先，该方法假设大气的干、湿沉降是浅层地下水中氯离子的唯一来源。在有人类活动影响的区域要考虑是否有农药、农肥引入的氯离子通量，以及其他人类生活、生产污染引入的氯离子通量。如果研究区内不能避免人类活动的影响，那么必须考虑定量这部分氯离子通量。此外，要分析是否可能有地层内的蒸发盐岩溶解和海水入侵途径的氯离子通量，可以考虑用Cl/Br比率确定这部分氯离子的量。其次，CMB法假设氯离子的大气输入通量保持稳定。通常近似地认为该假设在较短的时间尺度上满足。然而，当研究的时间尺度长达数千年时，考虑到局地气候的不稳定性，需要对这一假设进行评估。否则结论中可能会引入较大的不确定性。最后，虽然有改进的CMB法研究土壤中的优先流，但是该法的基本应用还是基于活塞流假设的。例如，非饱和带惰性示踪剂Cl^-可以提供干旱区气候、水文和环境变化过程的记录，是良好的历史信息载体。相关研究都是基于非饱和带为均质介质，土壤水以扩散流为主，做垂直向下一维流动的假设。脱离开上述假设，CMB法得到的结论就似是而非了。

满足这些假设时，CMB法仍然存在一定的不确定性，使得其应用受到一定制约（袁瑞强等，2015）。其不确定性来源包括：第一，大气干、湿沉降的氯离子通量难以准确测定；第二，完全均质的介质不存在，优先流在一定程度上发生。

为了正确地运用氯离子质量平衡法，需要在实际工作中注意。

（1）获得准确的氯离子输入通量。

定量测定氯离子总输入量，尤其是定量测定干沉降量存在较大的不确定性。现有研究多数通过观测降水样品中的氯离子含量，并假设氯离子的湿沉降量近似为氯离子的总沉降量。由此，CMB方法的主要误差来自附着于植物叶片、茎干上的海盐颗粒等干沉降输入。可以在有植被覆盖区域的地面收集降水水样来提高氯离子输入的计算精度。Deng等（2013）研究了澳大利亚南部海岸带Eucalyptus桉树林和Pine松树林对降水中氯离子浓度的影响，结果表明桉树林和松树林降水中氯离子浓度均被增大，分别增加了28%和89%。不考虑干沉降量由CMB法估算的降水入渗补给速率将明显地低估。因此，为了准确地应用CMB法必须对区域的干沉降量做长期观测和研究。

氯离子的沉降量在空间上的变化导致CMB法结果的不确定性。Edmunds和Fellman等（2002）将CMB法应用于研究尼日利亚北部地区地下水补给的空间变化，并恢复重建了古补给和古气候事件。研究发现如果使用该地区三个监测站10年的降水资料确定大气氯离子输入值（1.7 mg/L），则该区域地下水平均补给速率点估计值介于14～49 mm/a，区域地下水补给速率估计值为139 mm/a。这与水平衡模型的研究结果相差较大。如果使用较低的大气氯离子输入值（0.65 mg/L），则计算结果与水平衡模型的吻合较好。作者认为至少在该区域氯离子的有效沉降通量比来自数量有限的雨量筒的分析值要低。Guan等（2010）研究了澳大利亚南部滨海的Mount Lofty山区9000 km^2范围内氯离子空间输入分布，指出离海距离对氯离子输入空间变化贡献了70%左右，高程、地形、坡度和坡向等因素贡献了15%左右。基于上述研究，Guan等利用Kriging模型（ASOADeK）得到了该区域氯离子输入的空间分布图。然而，其平均不确定性仍然介于20%～50%。因此，为了用CMB法精确地估算，需要对氯离子沉降的空间分布进行长期的观测和研究。

（2）合理确定非饱和带剖面记录范围。

由于地表往往存在植被和动物的活动，使得大孔隙优先流普遍存在。陈宗宇等（2001）指出补给水的优先流动可使包气带剖面中的溶质浓度减小。同时，受土壤质地的影响土壤水蒸发在一定深度内十分明显。优先流和水汽的存在使得剖面上部存在一个混合层，入渗的降水首先在这个混合层内在一定的时间尺度上混合，之后才继续下渗以活塞流形式做一维运动。因此，运用氯离子质量平衡法时，非饱和带剖面的记录范围存在一个上边界。此外，地下水位的大幅振荡和离子扩散会使包气带剖面下部的记录破坏，毛细前缘将限制动水位附近3～4 m之间的数据的可用性（陈宗宇，2001）。因此，运用氯离子质量平衡法时，非饱和带剖面的记录范围存在一个下边界。这种边界的具体范围，受到具体研究场地的影响。在氯离子质量平衡法的实际运用中必须仔细调查剖面的情况，收集有关资料，提出有研究场地的包气带水运移概念模型（Yuan等，2012），在此基础上合理地确定非饱和带剖面的记录范围。

（3）结合多种方法合理评估活塞流假设。

Edmunds和Tyler（2002）综述了利用非饱和带土壤水中惰性示踪剂Cl^-结合其他化学和同位素示踪剂对气候变化信息的研究。作者强调了非饱和带为均质介质，土壤水以扩散流为主做垂直向下一维流动假设的重要性。同时，作者指出以多示踪剂联合使用结合土壤理化性质调查来验证活塞流假设是该方法发展的方向。Yuan等（2012）在利用CMB法恢复华北平原直接补给历史时，通过干河床非饱和带两个钻孔$\delta^{18}O$剖面和氯离子剖面的对比分析，结合钻孔不同位置土壤样品的粒度分析等手段交叉验证土壤水活塞流假设，为研究奠定了基础。为了正确地运用CMB法，未来的研究需要应用多种示踪剂，结合土壤剖面样品理化性质分析来验证非饱和带活塞流假设。同时建议在单个采样点设置平行钻孔来加强验证。

（4）注意氯离子的平衡假设。

目前的研究主要应用了非饱和带的氯离子质量平衡法。该方法假设非饱和带内存在一个稳定带，即输入的氯离子和输出的氯离子达到平衡。一般认为这种假设在一定时期是满足的，但是当地表条件或者气候条件发生变化时要注意验证该假设是否成立。将氯离子质量平衡法应用于含水层时，假设地下水水量和氯离子质量守恒，系统处于稳定状态。将氯离子质量平衡法应用于整个流域时，假设流域的氯离子处于平衡状态。由于人类活动的影响，天然状态下本来处于平衡的氯离子可能进入再平衡的过程中。因此，研究者需要注意检验氯离子平衡假设。

综上所述，氯离子质量平衡法是得到国内外学者一致认可的简便、有效的方法，可以用于地下水补给、水文和环境变化以及人类活动影响等方面的研究。该方法不断地得到简化和改进，但是其前提假设没有改变，在实际应用中仍然存在局限，需要在具体问题的分析中注意。

第三节　地下水研究中的统计分析和机器学习方法

在已有的水文地球化学数据和同位素数据的基础上进行深入的数据分析，即数据挖掘，可获得对传统的水文地球化学方法和同位素技术分析结果的补充，提供定量结果或者结果验证。数据挖掘是从大量数据中寻找其规律的技术。数据挖掘是一种决策支持过程，主要基于统计学、可视化技术、模式识别、人工智能、机器学习等分析数据，作出归纳性的推理，挖掘出潜在的规律。近年来，统计分析和机器学习等数据挖掘方法在水化学数据分析中作为辅助分析的半定量/定量方法得到了广泛的应用。例如，相关性分析、因子分析、聚类分析、主成分分析、判别分析、人工神经网络以及深度学习等方法用于定量地下水各个组分间的相关性，推测主要反应性矿物和水化学演化的主要作用，进行水化学演化分区，或者进行模型参数优化和模拟等（刘国子等，2020；陈盟等，2020；王攀等，2020；张振国等，2018；令军帅等，2017；Yu等，2020）。以下对应用广泛的聚类分析、主成分分析、判别分析等做简要介绍。

聚类分析（cluster analysis，CA）是一种多元统计分析方法。聚类分析是根据样本自身的属性，在无任何先验知识情况下，用数学方法直接比较各事物之间的性质，按照某些相似性或差异性指标，定量地确定样本之间的亲疏关系，并按这种关系的紧密程度进行聚类，将其性质相近的归为一类，差别较大的归入不同类。聚类分析建立在距离量度基础上，其要点是选定一种“广义距离”，及规定“并类”规则。样品离散程度是进行分类的必要参考。只有样本有较大的离散性（代表不同类别）才具有对其进行聚类的必要和意义。常用的聚类分析方法有多种，包括分层聚类法、非分层聚类法和基于统计模型的聚类（Richard A. Johnson等，2008）。

考虑到地下水作为一个整体，在运动要素与水化学元素空间分布之间应该存在一定关系（陈葆仁，1989）。因此，地下水化学组分的聚类分析可以作为认识水化学成分形成、寻找它们之间相互关系的一种手段。对地下水样品按水化学组分进行聚类法分析的原理是：把单个水样看成由n个化学成分构成的向量，n维向量组成的空间近似为距离空间，在其他因素影响不大的情况下，具有相同补给源或有较密切水力联系的地下水具有较近的距离，化学成分差别越大，这种距离越远，水力联系越差。然而，经典的分类学具有非此即彼的特性，即同一事物归属且仅仅归属所划定类别中的一类。但是这种分类不适用于具有模糊性的分类问题，例如地下水的水质问题（章程，1995）。因此产生了以模糊数学为基础的模糊聚类分析算法。模糊C-均值（fuzzy C-means，FCM）算法，是模糊聚类分析算法中的一个经典算法。它采用迭代优化目标函数来获得对数据集的模糊划分，可以给出某样品属于特定类别的概率，更加符合地下水混合问题的实际情况。

主成分分析（principal component analysis，PCA）属于多元统计方法。它的基本思想是根据原有n个变量之间的相关性，用m（m<n）个主成分来反映全部变量的大部分样本变差。它的一般目的是：（1）压缩数据维度；（2）数据解释。主成分分析在数据信息丢失最小的原则下，可实现对高维变量空间的降维处理。当两个变量有相关关系时，其反映的信息就有一定的重叠。主成分分析建立的新变量，即主成分，是原有变量的特殊的线性组合，是两两不相关的综合指标，即反映的信息不重叠。主成分从原变量中提取的信息量的多少用其方差表示。选定少数包含信息较多的主成分，使它们累积方差贡献率之和大于选定的阈值，例如85%（庞西磊，2009）。这些选定的主成分可以反映原变量的绝大部分信息，用它们代替原变量，实现变量空间的降维。实践证明指标间相关程度越高，主成分分析效果就越好。主成分分析常常揭示出一些先前不曾料想到的关系，因而会对数据给出不同寻常的解释。

判别分析是一种常用的统计分析方法，是根据观察或测量得到若干变量值，判断研究对象属于哪一类的方法。判别分析广泛地应用于医学、生物学和社会学等涉及分类问题的研究中。判别分析也广泛地应用于计算机图形图像处理中特征提取方面（余冰，2003；陈伏兵，2005）。进行判别分析必须已知观测对象的分类和若干表明观测对象特征的变量值。判别分析就是要从中筛选出能提供较多信息的变量并建立判别函数，使得利用判别函数判别观测对象的所属的类别时判错率最小（卢纹岱，2006）。判别分析有很多不同的形式，其中最简单也是最常用的一种是线性判别分析（linear discriminate analysis，LDA）。LDA算法的核心是选择使得Fisher准则函数达到极值的向量作为最佳投影方向，从而使得样本在该方向上投影后达到最大的类间离散度和最小的类内离散度（陈伏兵，2005）。LDA分析得到的线性判别函数的一般形式为

$$y = a_1x_1 + a_2x_2 + a_3x_3 + \cdots + a_nx_n \tag{2-24}$$

其中，y为判别分数；x_1，x_2，x_3，…，x_n为反映研究对象特征的判别变量；a_1，a_2，a_3，…，a_n为判别系数。

把各观测量的自变量回代到判别函数中，根据判别函数对观测量所属类别进行判别。对比原始数据的分类和按判别函数所判的分类结果，给出判错概率，以评价线性判别函数的性能。同时，可以通过建立典则变量（典则变量是原始自变量的某种线性组合）来描述各类之间的关系。

配对t检验属于t检验的一种。t检验（student's t test）可用于样本量较小，总体标准差σ未知的正态分布资料，验证样本均值与总体均值差异程度的检验方法。它是用T分布理论来推断差异发生的概率，从而判定样本均值与总体均值的差异是否显著。配对t检验（配对样本均数t检验，又称非独立两组样本均值t检验）适用于配对设计计量资料均数的比较，用于检验的两组样本所代表的未知总体均值是否有差别。配对t检验要求将受试对象进行配对设计，一对观察对象之间除了处理因素/研究因素之外，其他因素基本相同。

第四节　结合水文地球化学、同位素技术、统计分析和机器学习方法的展望

地下水赋存于地下含水介质中，可以形成空间三维的、形态复杂的、十分巨大的流动系统。这个系统难以用肉眼直接观察。目前的地下水水文研究属于一种“诊断式”的研究，依赖大量的样本数据和局部代表性点的长期观测，以分析确定地下水系统在某个时刻的状态或归纳总结地下水系统的变化规律。近几十年来，国内外学者在地下水水文研究方面将传统的水文观测、水文地球化学分析、水化学反应模拟地下水流运动和溶质运移模拟等方法不断地发展，并与同位素技术和以统计分析和机器学习方法为代表的数学理论和方法结合起来，使地下水水文研究展现出新的局面。简单地讲，现代的地下水水文研究是充分结合了水文地球化学分析、同位素技术、统计分析和机器学习等方法的“诊断式”研究。在这样的发展背景下，示踪技术得到重视，越来越多的示踪剂和示踪方法被应用到地下水水文研究中，且多方法的综合应用越来越普遍，构成两个明显的特点。

第一，联合采用多示踪剂（^{18}O、^{2}H、^{13}C、$^{87}Sr/^{86}Sr$、SiO_2、CFCs、SF_6、^{222}Rn、^{3}H和^{14}C等）进行研究。例如，Katz等（1996）综合利用$^{87}Sr/^{86}Sr$、^{13}C、^{18}O和^{2}H等示踪剂研究了Florida北部喀斯特地区Barco湖水和地下水，以及地下水与围岩矿物的相互作用。Katz等（1998）应用^{18}O、^{2}H、^{13}C、$^{87}Sr/^{86}Sr$、^{222}Rn、SiO_2结合探地雷达技术（GPR）研究了Florida北部季节性河流对石灰岩含水层的补给比例，及地下水水文地球化学特征的变化。Cook（2003）等利用^{222}Rn、CFC-11、CFC-12结合主要离子和水温研究了澳大利亚Northern Territory地区地下水向河水的排泄，应用^{222}Rn、CFC-11、CFC-12的质量平衡模型估算了地下水向河水的排泄速率。Hunt等（2005）应用水体^{18}O和^{2}H同位素研究了河水补给地下水的比率，分别用^{3}H-^{3}He、CFCs和SF_6定年法讨论了汛期/非汛期补给速率。Darling等（2010）综合利用^{18}O、^{2}H、CFCs、SF_6和^{3}H等环境示踪剂，研究了英格兰南部白垩地层地下水在大量开采条件下与Darent河的相互作用关系。Cook（2012）应用电导率、离子浓度、氢氧稳定同位素、溶解的氦气、CFCs和^{222}Rn等地球化学示踪方法研究了地下水向河流的排泄，评价了各种方法。Smerdon等（2012）应用^{222}Rn、CFCs、SF_6和^{4}He等示踪剂识别了河流基流中区域地下水和局部地下水的贡献。虽然多示踪剂法可以较大地减小研究结果的不确定性，但是仍然存在着采样复杂、测定成本高等问题。同时，不同示踪剂的应用还存在着局限性。例如，分解和污染问题导致CFCs和SF_6定年法不适用（Hunt等，2005）；气体示踪剂如^{222}Rn向大气的扩散需要更准确地定量（Cook，2006）；对矿物溶解过程，尤其是含铅矿物选择性淋溶产生^{87}Sr的过程认识有限（Shand等，2009）。

第二，综合水文观测、地球物理测量、水文地球化学、同位素水文学、统计分析和机器学习方法，以及模型模拟等不同手段进行研究。Hunt等（1996）同时利用达西定律法、稳定同位素质量平衡法、温度剖面法和水量平衡法估算了地下水向Wilton湿地的排泄量，结果表明多种方法相结合的方式可以有效地降低计算的不确定性。Harvey等（1997）将测压管和电导率剖面法结合，研究了Ontario湖西端Hamilton Harbour湾内地下水向湖水的排泄。Cey等（1998）在Ontario湖南部用断面径流量测定、测压计法和渗流仪法估算了旱季地下水向河水的排泄量，结果表明断面流量测定法可以更加准确地估算地下水向河水排泄的净流量。Becker等（2004）同时运用断面测流法、径流—温度测定法、地下水温度梯度法研究了地下水向Ischua河的40 km长的河段排泄问题，指出地下水温度梯度法得到的点排泄速率估计值不能代表非均质条件下河段的总体情况，径流—温度测定法相比断面测流法可得到更高分辨率的结果，尤其适用于非均质条件下的研究。Vitale等（2008）综合利用水头测量数据、水文地球化学特征和河床沉积矿物分析，讨论了美国黄石公园热泉水形成的地表径流与降水补给的浅层地下水的相互作用，结果表明热泉水在河床形成的沉淀物阻碍了地下水向河流的排泄，然而少量的地下水排泄入河却使河水的地球化学特征发生显著的变化。Kohfahl等（2008）利用不同水体^{18}O和^{2}H组成、水文地球化学特征以及水头测量数据分析了西班牙Fuente de Piedra盐湖地表水与地下水关系，借助水文地球化学反向模拟技术分析了水化学成分的主要形成作用。Woocay和Walton（2008）应用主成分分析和k-均值聚类等多元统计算法对地下水主要离子含量数据进行数据挖掘分析，结果证明断层存在的区域地表水补给了地下水。Tweed等（2009）将地下水和湖水水位与含盐量数据与遥感数据结合，研究了澳大利亚东南近十几年来连续干旱对湖泊与地下水的相互关系的影响，并讨论了湖泊盐化机理。统计分析能提供定量的分析结果。Kumar等（2009）的研究表明离子之间、采样点之间通过经验和统计得到的关系结合起来能更加有效地识别地表水与地下水相互交换的范围。Mondal等（2010）运用主要离子含量结合主成分分析和聚类方法分析了滨海含水层地下水与海水的相互作用。Angermann（2012）等联合使用热脉冲示踪和垂向水力梯度方法研究了河底流的非均质性。Briggs（2012）应用染料稀释法、声学多普勒流速计法、地球化学端元混合法和分布式热传感器法研究了河水—地下水间水量交换。Costa等（2012）应用河流流量和地下水位时间序列结合多时相遥感数据研究了河流向地下水的补给。Johnson等（2012）利用三维电阻率影像时间序列技术，结合时域—频域分析方法监测地下水和地表水的相互作用。Nowinski等（2012）通过测压计网络和热传感器监测水位和水温变化，结合人工示踪（Li）试验研究了洪水事件对河水—地下水相互作用的影响。McCallum等（2012）应用多种流量计结合多种示踪方法（EC、Cl、^{222}Rn）和数学模型，定量研究地下水向河流的排泄，结果表明模型估算的地下水排泄量与用于校准模型的示踪剂有关，但是由此带来的差别小于模型预测的误差。

近些年的研究结果表明，综合使用不同学科、不同类型的方法可以获得多元信息，借助多元信息耦合分析能同时获得定性、定量的研究成果，减小地下水水文研究的不确定性，排除多解性，进一步提高结果的准确性和可信度。

第三章　丘陵区小流域水文过程

在半干旱和干旱地区，地表水资源通常有限且水量不稳定。然而，地下水的水量和水质通常较为稳定，可作为可靠的水源。由于地形的影响，山区往往比邻近的低地接收更多的降水（Wilson和Guan，2004），并对邻近的盆地或平原产生相当大的山前补给（Mountain Front Recharge，MFR）（Manning 和 Solomon，2003；Gleeson 和 Manning，2008；Aishlin和McNamara，2011；Ajami等，2011）。MFR通常分为两部分：（1）来自邻近山区的地下侧向补给输入（Mountain Block Research，MBR）；（2）山前河流的入渗补给。这两个补给组分的比率存在较大变化。例如，在潮湿的不列颠哥伦比亚省西南部，山区地下水形成了对平原区含水层约45%的补给（Doyle等，2015）。然而，在南澳大利亚阿德莱德平原盆地，毗邻山区的平原含水层是通过河流的渗透而不是地下水流入来补给的（Bresciani等，2018）。目前，我们对山区地下水的研究相对平原区而言明显偏少。加强对山区地下水水文过程的研究可提高对MFR的认识。

虽然山地占据了地球陆地表面的很大一部分，但对山区流域的水文过程仍然知之甚少。主要的原因在于山区水文过程受地形、地质条件的影响十分复杂，且地下水赋存介质的非均质性强烈。同时，在山区开展水文观测，尤其是地下水观测和研究较平原区更加困难。水文模型（Khazaei等，2003；Smerdon等，2009；Andreu等，2012）和环境示踪剂（Manning和Solomon2004，2005；Manning，2011；Kao等，2012；Oda等，2013）被广泛应用于山区水文研究中。一些研究试图在长期观测的基础上建立对山区水文过程的更全面的了解（Carling等，2012；Inamdar等，2013；Chiogna等，2014；Templeton等，2014）。前人的研究取得了一些重要的认识。地形对来自山体的补给（Mountain Block Recharge，MBR）的水量影响明显（Welch和Allen，2012；Manning和Solomon，2004；Liu和Yamanaka，2012）。降雨与水位数据的关系可解释补给过程（Panda等，2017）。山区含水介质的渗透系数随地面下深度的变化对于河流基流的水文划分至关重要（Yao等，2017）。山区普遍存在的断层往往直接改变地下水流动系统。与未受人类扰动的山坡相比，被开挖的山坡能获得更多的补给（Somers等，2018年）。

尽管前人已经做了一些工作，但是对于山区水文的认识仍存在争议。山区基岩风化壳内垂向的渗流与横向渗流的相对重要性仍存有争议。对于山区水文的研究仍然需要进一步加强。考虑到山区地质条件的强烈非均质性，以及山区地下水侧向补给输入对平原区地下水的重要意义，山区水文的研究可以聚焦在与山前倾斜平原毗邻的山区小流域。

第一节　崇陵流域及水文观测

白洋淀流域内丘陵区位于中低山区和平原区之间的过渡地带，地形起伏较缓，沟谷里堆积较厚的第四系冲洪积物，具有较强的渗透性。丘陵区独特的地理位置条件使其成为山区基岩裂隙水和平原区孔隙地下水之间的重要连接区域，其水文过程将山区和平原区的水文过程联系起来。本章选择该区域内的崇陵流域作为典型区域，通过长期水文观测来研究丘陵区水文过程。

崇陵流域地处太行山支脉云蒙山的东翼部分，白洋淀流域上游，东经115°21，北纬39°23。该流域属于易县行政区划内，总面积6 km^2，长4.4 km，平均宽1.5 km，海拔80～300 m。流域内有五条主要沟道，自西向东依次为杨树沟、万亩林沟、洋槐沟、狼尾巴沟、虎窑沟，在流域东南角还分布着幼林沟、狼窑沟两个小支沟。它们在流域出口附近依次汇合，如图3-1所示。

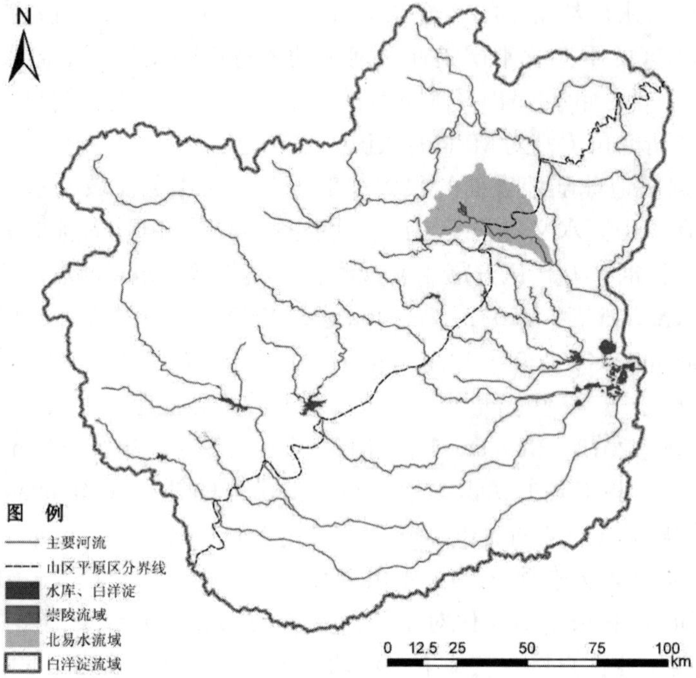

图3-1　崇陵流域位置图

崇陵流域属温带大陆性季风气候，冬季干冷，夏季湿热。多年平均降水量为641.2 mm，最大年降水量为1004.3 mm，最小年降水量为217.0 mm；降雨大部分集中在汛期，7—9月的降水量占全年的76.6%。年平均气温11.6 ℃，最高气温40.0 ℃，最低气温−23.4 ℃。年平均蒸发量1906 mm（Φ20 cm蒸发皿）。无霜期约210天。春夏多东南风，最大风力6～7级，风速17 m/s；秋冬多西北风，最大风力5～6级，风速12 m/s。从岩性露头情况来看，西北部多为石灰岩和大理岩，东南部为紫红色砾岩类，中部为花岗片麻岩风化层，厚度1～3 m。沟谷区内分布第四纪沉积物，包括沙土、黏土、黄土和砾石等。本区土壤以砂壤土为主、黄土为次，集中分布在沟谷区内，土层厚度1～2 m，在山坡上普遍分布有“石渣子”土，厚度只有15～30 cm，质地松散，孔隙度大，土壤的渗水性能较好。崇陵流域浅层地下水含水介质为孔隙–裂隙二元结构，下层为岩石风化壳，上层为松散岩类。地下水埋深较浅，一般在2.5～4 m之间。

崇陵流域为低山丘陵区，地势西北高东南低。山丘以花岗片麻岩为主，多呈浑圆状，坡度较缓，多为10 °～25 °之间，占流域总面积的45%以上。由石灰岩类构造的山岭，坡度较陡，多在25 °以上，约占流域总面积的10.3%左右。在沟谷区可以见到有较明显的1级阶地，物质组成以沙土为主，间夹有黄土或黏土层；由黄土组成的2级阶地已经多被侵蚀，仅在流域中部有残台分布。流域内的土地利用情况见表3-1。在流域上游的山坡，由于采取封山育草或造林措施，植被覆盖被度一般可达70%～80%，主要包括羊胡子草、红叶披草和咸草群落，其间杂有荆条、酸枣等灌木。流域下游的山坡主要为油松、侧柏、洋槐、毛白杨等成片的人工林及苗圃地。流域内绝大部分沟壑已采用闸沟造地等办法修成了沟谷梯田。此外，杨树沟建有皇家陵园，及旺龙山庄等开发区建筑，如图3-2所示。

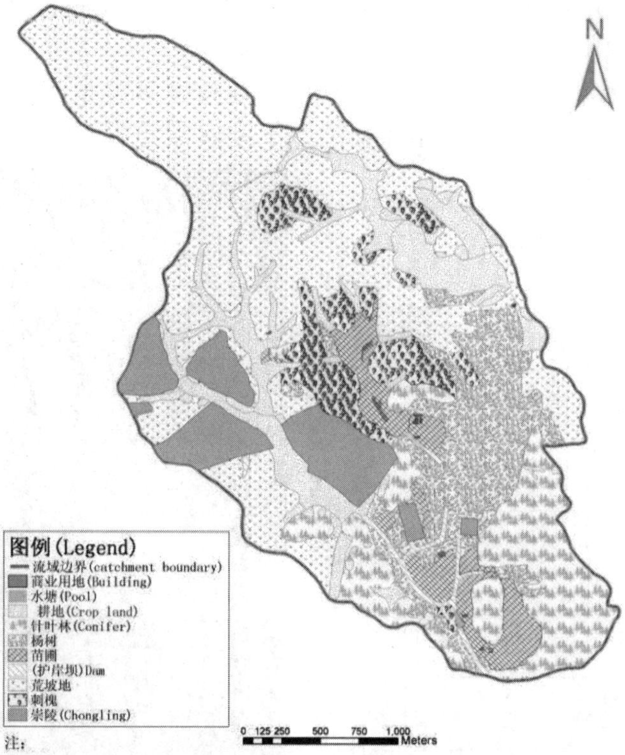

图3-2　崇陵流域植被覆盖和土地利用状况示意图(数据来自保定水保站,1999年)

表3-1　崇陵流域土地利用情况（1999年）

土地类型	农地	林地	苗圃	开发区	封山育草	放牧区	非生产地	合计
面积/km²	0.107	2.533	0.300	0.546	1.230	1.074	0.210	6.0
面积/%	1.78	42.2	5.0	9.1	20.5	17.9	3.5	100

注:本表根据访问调查后1999年求得。

流域内崇陵河在流域出口向南注入北易水的一级支流——旺隆河。崇陵河主河道长度约5.5 km，平均比降为23%。旺隆河在崇陵河汇入点上游旺隆沟建有旺隆水库。该水库建于1960年，有大坝、放水洞、溢洪道等工程，总库容1275万立方米，控制流域面积37 km^2，原兴利库容481万立方米。“官座岭”跨流域引水渠建成后，平水年水库自拒马河引水量达3122万立方米。为了扩大水库效益，增加兴利库容，在水库溢洪道堰顶上兴建高4 m，长22 m的橡胶坝一座。1986年10月橡胶坝竣工使用，增加兴利库容429万立方米（赵成华和谭会平，1997）。崇陵流域在行政区划上属河北省易县良格庄乡管辖，流域内有2个自然村，分别为杨树沟村和下岳格庄七队，流域内人口为336人。耕地总面积0.407 km^2，主要分布在沟谷区，即1级和2级阶地上，主要农作物以玉米、甘薯、谷子、花生等为主，一年一熟。

为获得流域内的气象资料，中国科学院地理科学与资源研究所陆地水循环及地表过程重点实验室在流域内建设了标准气象场，并布设了一套自动气象站（DAVIS weather station，RJ1412HPL），可对气压、气温、风速、风向、降雨量等常规气象要素进行自动监测，时间步长设为30 min。自动气象站的数据可存储在数据卡内，每隔一段时间下载一次数据。在标准气象场内安设了一个E601蒸发皿，用投入式水位计（smart RF level transmitter，L303 S-3L 30 cm N，下同）观测其水位变化过程，时间步长为1 min。根据蒸发皿的水位数据可以计算得出每日的蒸发量。此外，作为对自动观测数据的补充，还在气象场内安设了一个Φ20 cm蒸发皿，每日早晚人工观测其水深，以得到每日蒸发量，如图3-3所示。

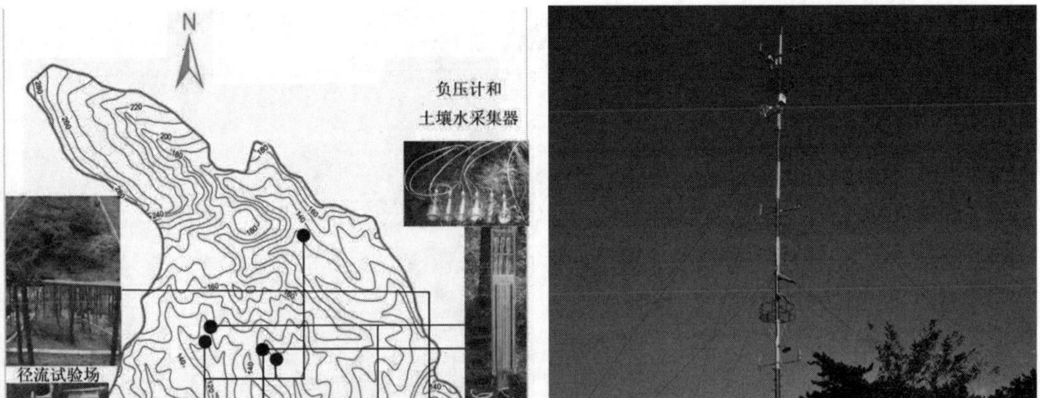

图3-3　崇陵流域水文观测布置图(左)和气象观测塔(右)
(数据来自中科院地理所陆面过程及水循环实验室)

在崇陵流域的杨树沟、万亩林、幼林沟、气象场、果园、大院等六个地点安装了翻斗式自己雨量计（SL3行标准雨量筒，精度0.1 mm，下同），由HOBO计数器（HOBO event logger，onset computer corporation，最小响应时间0.5 s，下同）对降雨过程进行实时记录（图3-4）。同时在杨树沟、万亩林、气象场、大院、下岳各庄等五处进行降水的人工观测，用以对流域内雨量计的自己观测进行补充和校正。考虑数据的连续性和可靠性等因素，本研究选取了2005—2014年6个降水自动观测点以及岳各庄人工观测点的雨量数据用以分析近十年来崇陵流域的雨量特征。雨量观测点信息见表3-2。

表3-2　崇陵流域降水观测点基本信息表

观测点	坐 标	土地利用	海拔/m
杨树沟P1	115.37E,39.40N	草地	115.2
万亩林P2	115.38E,39.40N	耕地	100.9
幼林沟P3	115.38E,39.41N	居住地	103.9
气象场P4	115.38E,39.39N	林地	87.3
果园P5	115.39E,39.39N	林地	103.7
大院P6	115.39E,39.39N	林地	120.8
岳各庄P7	115.39E,39.38N	居住地	75.4

图3-4　自记式翻斗雨量器

流域内安装了穿透降雨、树干径流和土壤负压观测装置，以及在典型支沟（幼林沟、虎窑沟等）出口以及崇陵流域出口分别安装了V型量水堰。流域内还设置了两个次降水水样采集点。一个位于流域内开阔的坡地上，海拔高程约120 m；另一个位于流域出口，海拔高程约75 m。将每次降雨后，采集的雨水样品等体积混合，以消除降水化学组成在空间上的变异，得到具有整体代表性的水样。

图3-5 崇陵流域松林与荒坡实验小区

基于典型的丘陵地貌，在崇陵流域的典型坡面（S2、S3）、沟道（S1、S4）以及流域出口（S5）分别设置了地表水位观测点。其中，坡面的土地利用类型分别为人工油松林以及灌草荒坡，面积均为5 m×15 m（沿坡向）。两个小区的地质条件相似，基岩均为砾岩，沙壤土土层平均厚度20 cm。油松林小区共有油松15株，郁闭度为43%，林下有槐树、荆条、酸枣等灌木以及白草、羊胡子草等草本植被，枯落物较少，植被覆盖度在80%以上；灌草荒坡小区主要植被类型为白草、羊胡子槽等，覆盖度95%以上，如图3-5所示。径流小区坡面下端分地表径流、壤中流两层分别接入薄壁三角堰箱（堰角30°），堰箱出设有投入式水位计自动采集堰箱的水位数据，采用下式计算地表及壤中流径流量：

$$Q = C_d \, {}^{8}\!/_{15} \, \mathrm{tg} \, {}^{\theta}\!/_{2} \sqrt{2g} \, h_e^{2.5} \tag{3-1}$$

其中，Q是地表/壤中流的径流量/cms；Cd是径流系数；θ是堰顶夹角/°；g为重力加速度/m/s^2；h_e是相邻时间点的水位差/m。

沟道水位检测方面，流域内设有幼林沟、狼窑沟两个小沟道用以监测地表出流过程。在沟道出口处使用混凝土隔水墙浇筑底部和两侧基岩面以防止渗漏，地上部分设有量水堰，包括薄壁三角形堰板（堰角90°）、蓄水槽（蓄积上游来水）和与之在底部相连的静水槽（放置水位计）以及投入式水位计（Sailsors B0805）等，可对蓄水槽中的积水水位进行连续观测（步长1 min），如图3-6所示。通过计算水位和堰角处的水头差即可应用出流公式计算沟道出流过程，公式同上。

图3-6 幼林沟量水堰

位于流域出口的小河口观测点记录了流域出口地表出流的状况，采用小流域全自动三级测流装置：三角形薄壁堰、平坦V型量水堰、巴歇尔槽分别记录下不同时间和量级的地表径流量。各监测点基本信息见表3-3。

表3-3 崇陵流域地表水监测点基本信息表

名称	北纬/°	东经/°	高程/m	位置
S1	39.39	115.38	88.75	流域下游沟道
S2	39.39	115.39	113.08	流域下游坡地
S3	39.39	115.39	121.05	流域下游坡地
S4	39.39	115.39	87.16	流域下游沟道
S5	39.38	115.38	77.05	流域出口

在崇陵流域的松林及荒坡实验小区的坡面上下两个断面的四个深度分别布设有土壤湿度传感器（SWR3）、负压计和土壤溶液提取器，其中SWR3的数据为自动采集，而负压计由专人负责每天早晚分别读取一次读数，土壤溶液提取器在降雨过后24小时内采集土壤水。流域内的杨树沟、万木林沟、幼林沟以及成林沟等四个沟道埋设了负压计和土壤溶液提取器，由专人每日两次记录读数，雨后24小时内采集土壤水。

图3-7 崇陵流域地下水长期观测点位置

崇陵流域内设置了地下水动态自动长观测点2个，地下水位人工长观测点6个（图3-7）。两个自动观测点分别位于流域上游主要沟道杨树沟和流域出口果园。杨树沟auto观测井内安装了CTD-Diver（荷兰Eijkelkamp）可以记录水位、温度和电导率（EC）三个参数，果园auto观测井内安装了Micro-Diver（荷兰Eijkelkamp）记录水位。Diver的读数间隔设定为半小时或者一小时。人工观测井分布在杨树沟和万亩林沟内以及流域出口（表3-4）。人工观测的周期为旱季每十天观测一次，雨季每五天观测一次。

表3-4 地下水观测点基本情况

观测点名称	海拔/m	北纬	东经	井深/m
杨树沟auto	115.2	39°24.218'	115°22.114'	9
果园auto	76.3	39°23.320'	115°22.957'	6
岳各庄	103.9	39°24.430'	115°23.049'	5.2
杨树沟	100.2	39°24.003'	115°22.180'	4.5
万亩林a	100.9	39°23.991'	115°22.726'	8
万亩林b	89.2	39°23.866'	115°22.947'	7.6
果园	75.9	39°23.391'	115°22.007'	4
大院	75.1	39°23.024'	115°23.104'	7.5

第二节　崇陵流域降水—径流关系

在流域下游布设了两个相同地理位置、相同坡度、不同土地利用类型的实验小区以观测坡面地表径流特征（图3-5）。土地利用类型分布为油松和灌草。针对坡面地表径流的研究，前人已通过野外试验总结出一些特征。本研究采用2005至2014年收集到的地表水位数据与对应点降水量数据进行分析，结果发现坡面水量记录一般都发生在每年的7—9月，日尺度下降水量和坡面地表径流量呈现出了良好的线性关系（r^2=0.577）。油松林的地表产流量显著小于灌草覆被下的地表径流量约50%以上，说明油松林在保持水土、涵养水源方面存在更为明显的优势。

20世纪50年代起崇陵流域就开始了沟道的水位记录，崇陵流域出口历史年径流量分布情况如图3-8所示。崇陵流域沟道年径流量在年际间差异较大，观测期内最大年径流量出现在1963年，径流量为482 mm；最小年径流量出现在1987年，径流量仅为6.9 mm。图中年降水量和年径流量呈现出较为良好的对应关系，采用皮尔逊相关分析法对二者的关系进行分析，降水量和地表径流量的相关系数为0.471，且通过了95%的显著性水平检验。

图3-8　崇陵流域历史年降水量及地表径流量序列图

在研究期内，选择2010、2011以及2012年作为枯、平、丰典型年以分析不同年型下崇陵流域沟道地表水特征，如图3-9所示。相比较于流域出口，两个支沟的地表水径流量很小，主要在每年的7、8、9三个月产生，其余月份几乎没有地表径流量数据。2010年没有地表径流产生。流域出口存在极少的地表径流，且十年间地表径流量差异较大。在研究期2005至2014年期间，分别在月尺度和日尺度下分析降水和地表径流的相关关系，结果显示其相关系数分别为0.664和0.228，崇陵流域出口的地表径流量在月尺度下与降水量的响应关系较好。实测数据表明，崇陵流域的地表水量十分匮乏，沟道仅雨季有出流，流域出口处径流量小，且常常断流。

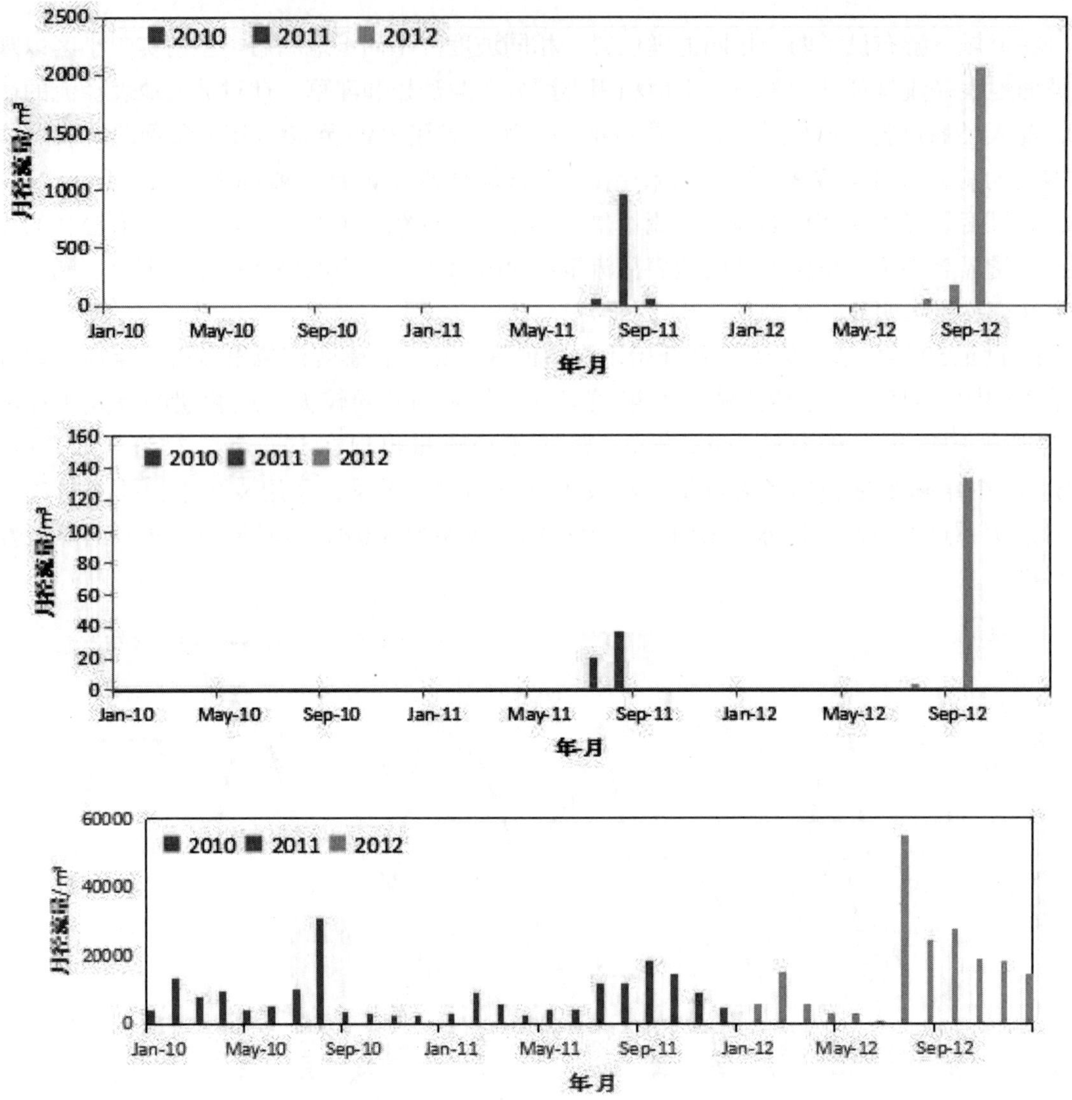

图3-9　崇陵流域出口月径流量序列图(上)幼林沟(中)狼窑沟(下)流域出口

崇陵流域的产流方式以超渗产流为主（胡堃，2006）。降水量与地表产流径流深在坡面上展现出较好的相关关系。以径流小区地表水监测点S2为例，2005—2013年间，降水量与产流量的径流深度的相关关系在日尺度上达到了0.766且通过了0.05的显著性水平检验。选取两场不同雨强引起坡面产流的降雨，降雨量与产流的径流深度关系见图3-10。可以明显地看出在降水事件发生后的1～10分钟内在坡面上迅速地形成了产流。根据降雨量和坡面产流量可估算出2005—2012年降水量的产流率，计算结果见表3-10。坡面地表径流虽然对降水的响应速度极快，但产流量及产流比例相对较低，在降水量丰沛的2008年，坡面地表径流量也不足降水量的2%。

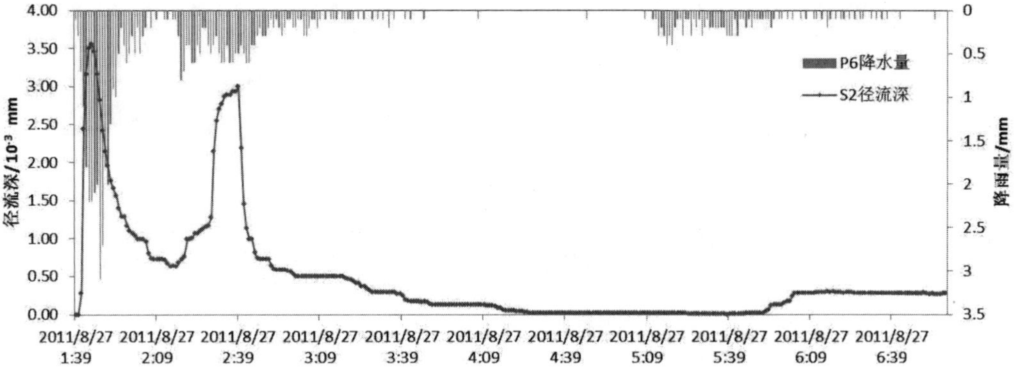

2011年8月27日降水量为61.9mm的降水-径流过程

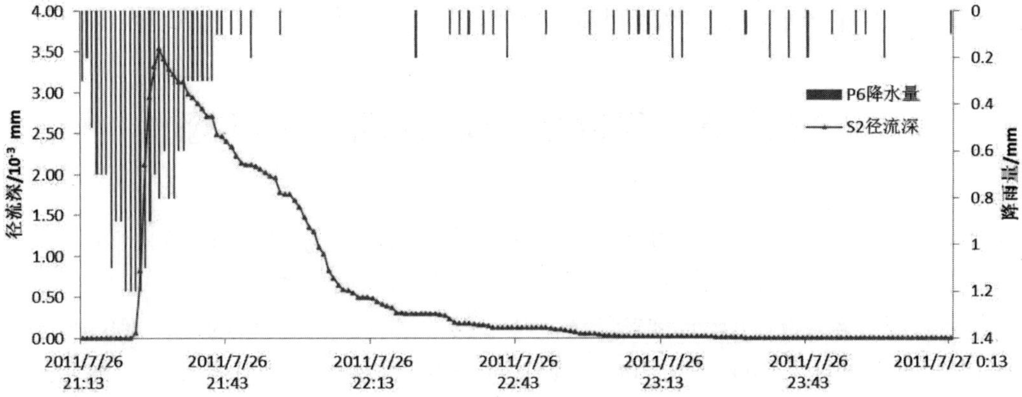

2011年7月26日降水量为23.5mm的降水-径流过程

图3-10　降雨量与产流的径流深度关系

与坡面地表径流不同，崇陵流域下游支沟S1点监测到的沟道出流与同期降水量的相关关系明显减弱，经测算，2010—2014年期间，降水量与沟道径流深的相关系数仅为0.207（通过了0.05的显著性水平检验）。如图3-11所示，S1集中产流时间比降水时间滞后了近2个小时并且在降水事件结束后的退水时间相对较为缓慢。2011和2012年S1沟道的年径流量分别为58.20 m^3和137.69 m^3。S1的控制面积约为0.17 km^2，因此2011、2012年S1测点降水转化为沟道地表径流的比例分别为0.07%和0.15%，这解释了流域内地表水资源不丰富的原因。

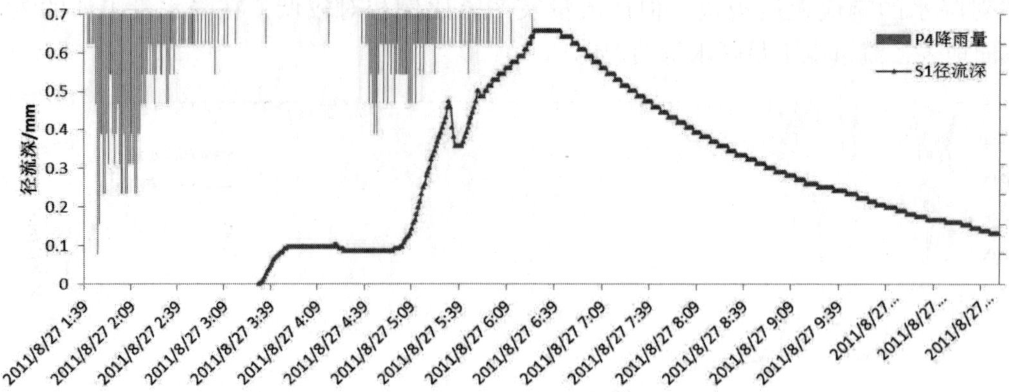

图3-11　崇陵流域典型沟道降水—地表径流响应关系图

综合坡面和沟道上降水—地表水转化关系分析结果，雨季流域内降水和地表水具有明显的响应关系，坡面地表径流对降水的响应明显快于沟道。降水是流域内坡面、沟道地表水的主要来源，但降水转化为地表径流的比例较低，最终导致崇陵流域地表水资源匮乏。

第三节　崇陵流域浅层地下水动态

经过多年人工观测取得了2005/11—2009/10地下水位人工位观测资料。人工观测的时间间隔在旱季为10天，在雨季为5天。通过流域内安装的地下水动态自动监测装置(Diver)获得了高时间分辨率的地下水动态资料。其中包括：崇陵流域杨树沟auto 2004/5—2005/3、2005/12—2006/11以及2007/11—2008/3地下水的水位、水温和电导率动态资料(时间间隔0.5 h)；果园auto 2005/3— 2005/6、2005/9—2005/12、2006/8—2007/1、2007/4—2007/11以及2008/3—2008/5地下水的水位动态资料(时间间隔0.5 h或者1 h)。在人工水位观测的同时采集了地下水水样，通过实验室分析获得了2008年和2009年四个观测井地下水主要阳离子和氢氧稳定同位素组成动态资料。

表3-5　2005年11月到2009年10月崇陵地下水位人工观测数据统计结果

观测井	数据个数	最小埋深/m	最大埋深/m	水位变幅/m	平均埋深/m	标准偏差/m	平均水位/m
岳各庄	187	2.76	5.29	2.53	3.8	0.65	100.1
杨树沟	186	1.8	3.9	2.1	2.7	0.48	97.5
万亩林a	191	5.36	7.91	2.55	6.4	0.49	94.5
万亩林b	187	2.25	5.52	3.27	3.7	0.75	85.5
果园	191	2.01	6.65	4.64	2.5	0.41	73.4
大院	191	1.48	2.6	1.12	2.2	0.20	72.9

2005年11月到2009年10月人工观测地下水位的统计描述结果见表3-5所示。岳各庄（W）、杨树沟（W）、万亩林a（W）和万亩林b（W）观测井位于流域内上游坡地，地下水位相对较高，总体水位变化大，水力梯度较大。果园观测井（W）位于崇陵流域的出口沟谷内，地下水位最低，总体水位变化小，是流域内地下水汇流后流出流域的出口。大院观测井位于崇陵流域外，与果园观测井之间隔着旺隆河。大院观测井地下水即能接受崇陵流域地下水的侧向径流补给，同时能接受旺隆河的入渗补给，具有较好的地下水补给条件，因此水位变化的最小。人工观测井全部为民用井，承担居民生活生产用水需求，如图3-12所示。杨树沟和大院的井在居民家里主要提供日常生活用水，其余观测井散布在田间主要提供生产用水，如灌溉等。

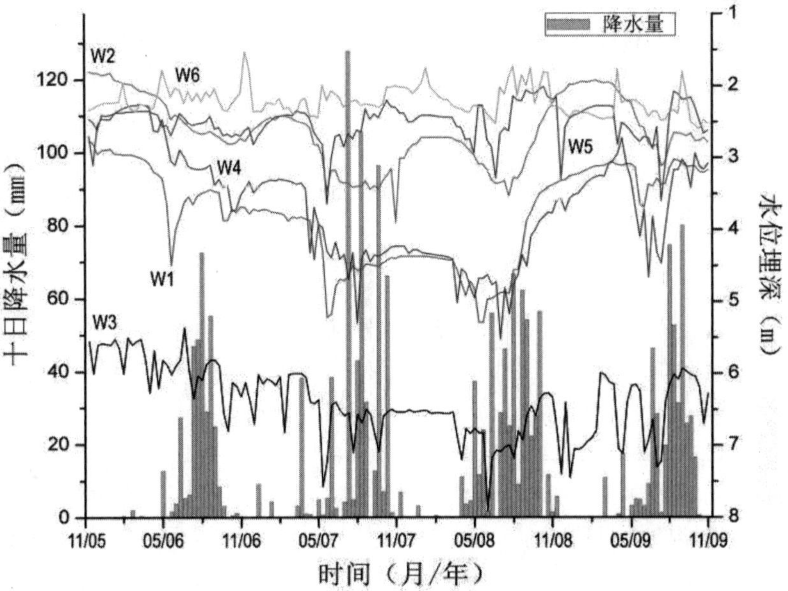

图3-12　崇陵流域浅层地下水位埋深动态(数据来自人工观测)

人工观测井地下水位动态显示出三种类型。第一种类型包括位于上游坡地的岳各庄、杨树沟、万亩林a和万亩林b观测井的地下水位动态，其主要特点是在地下水埋深过程线上显示出向下的“尖谷”。这是由开采地下水时水位快速下降，停采后周边地下水侧向径流补给使其水位逐渐恢复而形成的。地下水埋深过程线上“尖谷”越多表示开采地下水的次数越多，“尖谷”越深表示开采地下水越多。据此推测万亩林a井开采地下水的次数最多，相应开采量最大，因而水位埋深最深。第二种类型包括位于流域外的大院观测井地下水位动态，其主要特点是在水位埋深过程线上出现大量向上的“尖峰”。这是由地下水接收大量补给使水位上升，地下水向下游径流排泄使水位下降两个过程共同造成的。第三种类型包括位于流域出口沟谷内的果园观测井地下水位动态，其主要特点是在水位埋深过程线上既有“尖谷”，又有“尖峰”。

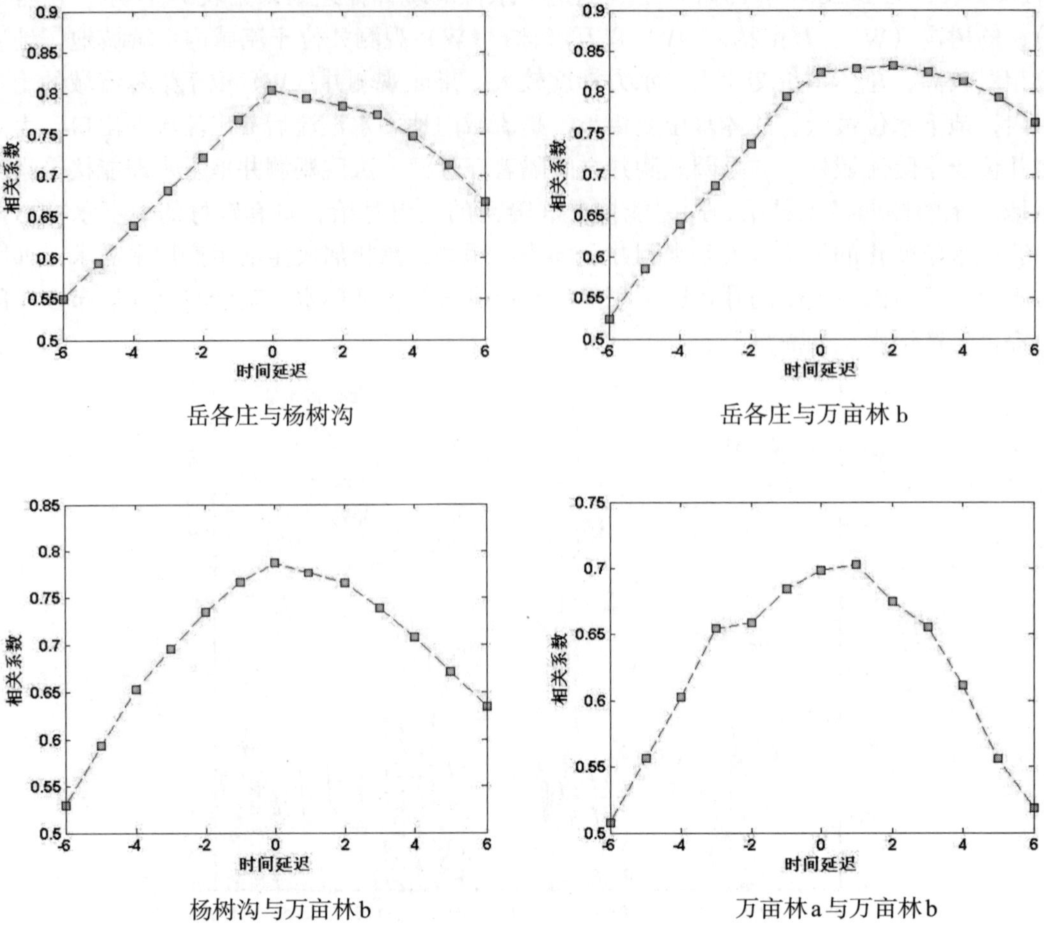

图3-13　地下水位互相关系数

在近4年的监测时段内，位于流域上游坡地的岳各庄、杨树沟、万亩林a和万亩林b观测井地下水位先降低后回升，其中2007年6月至2008年6月是明显的水位低谷期。果园和大院观测井位于流域出口，地下水补给条件较好，因此地下水位没有出现对应的“低谷期”，而在整个监测时段内水位基本稳定。

对人工观测井的地下水位序列进行了互相关分析。如图3-13所示，岳各庄、杨树沟和万亩林b观测井地下水位之间的互相关系数在时间延迟为0的时候达到最大值，为0.8左右。万亩林a与万亩林b序列之间延迟一个时间步长（10天）的相关系数达到最值，为0.7。此外，其他观测井水位序列之间的相关系数均较低。其中，大院地下水位序列与其他观测井水位序列之间的互相关系数多为负数。互相关分析结果表明：（1）流域上游地下水具有较一致的水位变化过程；（2）流域上游坡地、下游沟谷和流域出口以外的地下水位变化过程有较大不同，表明各处地下水位动态的主要控制机理不同。

通过计算后一个观测值与前一个观测值的差，并将差值为负的赋予“0”值，提取了地下水位的升幅序列；运用类似的方法得到了地下水位的降幅序列。分析了果园和大院观测井地下水位升幅序列之间，以及降幅序列之间的互相关系数。结果表明：虽然果园和大院观测井地下水动态序列的互相关系数最大值仅0.19，然而两个观测井的水位升幅序列之间和降幅序列之间相关关系却明显提高。水位升幅序列之间以及降幅序列之间的互相关系数在1个时间步长（10天）延迟后均达到最大值0.47。这表明处于地下水流场上游的果园观测井地下水升降变化对大院地下水的变化存在一定程度的滞后影响。

地下水位往往上升以响应流域内地下水获得的直接降水入渗补给。因此，可以通过分析降水量序列和地下水位上升序列的互相关系数来讨论降水和地下水的关系。结果表明丘陵区地下水位的上升与降水之间的相关程度较低（表3-6）。这说明直接降水入渗补给输入不是引起地下水位上升的主要因素。此外，与其他观测井不同大院观测井地下水位与降水序列的互相关系数在“0”个和“1”个时间步长的延迟上均出现相对较大的值。这表明降水输入对大院地下水上升还存在滞后的影响。考虑到该区域的自然地理条件，这种滞后影响是由河流洪峰造成的。然而，目前的观测资料时间精度有限，不能进一步确定准确的滞后时间。

表3-6　地下水位与降水的互相关分析结果

观测点	水位相对降水事件的时间延迟		
	0	1	2
岳各庄水位	0.344	0.201	0.085
杨树沟	0.278	0.086	0.066
万亩林a	0.029	0.043	-0.118
万亩林b	0.412	0.058	0.065
果园	0.384	0.100	-0.051
大院	0.127	-0.023	0.135

注:1个时间步长等于10天

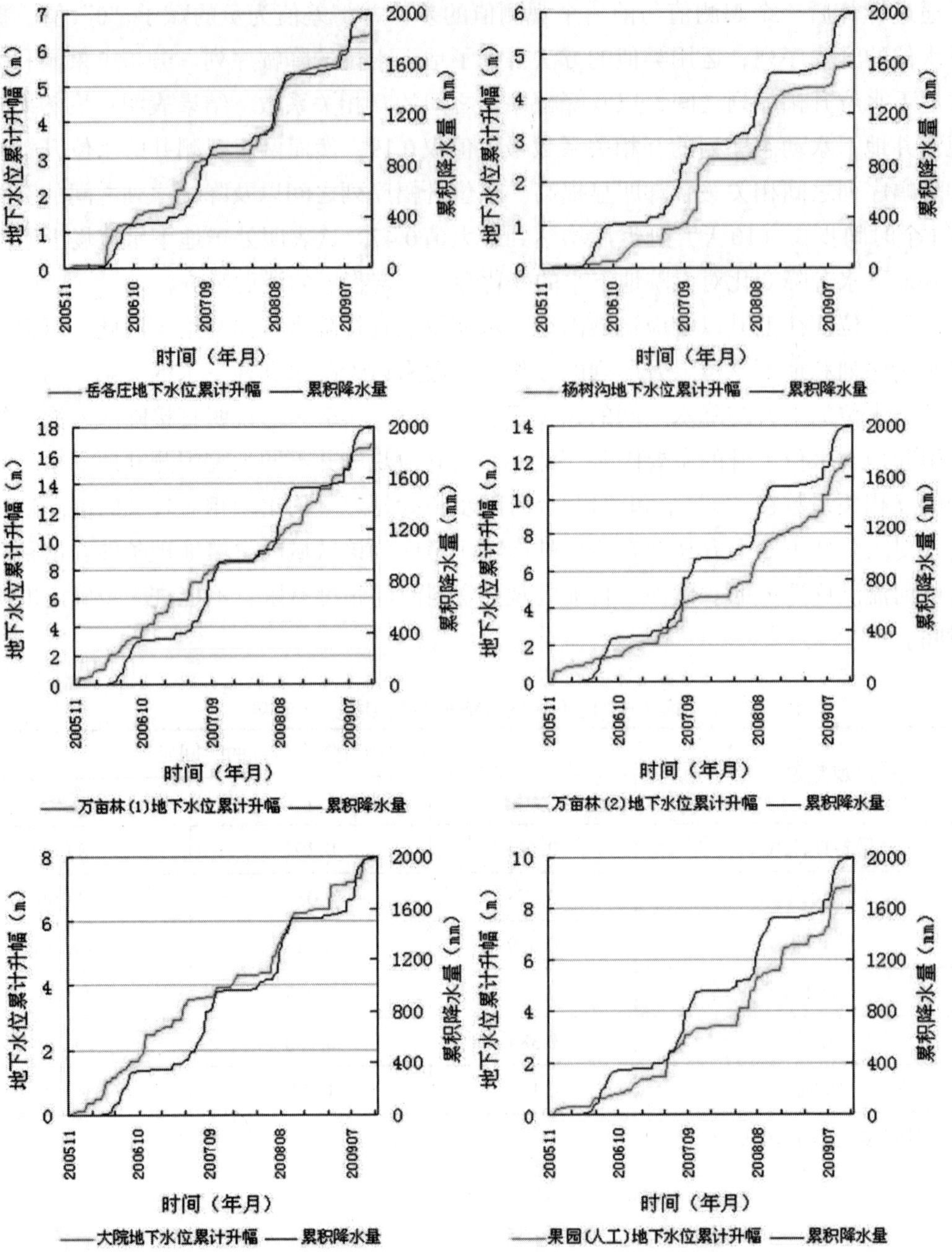

图3-14　累计降水量与地下水位累计升幅曲线

进一步比较观测时段内累计降水量曲线和地下水位累计升幅曲线（图3-14）可以发现：除了万亩林a观测井外，其余观测井水位均显示与累计降水量曲线类似的共变趋势。可以推断，虽然直接降水入渗补给不是引起地下水位上升的主要因素，但是引起地下水位上升的因素与降水有关系。崇陵流域内地下水埋深较浅，但是地下水位在尺度上对降水直接入渗的响应并不明显。降水直接入渗补给地下水不是引起地下水位上升的主要因素。这主要是丘陵山区的地形坡度较大造成的。降落到地表的降水主要以坡面流和壤中流的形式沿坡面向下运动很少能补给到地下水面。即使有少量渗入降水能补给到地下水面，由于丘陵区地下水水力梯度大、径流条件好，入渗降水很快通过径流方式向下游排泄而不能引起地下水位的明显响应。因此分布在流域内的观测井测得的地下水位对降水直接入渗的响应不明显。然而，控制丘陵区内地下水位上升的主要因素仍然和降水有关。由于丘陵区紧邻山区，可以推测山区裂隙水接受降水补给后径流补给丘陵区的地下水。降水量变化控制了山区裂隙水补给量，进而影响了丘陵区地下水位的升降。

流域出口处的大院地下水观测井离北易水的支流旺隆河的距离约100 m。为调蓄上游山区洪水以及供给下游灌溉，旺隆河上游的旺隆水库每年雨季和灌溉季节会多次放水。虽然河水流量不大，但是几乎全年有水。河水构成该处浅层地下水稳定的补给来源，河水流量与降水量多少和人工调控有关。此外，该处地下水还接受了来自崇陵流域内地下水侧向径流补给。由于具有较好的补给条件，大院观测井的地下水位变幅（1.12 m）和平均埋深（2.2 m）均为最小。观测期内，大院地下水埋深在旬时间尺度上显示出对降水量的滞后响应（图3-14）。这种对降水的滞后响应表明了降水直接入渗不是引起地下水位上升的主要因素，受到人工调控的河水入渗可能是该处地下水位上升的主要控制因素。

Diver分别被安装在杨树沟坡地一户居民家的大口井（杨树沟auto，W7）和流域出口崇陵河阶地上的大口井（果园auto，W8）内。杨树沟auto观测井井深9 m，0～1.3 m内是松散岩层，1.3～9.0 m为花岗岩层，岩性变化界线清晰。该观测井内深度8.4 m处安装CTD Diver以0.5 h为观测间隔自动观测地下水动态（水位埋深、水温和电导率）。果园auto观测井井深6 m，地下水主要赋存在松散沉积物孔隙中。该观测井内深度5.1 m处安装Diver以0.5 h或1 h为观测间隔自动观测地下水位动态。

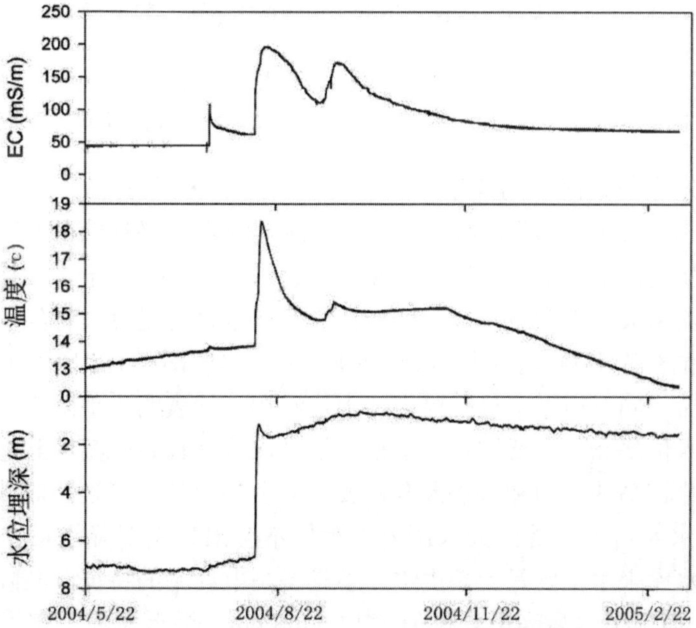

图3-15　2004/5—2005/3杨树沟地下水auto观测井地下水动态(Yuan等,2018)

2004年5月到2005年3月杨树沟观测井记录了浅层地下水受到一次突发的强烈补给，如图3-15所示。该时段内地下水动态监测资料显示，2004年5月到7月是地下水位埋深较大的阶段，平均埋深为7.1 m，且水位埋深较平稳。2004年8月中旬，杨树沟裂隙地下水埋深在两天时间内（8月11日23时到13日23时）从6.67 m持续快速上升到1.17 m（升幅5.5 m），之后水位埋深平缓波动。2005年2月开始，地下水埋深在1.2 m左右基本保持平稳。伴随这次水位突变，地下水温度和电导率同步突然上升，其中水温从14.1 ℃上升到17.1 ℃，电导率从0.62 mS/cm上升到1.67 mS/cm。地下水温度在1天以后（8月14日23点左右）达到最高值18.4 ℃，电导率值则在3天后（8月16日17时左右）达到最高值1.96 mS/cm。然后，水温与电导率值逐渐下降。地下水的电导率值最终稳定在0.67 mS/cm，相比2004年5月到7月电导率均值0.44 mS/cm升高了52%。对比整个突发补给过程的地下水埋深、温度和电导率变化可以发现，在突发补给前20多天里水位已经显示出稳定的上升趋势，同时伴随着电导率的突然升高和缓慢下降过程。这个阶段似乎是突发补给过程的酝酿阶段。

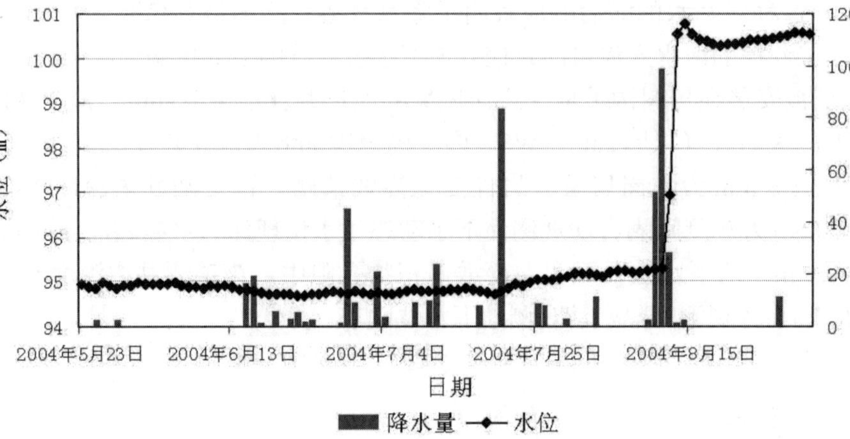

图3-16 杨树沟auto观测井获得突发补给的地下水位过程和降水量变化

在突发补给发生前是雨季的开始，降水较多（图3-16）。特别是在突发补给前一个月内总降雨量超过300 mm，接近有观测资料以来该月降水量平均值的2倍。期间发生了三次暴雨，第一次暴雨发生在酝酿阶段初，暴雨过后水位开始缓慢上升；第二和第三次暴雨发生在水位暴涨前两天。由此可见，该区域持续强降水过程是突发补给的主要诱因。杨树沟auto观测井水位在连降两天暴雨后水位暴涨5.5 m。降水事件和地下水水位上升之间存在较长的时间滞后，同时地下水显示极大的水位涨幅，均表明当地降水垂向入渗补给不是引起这次地下水水位暴涨的主要因素。最初补给来水具有较高的温度和电导率表明补给来水由降水和含盐量较高的非饱和带水混合构成。突发补给与靠近崇陵流域的旺隆水库没有关系。一方面，水库蓄水量受到人为调节，水位不会出现类似降水量这样剧烈的快速变化。另一方面，水库来水主要是上游洪水，不具备高电导率的特征。旺隆水库水电导率值约为0.5 mS/cm，而地下水最高电导率值为1.96 mS/cm。综上所述，突发的持续强降水导致上游地下水产生强烈的侧向径流补给是引起观测点处地下水水位动态突变的主要原因。

这次突发补给过后，降水量变化与往年相似，很少出现类似的持续强降水过程。地下水位呈现持续回落的趋势，至2005年12月水位埋深降至3.3 m左右。

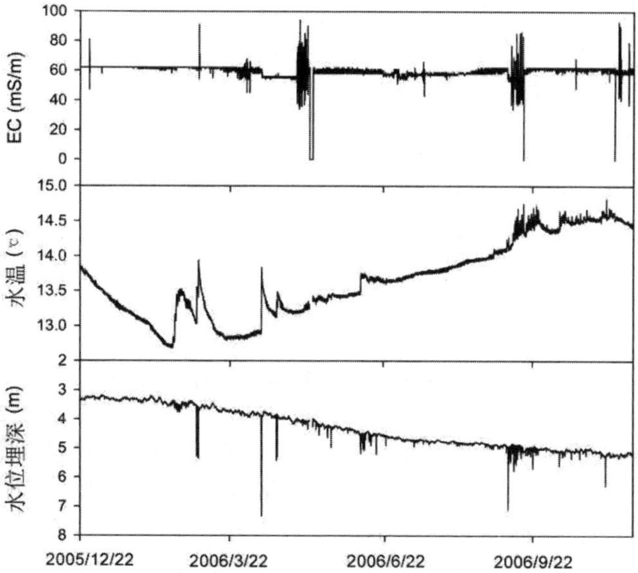

图3-17　2005/12—2006/11杨树沟地下水auto观测井地下水位埋深动态（Yuan等，2018）

2005年12月到2006年11月杨树沟地下水动态较为平稳，如图3-17所示。观测期内地下水位持续稳定下降，平均下降速率估算为2.0 m/a。即使在2006年雨季地下水埋深也没有大幅度升高的趋势。这表明降水直接渗入并不是杨树沟基岩裂隙地下水的主要补给方式。地下水电导率值总体上稳定在0.59 mS/cm，同时在2006年5月和9月出现较强波动。当水位保持较为平稳时，地下水的电导率却随时间出现较大的波动，表明地下水径流条件好，水交替速度较快。观测时段内地下水温度变化总体上呈现出类似正弦曲线的波动，在2—3月水温达到最低值同年10—11月达到最高值，水温常年变幅约2 ℃。这种变化规律与气温变化的规律相同，只是最高和最低温度出现的时间与气温不同，存在约3个月的时间之后。该观测时段内，地下水动态特征代表了正常年份下杨树沟地下水动态情况。

与2004年5月到2005年3月杨树沟auto观测井地下水动态相比较，2005年12月到2006年11月地下水位动态显示出开采的影响。例如，2006年4月10日由于地下水开采引起水位降深达3.4 m。这是该观测时段内水位下降的最大值。然而，仅12个小时后水位便恢复到开采前的状态。这再次表明地下水具有较好的径流条件，水交替速度快。伴随着水位下降，水温往往出现相应的快速波动。这种快速波动在4月到10月表现为水温上升，在11月表现为水温下降。这种由开采引起的温度快速变化并不反映含水层地下水温度的变化，而反映了开采井中的地下水存在垂向温度梯度。当地下水埋深较浅时，井管内上层水的温度随气温变化而变化，存在较大的年变幅和日变幅。然而，含水层内地下水温度主要受到地温控制，其年平均温度略高于年平均气温，年变幅和日变幅远小于气温。相对于井管内的地下水，含水层内的地下水温度更加稳定。因此，井水在垂向上往往存在较大的温度梯度。当开采地下水时，潜水泵附近的下层水先被抽出，随着井管内水位逐渐降低，井管内残留了大部分的表层井水，此时温度探头测到的即是表层水的温度。

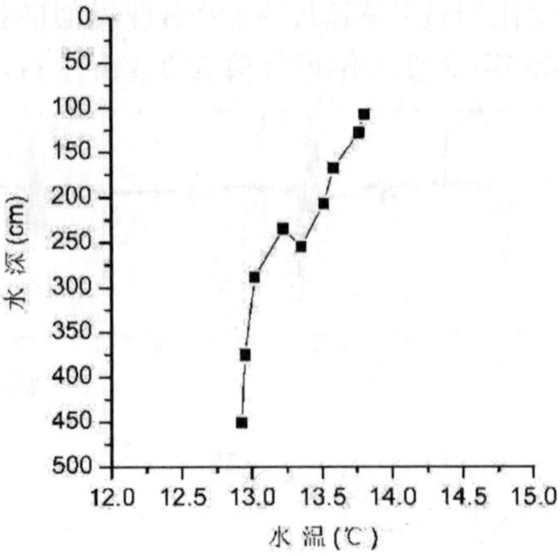

图3-18 杨树沟auto观测井井管内水温剖面(2006年4月)

例如，2006年4月10日地下水开采过程记录下井水的温度剖面（图3-18）。该温度剖面反映了气温对井管内地下水温度的影响集中在水深3 m以上的范围内。另外，需要指出该温度剖面是一个动态温度剖面。整个抽水过程大约从14点开始在18点结束，在此过程中气温从18.4 ℃降低到14.8 ℃。自开始抽水到水柱高235 cm时，暂停抽水。在此过程历时约1.5 h，气温降低了0.2 ℃。再次抽水时，由于水位回升，所以起始水深大于235 cm。该次抽水历时约2 h，结束时水柱高为107 cm，水温为13.8 ℃，气温为14.8 ℃，气温骤降3.5 ℃。可以推测，在开始抽水时表层水温大于13.8 ℃接近18 ℃。杨树沟2007年11月相比2006年11月地下水位下降了1.2 m。在2007年11月到2008年3月的观测期内，地下水位显示缓慢上升的趋势，升幅约为0.3 m。这表明2004年8月突发补给对水位的影响在3年后基本消退。地下水温度整体缓慢下降，降幅约2.3 ℃（图3-19）。在2008年1月上旬地下水动态记录了几次强度较大的开采过程。开采导致的水位低于探头的位置，地下水动态出现异常值（例如，水温）。

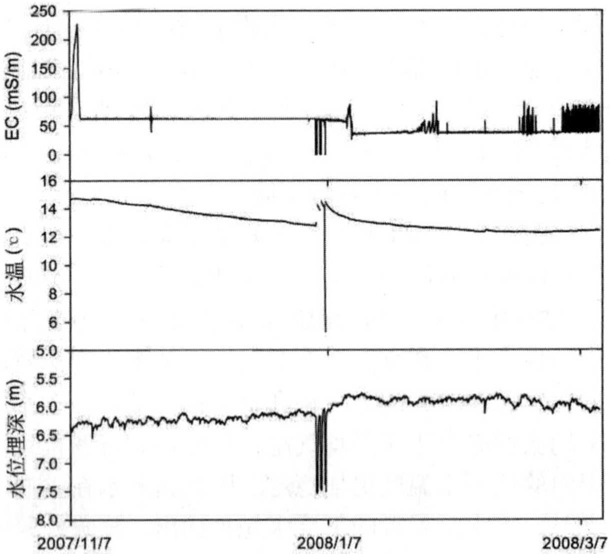

图3-19 2007/11—2008/3杨树沟地下水auto观测井地下水动态(Yuan等,2018)

该观测时段内，地下水电导率变化显示出两个明显不同的阶段。第一个阶段地下水电导率稳定在0.62 mS/cm，偶尔出现较大的变化。第二个阶段地下水电导率稳定在0.38 mS/cm，但是出现较多的“峰”，尤其是3月份。两个阶段的过渡开始于1月上旬（5、6日）抽水结束，地下水电导率向下出现频繁的小幅度波动。这一时段内地下水埋深明显加快上升，升幅约0.2 m。急剧的变化出现在1月13日。在一天时间内，地下水电导率（EC）经历了先升高后降低的变化过程，最大变幅为0.41 mS/cm。之后，地下水电导率趋于稳定。比较杨树沟多年观测资料，可以发现如果没有外来因素影响时，杨树沟浅层地下水水位稳定，仅仅小幅度波动，水温受到地温控制在年内呈现周期变化，EC值总体稳定。降水直接入渗补给不是该处浅层地下水动态的主要控制因素。

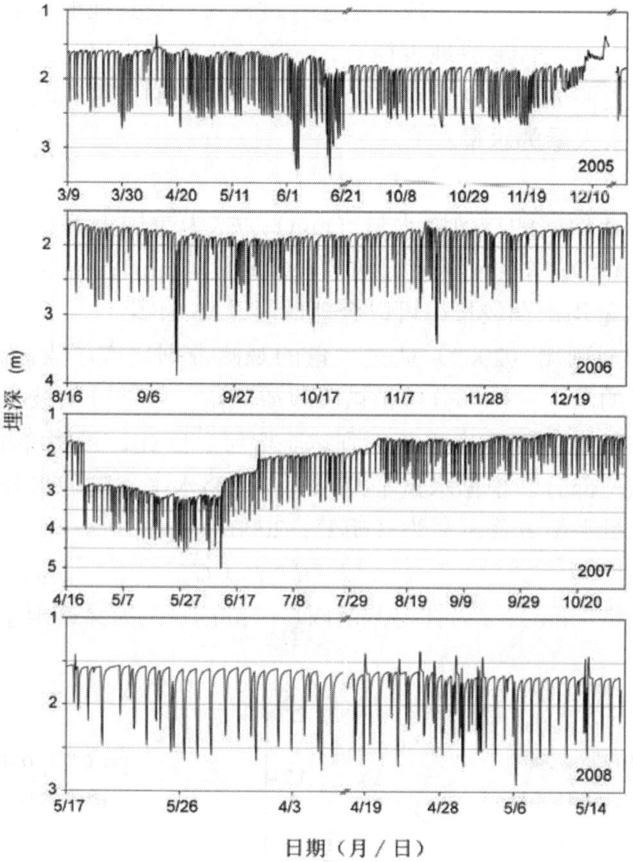

图3-20　果园auto观测井地下水埋深动态(Yuan等,2018)

2005年3—6月和2008年3—5月果园auto观测井地下水位动态反映了旱季地下水动态状况（图3-20）。2008年旱季地下水间歇性开采较2005年更加频繁，但是停采后水位埋深均可以快速恢复到1.6 m左右与2005年的情况相似。2007年4—11月果园auto观测井地下水位动态反映了雨季地下水动态状况。4—5月开采后水位埋深只能恢复到2.8～3.1m左右，6—8月可恢复的水位埋深逐渐上升到1.6 m，之后基本保持稳定。2005年9月—12月和2006年8月—2007年1月果园auto观测井水位动态反映了雨季后地下水无开采时埋深保持稳定。果园auto观测井地下水动态主要特征是在高强度频繁开采的条件下仍能保持水位总体平稳的趋势。这表明崇陵流域出口的沟谷内地下水具有良好的补给条件。

第四节　崇陵流域降水对地下水的补给

根据水文学理论，降水经过林冠截留过程，以穿透降水和树干径流的方式降落到地表。降落到地表的降水很快入渗，在一定条件下形成壤中流，一部分入渗降水可以直接补给到地下水面。不能渗入的降水在完成“填洼”过程后，受到地形控制产生坡面流，在沟谷等低洼地形处与壤中流汇合形成地表径流，最终流出流域出口。土壤非饱和带内的土壤水分主要通过蒸散发返回大气。通过对整个水文过程的观测，可以利用地表水量分配的水量平衡原理估算出降水入渗的水量：

$$P_e = ET + F_d + R + \Delta S \tag{3-2}$$

式中，P_e为流域内到达地面的有效降水量（mm）；ET为流域土壤蒸散量（mm）；F_d为降水在地表的入渗量（mm）；R为流出流域的地表径流量（mm）；ΔS为流域土壤水储量。考虑到2006—2009年水量均衡期较长，可以合理地假设ΔS为零。

胡堃（2006）和胡珊珊（2009）通过大量的观测数据研究了崇陵流域降水再分配过程。降落到植被冠层的雨水，一部分被植被吸收或截留，大部分从枝叶边缘滴落，或沿植物枝茎流下，或透过植被的间隙直接落下到达土壤层。因此，可将降雨分配为冠层截留、树干径流和穿透降雨三部分。根据水量平衡原理，忽略水平方向的水分变化，场降雨通过林冠发生再分配的水量平衡方程可写为（胡堃，2006）

$$P = I + P_t + G \tag{3-3}$$

式中，P为大气降水量（mm）；I为林冠截留雨量（mm）；P_t为穿透雨量（mm）；G为树干径流量（mm）。

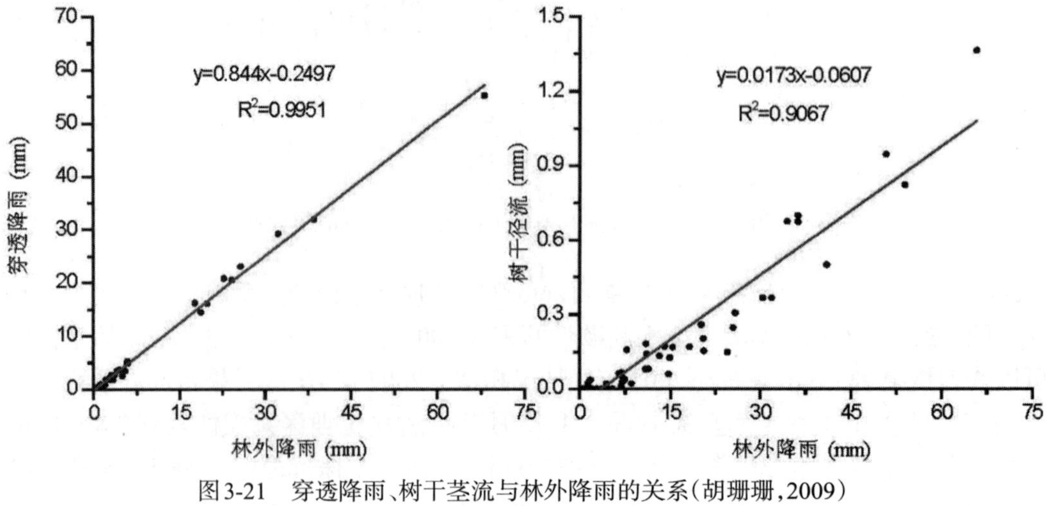

图3-21　穿透降雨、树干茎流与林外降雨的关系(胡珊珊,2009)

通过水文观测到的穿透降雨、树干径流和林外降雨实测值之间具有明显的线性相关关系（图3-21），其线性回归方程如下（胡珊珊，2009）

$$P_t = 0.8440P - 0.2497 \qquad (3\text{-}4)$$

$$I = 0.0173P - 0.0607 \qquad (3\text{-}5)$$

可以推知，当降雨量大于0.3 mm 时发生穿透降雨，大于3.5 mm 时发生树干径流。冠层截留降水主要通过蒸发返回大气，降落至地表的“有效降水”近似的等于穿透降水和树干茎流两部分之和。崇陵流域内林区面积约占42%，其余主要为草地和放牧区，可以近似地认为林地以外区域的有效降水量等于年降水量。通过面积加权平均可以确定整个流域上的平均有效降水量。

从流域水量平衡的角度来看，蒸散发是水分的主要支出项目之一，是水循环研究的重要内容。胡珊珊和张涛（2016）根据崇陵流域自动气象站采集的气象数据，利用FAO penman-monteith方程和裴步祥公式（1989）计算了崇陵流域的参考作物蒸散量。利用ETM遥感影像得到该流域实际蒸散量并与参考作物蒸散量进行对比，用分段单值平均法将修正系数分时段确定为5至9月为0.5，其余月份为0.3；采用裴步祥方法计算得到实际蒸散量。估算的崇陵流域日潜在蒸散量和实际蒸散量如图3-22所示。

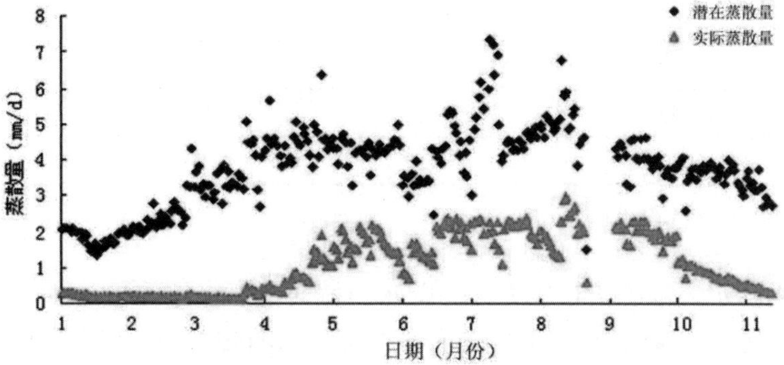

图3-22　2008年崇陵流域参考作物蒸散量与实际蒸散量

据易县水保站观测资料，崇陵流域出口断面自1985年—2000年平均每年观测到的出流天数约13天左右。其中，出流天数最多的年份是1995年，达51天；另外有4年没有出流。然而，均衡期内崇陵流域出口断面没有观测到出流。

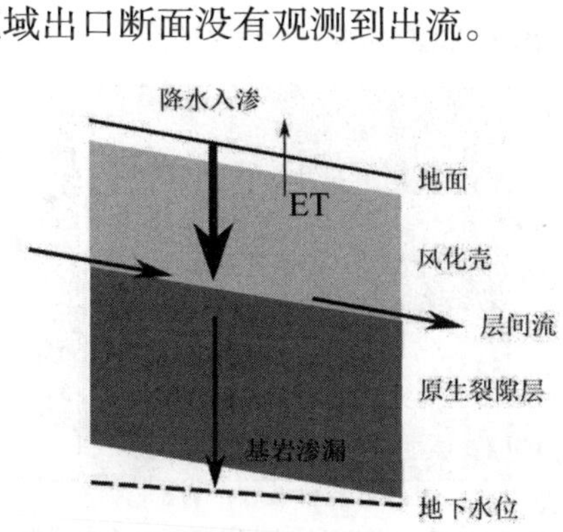

图3-23　坡面水流概念图(Yuan等,2018)

在山区，高渗透性基岩风化壳通常覆盖在低渗透性基岩裂隙层上（Gleeson和Manning，2008）。壤中流通常发生在渗透系数差异明显的岩层界面上。垂向基岩渗漏补给可进入山区的基岩裂隙含水层，并导致地下水水位上升（图3-23）。侧向的壤中流和垂向的基岩渗漏之和可通过上述水平衡的残差来计算（表3-7）。这两部分来源于入渗的降水 F_d，最终在流域内转化为地下水，可以作为地下水通过降水获得的补给量。据报道，半干旱山地盆地降水年入渗系数在3%～42%之间变化（Scanlon等，2006）。我们的结果表明，崇陵流域水量均衡期内的降水年入渗系数的变化范围为21%～40%，降水补给地下水量介于77 ～ 244 mm/a。崇陵流域地下水通过降水获得了显著的补给，这与山区作为区域地下水的主要补给区是一致的。此外，年降水量与地下水补给量之间的相关系数为0.94，年内小雨（单次降水量小于10 mm）以上降水的总量与地下水补给量之间的相关系数提高到0.97。由于参与相关系数计算的样本数据有限，所以只能初步判断小雨对地下水的补给十分微弱。

表3-7　崇陵流域降水入渗量的估算结果（Yuan等，2018）

年份	降水/mm/a	有效降水量/mm/a	实际蒸散发量[1]/mm/a	降水补给地下水量/mm/a
2006	358.3	313.0	236.0	77
2007	603.9	547.0	303.1	244
2008	564.0	510.0	334.2	176
2009	467.6	416.7	249.5	167

注：数据来自胡珊珊和张涛(2016)。

崇陵流域内降水入渗补给量较大，但降水与坡面地下水位的相关性较弱。如果在地下水径流较弱的平原区，降水入渗量和地下水水位间的弱相关似乎是一种悖论。丘陵区内，降水与地下水位的相关性在坡面和谷底均较弱。降水与地下水位的相关性较弱在时间域和频率域均有显示。一方面，降水量和地下水水位时间序列的平均相关系数只有0.20（图3-24）。另一方面，W1、W2、W3、W4处地下水水位的最大峰值出现频率为0.00694 Hz（图3-25），对应1440天（整个观测周期）。因此，地下水位变化动态变化的周期不明显。然而，降水时间序列具有明显的年周期特征。

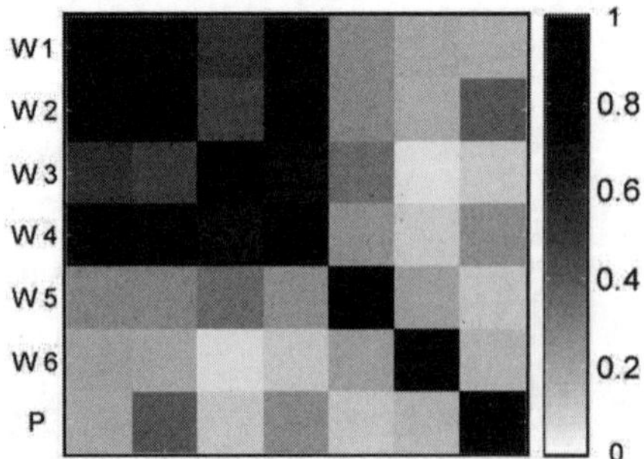

图3-24　各观测井地下水位时间序列与降水序列的相关系数矩阵(P表示10天降水量)(Yuan等,2018)

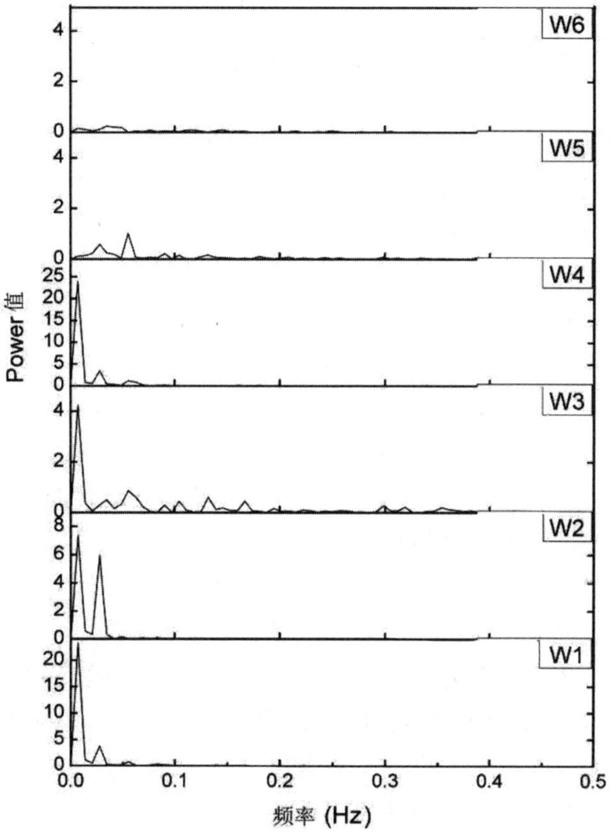

图3-25 地下水位时间序列周期图(Yuan等,2018)

一般地，入渗降水进入基岩风化壳后通过渗流达到含水层，进而引起水位上升。然而，崇陵流域降雨事件发生后，坡面和跋脚地下水水位出现“峰值”并不常见（如前图所示）。此外，降雨事件发生后，地下水水位保持不变，甚至出现下降。由此推断，这种情况下基岩渗漏不是该流域接受降水入渗补给的主要补给机制。降水入渗被土壤吸着固定或以壤中流形式向坡下输送。

壤中流（interflow）通常通过优先流网络发生。通常有两种类型的地下侧向优先流网络（LPF）：（1）大孔隙彼此连通组成的优先流网络；（2）渗透率对比差异明显的层间界面上形成的优先流网络（Guo等，2014）。若侧向优先流网络存在，则总基质势梯度在坡上可能以侧向为主（McDonnell，1990）。因此，侧向旁通流在降水入渗再分配中就能发挥主导作用（Laine-Kaulio等，2014）。野外观测表明，该流域内存在两种优先流网络类型。在斜坡上，风化壳和表土的厚度大于0.7 m。横向延展的植被根系发育，形成了大孔隙彼此连通组成的优先流网络。同时，表土—风化壳—基岩层状结构形成了有较大渗透率差异的层间界面。由此可知，沿LPF路径发生侧向壤中流是合理的。降雨后，大部分入渗首先要填补土壤水分亏缺。随着土壤湿度的增加，优先流可自组织并逐渐形成复杂的LPF网络系统。在强侧向基质势梯度作用下，壤中流形成，将入渗降水快速侧向下游输送，而很少进入下部含水层。在旱季的干旱环境中，入渗降水在填补前期土壤水分亏缺和形成壤中流后通常没有更多水量形成向下的渗漏。这时降水入渗垂向补给基岩含水层变得更加困难。

根据地下水位观测记录，崇陵流域内基岩渗漏在大多数情况下并不发生在斜坡部位。降水入渗以壤中流的方式侧向下游排泄，以集中补给的方式补给到山谷的松散沉积物中。最终，流域内的谷地成为含水层接收降雨补给的主要区域。因此，流域坡地的地下水位对降雨事件的响应极弱，而谷内出现了地下水水位峰值。然而，观测到的地下水水位与降水的相关系数最高仅为0.41。这种现象的原因可能在于雨季降雨主要发生在数小时乃至更短的时间尺度上，而降水数据的观测时间间隔太大，无法得到准确的相关性。

虽然大多数情况下，坡面地下水不直接接受降水垂向入渗补给，但是在特定情况下仍有降水垂向入渗补给事件发生，且补给量一般较大。一些坡面水文研究假定基岩基本上是不透水的，不允许基岩有显著的渗漏。根据我们的观察，该假设适用于干旱或半干旱流域。然而，当岩石破裂时，其渗透性可以增加几个数量级。具有足够高的整体渗透率的基岩有可能产生显著的基岩渗漏（Wilson和Guan，2004）。如果水是充分的，就可以以足够高的速率接受降水的垂向入渗补给，从而导致显著的基岩渗漏。

在观测过程中，W7站点（杨树沟auto）记录了详细地基岩渗漏水文过程（图3-15～图3-19）。在2004年8月12日水位急剧上升（5.5 m）之前，W7的地下水水位埋深大于7 m。一次总降水量达180 mm的特大暴雨事件导致地下水水位持续2天的快速上升，同时伴有EC和温度的快速上升。水位的急剧上升是基岩渗漏对极端降雨的实时响应。入渗降水淋溶土壤盐分，随垂向基岩渗漏使得地下水产生EC峰。夏季较高的气温导致了入渗降水温度高于地下水，作为基岩渗漏的结果使地下水产生温度峰值。由于长期干旱，雨季开始后的前两个月地下水位没有上升，但雨季降水使前期土壤水分亏缺得到补偿。此时，一次强降雨便会产生显著的基岩渗漏。已有研究表明，土壤水分的增加可以加强非饱和沉积物的渗透性。观测结果表明，即使在半干旱的崇陵流域，基岩渗漏仍然可以在雨季中偏湿润的时期发生。在这种情况下，多次密集的暴雨是发生基岩渗漏的激发条件。

从年降水量来分析半干旱区山区发生基岩渗漏的原因。崇陵流域1997—2003年的年降水量明显低于多年平均值550 mm（图3-26），但2004年发生基岩渗漏时，年降水量达到642 mm。在2005及2006年，年降雨量约为413 mm。2007年降水充足，地下水位停止下降（图3-12和图3-19）。2008年的降水量仍高于平均水平，可能会产生基岩渗漏。然而，高时间分辨率的水位观测数据缺失。此外，以几天为间隔的人工观测数据不足以识别地下水对降雨事件的响应。可见半干旱山区流域内，由基岩渗漏形成的垂直渗漏补给较少发生。

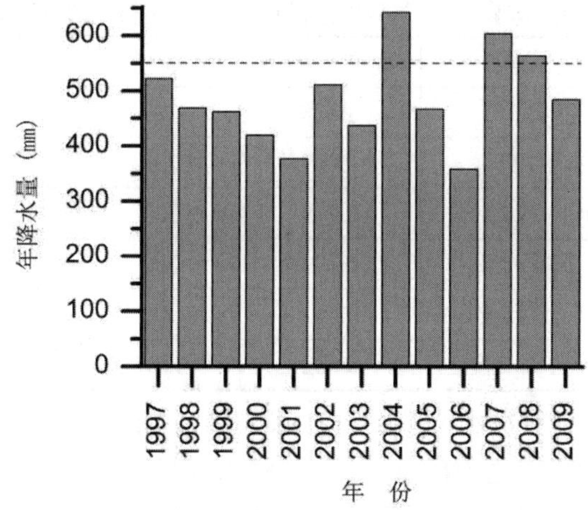

图3-26 崇陵流域年降水量（虚线指示1966～2009年崇陵流域的多年平均降水量）（Yuan等， 2018）

山区坡面入渗降水的侧向优先流被认为是一种主导机制（Laine-Kaulio等，2014），而垂向渗漏补给在坡度角高达46 °和雨雪过渡区（Kormos等，2015）被证明发挥了重要作用。我们的研究结果表明，坡面水文过程以侧向壤中流为主，但在半干旱山区小流域中，入渗降水地垂向基岩渗漏是不可忽视的。入渗降水在侧向壤中流和垂向基岩渗漏间的分配影响了地下水位与降水的相关性，这个机理解释了崇陵流域坡面地下水水位与降水相关性弱的原因。

上游山区地下水对崇陵流域的侧向补给控制了崇陵流域地下水水位动态。2004年8月12日水位急剧上升后，8月13日至14日来自上游山区侧向补给的地下水以高流量持续输入，因此降水结束后地下水水位仍持续上升，最小地下水位埋深达1.14 m。此后水位迅速下降。然而，第二次上游侧向补给的高流量的到来阻碍了水位下降。其过渡期持续2天（8月18日—20日），水位保持在1.7 m左右，然后水位再次升高。最终，第二水位上升伴随着EC值出现的平缓的峰值从9月21日持续至10月26日，其间最小水位深度0.60 m（出现在10月1日）。第一次地下水水位升高与降水入渗的垂向渗漏有关，而第二次水位升高与上游地下水侧向输入有关。第二次水位升高的幅度较第一次高，且第二次高水位持续的时间几乎是第一次的18倍。可见来自上游地下水的侧向输入比入渗降水地垂向渗漏对地下水水位动态的影响更大。

利用高分辨率地下水位数据计算了地下水水位上升速率。第一阶段，8月12日—14日，水位上升速率为2.73 m/d。第二阶段，8月21日—9月21日，水位上升速率为3.12 cm/d。可见侧向补给对流域地下水的影响比垂向基岩渗漏的影响更持久，而垂向基岩渗漏比侧向补给对流域地下水的影响更强。在2004年基岩渗漏事件发生前地下水位埋深超过6.6 m，基岩渗漏事件后又经历为期两年的水位降落，直到2007年雨季地下水水位埋深恢复到约6.5 m（图3-19）。可见，上游地下水对崇陵流域的侧向补给对崇陵地下水水位的影响持续了三年。地下水水位降落速度在开始阶段平均为5.1 mm/d，最大为11.4 mm/d，且随着时间逐渐减少（表3-8）。

表3-8 2004年到2007年W7地下水水位降落速率（Yuan等，2018）

时期	水位下降/m	持续时间/d	平均下降速率/(mm/d)	备注
2004年10月26—2005年3月4日	0.828	129	6.4	测量
2005年3月4日—2005年12月22日	1.849	293	6.3	推测
2005年12月22日—2006年11月20日	1.799	333	5.4	测量
2006年11月20日—2007年11月7日	1.176	352	3.3	推测
2004年10月26日—2004年11月26日	0.342	30	11.4	测量
2004年10月26日—2007年11月7日	5.652	1107	5.1	推测

虽然高时间分辨率地下水水位数据存在缺失，但是根据人工测量水位的结果可以证明该推测是合理的。在2007年之前的几年间，年降水量呈下降趋势。对时间序列的趋势分析结果表明，2008年8月前，W1、W2、W3和W4的地下水位呈增加趋势，平均变化梯度为4.2～8.1厘米每月（表3-9），表明侧向补给下降，且崇陵流域内没有发生其他的垂向基岩渗漏补给。因此，侧向补给是崇陵溪流域地下水的主要来源，并决定了地下水水位的波动。

表3-9 人工观测水位时间序列的Mann－Kendall趋势检验和Sen氏梯度估计结果（Yuan等，2018）

观测点	2005/11—2008/7		2008/8—2009/11	
	Mann-Kendall检验	Sen氏梯度 /(cm/month)	Mann-Kendall检验	Sen氏梯度 /(cm/month)
W1	上升趋势	6.3	下降趋势	－3.9
W2	上升趋势	4.2	无显著趋势	—
W3	上升趋势	4.2	无显著趋势	—
W4	上升趋势	8.1	下降趋势	－6.9
W5	无显著趋势	—	上升趋势	3.0
W6	无显著趋势	—	上升趋势	3.0

果园（W8）处地下水作为日常使用水源，每日都用水泵取水。地下水位监测数据表明，抽水结束后，水位可以很快恢复（图3-20）。2006年以前，每次抽水的平均水位下降为0.71±0.23 m，平均抽水时间为5.8±3.8 h，抽水结束后平均水位恢复时间为7.8±3.9 h。之后，一个流量更大的泵替换了旧泵。新泵抽水时，每次抽水的平均水位下降为0.82±0.33 m，平均抽水时间为2.5±1.4 h，水位平均恢复时间为6.5±3.6 h。在持续地强烈抽水情况下，W8恢复后的水位在4年的观测中只有轻微的波动，这表明流域河谷地下水的补给源丰富，补给条件好。来自流域内坡面的壤中流对沟谷地下水的集中补给通常是短暂的。只有来自崇陵流域上游的侧向补给才能支撑起W8处稳定而强劲的地下水流补给。

通过对崇陵流域水文过程长期观测结合水量平衡原理分析了丘陵区地下水动态的特点、主要的补给机理并估算了降水入渗补给量。流域内浅层地下水水位变化平稳，变幅较小。地下水温度受到地温控制在年内呈现周期变化，最高温度和最低温度较气温滞后3个月左右。地下水EC值总体稳定。流域内地下水径流条件好，水交替速度快。在流域出口沟谷内的地下水在高强度频繁开采的条件下仍能保持水位总体平稳的趋势。

半干旱山区流域的水文过程与干湿环境密切相关。在这个受季风影响的半干旱山区流域，地下水起源于大气降水，年降水量入渗系数在21%～40%之间。可见崇陵流域是与之毗邻的山前倾斜平原浅层地下水重要的补给区。然而，降水与地下水位的相关性在坡面和坡底均较弱，且地下水水位的季节变化较为平缓。其原因是大部分时间入渗降水明显的基岩渗漏没有发生，入渗降水很少到达基岩含水层。降水入渗以壤中流的形式向下游河谷集中排泄。因此，坡面地下水位对降雨事件没有明显的响应，而山谷内松散沉积物中的地下水水位出现了与降水事件对应的水位峰值。

地下水位在坡面和谷底之间的时空变化特征差异明显，表明坡面和谷底分别发生了不同的水文过程。一些山坡水文研究假定基岩基本上是不透水的，不允许基岩有显著的渗漏。在半干旱流域，由于坡面基岩渗漏形成的垂向补给很少，因此该假说大多数情况下适用。来自上游地下水的侧向补给是崇陵流域内基岩含水层的主要补给来源。然而，即使在半干旱的环境中，多次密集的暴雨过后，坡面垂向的基岩渗漏仍然会发生。在崇陵流域中，侧向补给和垂向基岩渗漏都很重要。崇陵流域出口处山谷底部松散沉积物可得到稳定而强烈的补给，主要来自流域内部壤中流的集中补给和上游地下水的侧向补给。

虽然坡面发生入渗降水的垂向基岩渗漏事件很少，但是基岩渗漏会引起坡面地下水位的快速上升，并与来自上游地下水的侧向补给叠加。坡面发生入渗降水的垂向基岩渗漏补给强度较大，然而来自上游地下水的侧向补给对流域地下水的影响更持久。2004年观测到的坡面入渗降水垂向基岩渗漏补给事件加强了上游地下水对该流域的侧向补给，崇陵流域地下水水位回落过程持续了3年，开始阶段水位逐渐下降的最大值为11.4 mm/d，整个过程中平均下降速率为5.1 mm/d。这表明山区地下水可以克服局部分水岭的分隔形成一个巨大的地下水集水区。

第四章 山区地表水与地下水相互作用

地下水和地表水是天然联系的、统一的水资源，查明复杂的地表水与地下水相互作用是流域水资源可持续管理的要求（Banks等，2011； Winter等，1998； Woessner，2000）。近年来，地表水与地下水相互作用的研究范围已经扩大，包括源头河流、湖泊、湿地和河口。地表水与地下水相互作用与酸雨影响问题、氮循环问题和供水区水资源综合管理问题存在密切联系，在过去几十年中引起了广泛的研究兴趣（Winter，1995； Miller等，2016； Rumsey，2015）。山区是地表水和地下水相互转化频繁的区域，是农业集中的下游平原区重要的水源区，特别是在半干旱地区。了解水源区的地表水与地下水相互作用机理对实现整个流域地下水和地表水的可持续利用具有重要意义，同时有利于保护流入水库的河流，并提供营养物质和污染物运移途径的重要信息（Atkinson等，2015）。

通常河流源头集水区降水量较大且地下水位相对较深，是流域地下水系统的重要补给区。水源区地下水径流流速快，储存能力低，且极易受到人类活动影响，是需要保护的关键区域。一旦这些区域被污染将会导致整流域下游受到明显的影响（Martinez等，2015； Thyne等，2004）。河流在下游往往地形起伏较小，地下水流动路径受地形控制向河道汇合，使河流接受地下水泄流补给（Tóth，1999）。长期性河流一般可获得停留时间为几年到几十年的地下水的补给，即河流是由长期储存的地下水供给的（Winter等，1998； Rademacher等，2005； Westbrook等，2006； Stewart等，2010； Rumsey等，2015）。地表水与地下水的相互作用可能受到许多因素的影响，包括地形、水文地质、土地利用、地下水和地表水的开采以及气候条件（Martinez等，2015； Yu等，2013）。此外，已有研究表明不同河段的地表水与地下水相互作用可能不同，单个河流河段在整个区域河流系统中的作用存在差异（Banks等，2011）。山区的特点是基岩出露，坡面陡峭，地质条件的非均质性强，水文输入和输出的时间和空间分布差异大，使得山区地表水与地下水相互作用变得更加复杂。

在华北平原，许多水库建在水源区的流域出口处（Currell等，2012）。这些水库中的水构成山前平原人口稠密的城镇工业用水和居民生活用水的主要来源。山区上游来水在这些水库中汇聚，常导致下游河流径流急剧减少，进而使得下游平原地区的地下水位下降（Cao等，2016； Wang等，2008； Wang等，2009），且来自山区的侧向地下水补给占平原区地下水补给量的比率减小（Cao等，2016； Fei，1988； Von Rohden等，2010）。在此情形下，山区地表水和地下水之间的相互联系还没有得到广泛研究（Sakakibara等，2017），对其机制和过程知之甚少。开展山区地表水和地下水相互作用研究，并确定流域特征如何影响山区水源地区河流和地下水之间的相互联系对华北平原这个世界上人口最密集、水资源压力最大的地区之一的水资源保护和可持续发展有重要意义（Cao等，2013）。

在许多实地研究中，基于环境示踪剂的方法已被广泛地用于调查地下水和地表水之间的相互作用（Banks，2010； Banks等，2011； Cook，2013； Cook等，2003； Cook等，2006； Hatch等，2006）。与依赖大规模水位测量和监测网络相比，基于环境示踪剂的方法具有许多优势，能以相对低的资源投入提供准确的区域尺度上河流和地下水相互作用的空间分布信息（Cook，2013）。用于地表水与地下水相互作用的空间变异性研究的常见示踪剂包括氯离子和其他离子浓度（Cartwright等，2011）、稳定水同位素^{2}H和^{18}O（Meredith等，2009）、电导率和氡（Cartwright等，2011； Wilson & Rocha，2016）等。

与常规的示踪剂相比，可测定地下水停留时间的示踪剂（Age-dating tracer）在表征以多种不同时间尺度地下水流构成的地下水流系统时特别有用（Tóth，1999）。地下水停留时间是指水从含水层的补给区移动到排泄区所需的时间（Modica等，1998）。理论上，可测定地下水停留时间的示踪剂的取样浓度可以与特定年份的补给量相匹配。然而，由于井管内和含水层内往往发生了混合过程，使得这种天然的匹配实际上是不可能的（Darling等，2012）。因此，地下水系统中不同水流的时间尺度与水流路径和混合过程的有关。近年来，大气中的痕量气体含氯氟烃（CFCs），如CFC - 11、CFC - 12和CFC - 113越来越多地被用作地下水停留时间和50年内水的混合过程的示踪剂（Darling等，2012； Han等，2012； Land和Timmons，2016）。与半衰期短的放射性同位素^{3}H、^{32}Si、^{37}Ar、^{85}Kr和^{222}Rn和人类核活动产生的放射性同位素^{3}H、^{14}C、^{36}Cl和^{83}Kr等相比，CFCs的测定相对容易，不需要复杂的分析设备。因此，发展并应用CFCs技术为了解地下水和地表水之间的相互作用提供了一种经济、简单的方法。然而，由于不饱和带过程、脱气、海拔和温度的影响，以及由于污染和陆源释放造成的CFCs的增量，CFCs数据的解释存在不确定性（Darling等，2012）。应用多环境示踪剂开展研究可提高地下水流系统停留时间和混合过程估计的准确性，有效降低结果的不确定性（Burnett等，2010； Cook等，2003； Cook等，2006； Mullinger等，2007； Stewart等，2010）。

第一节 沙河流域和采样分析

选择白洋淀流域山区的沙河流域为研究区域，开展山区河流与地下水的相互作用研究。沙河流域位于白洋淀流域上游的山区，如图4-1，其中，黑色箭头表示沿河流流向从上游到下游的区域地下水流，白色箭头表示从两侧山区向河谷汇流的局部地下水流。研究区属温带半湿润气候，年平均气温约为13.1℃（中国气象数据共享服务系统1970年至2015年的数据）。年降雨量在297～954 mm之间，其中70%发生在7月至9月。一年中旱季为10月至次年6月，雨季为7月至9月。监测站记录显示，沙河径流从20世纪60年代到2000年有所减少，且径流存在明显季节性变化，径流量在雨季较高（图4-2）。沙河流域海拔高度从西部的2773 m下降到东部的187 m。王快水库位于沙河下游，是白洋淀流域平原地区城镇人口重要的供水水源之一。

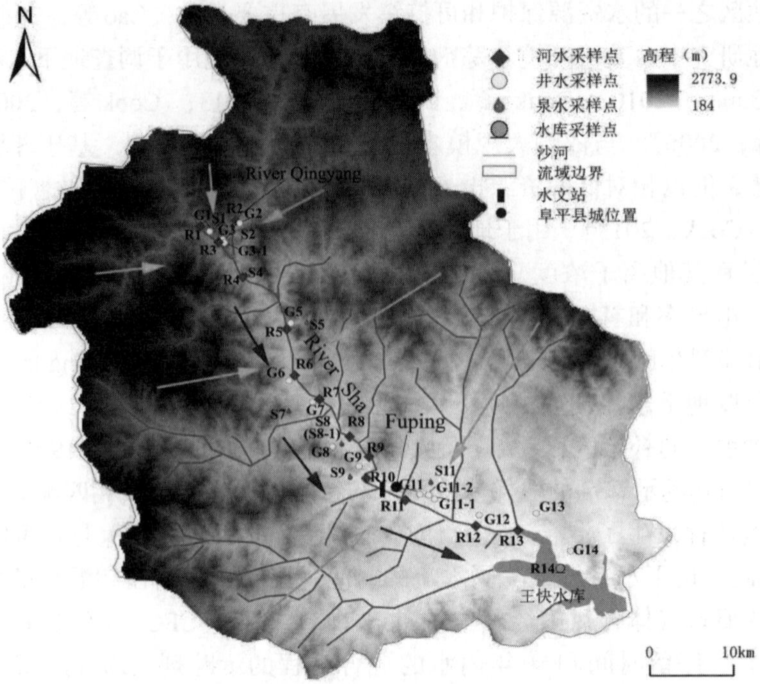

图4-1　沙河流域数字高程、河流水系和采样点分布图（Wang等，2018）

沙河的主要支流发源于汤行山，在流向王快水库的同时接受支流的汇入。沙河从上游到下游呈“S”形。冲积含水层的沉积物主要由砂砾石组成，上游的水力传导系数约为300至700 m/d （Zhang等，2009）。沙河流域在地质构造上属于太行隆起区，碳酸盐岩（石灰岩）、火成岩（花岗岩）和变质岩（片麻岩）构成该区的主要基底如图4-3，其中，空白区域表示没有数据。碳酸盐和火成岩在沙河流域的北部露头。

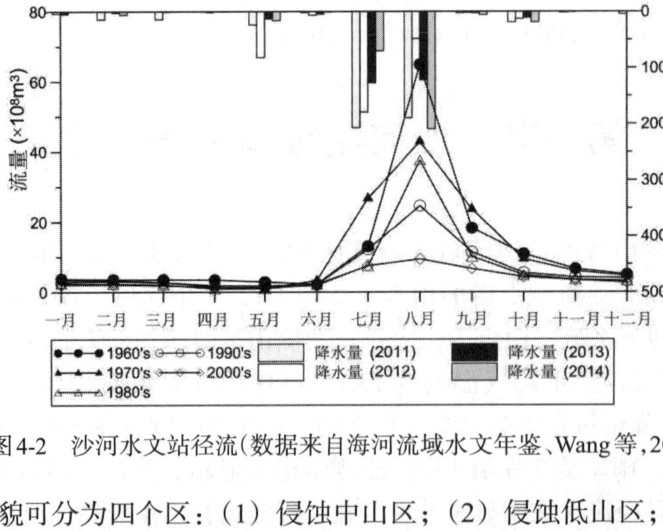

图4-2　沙河水文站径流（数据来自海河流域水文年鉴、Wang等，2018）

该地区的地貌可分为四个区：（1）侵蚀中山区；（2）侵蚀低山区；（3）构造剥蚀丘陵区；（4）裂陷盆地和河谷平原。中山区海拔1000 m以上，地形坡度20 °～25 °。河流把山谷侵蚀切割成“V”形谷。低山区海拔在500～1000 m之间，地形坡度在20 °～25 °之间。

丘陵区高程在500 m以下，地形平缓，坡度减小到10 °以下。河谷平原区主要位于沙河沿岸的河流宽谷，河流将河谷侵蚀切割成“U”形。河谷的宽度和河流流量从中游开始明显增加。在沙河流域这样的山区流域内，洪积/冲积物的深度通常相对较浅。水力梯度（地下水高程随水平距离的变化）从上游向下游递减，与高程梯度呈正相关。

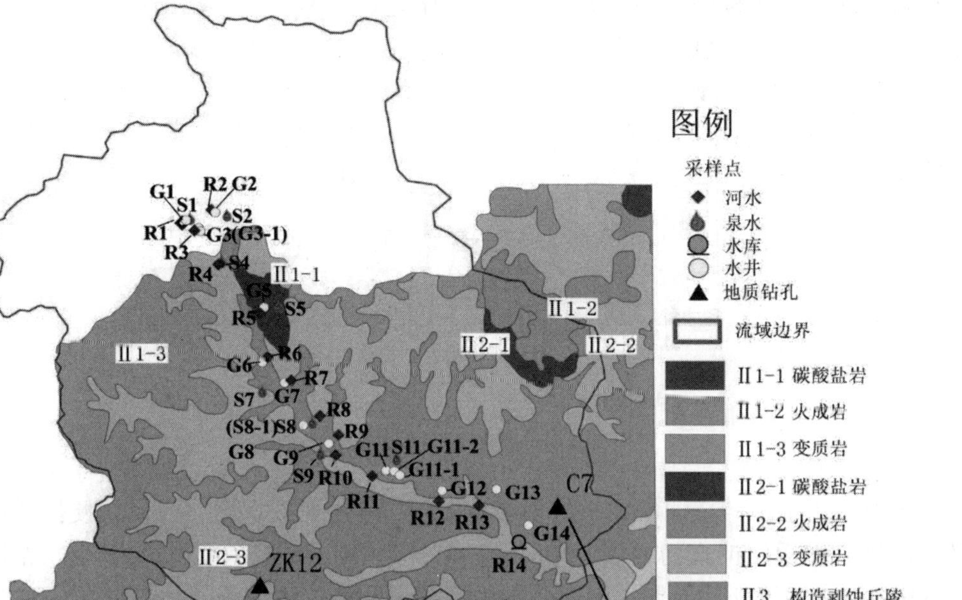

图4-3 沙河流域地质图和所选代表性钻孔的岩性(Wang等,2018)

2011年6月和2014年9月，在沙河上下游进行了实地调查和采样（见图4-1和图4-4），在图4-4中，地下水的深度是在2011年6月测量的，井深被放大了5倍。由于70%的降水集中发生在雨季7月和9月之间，并且河流过程线相似（图4-2），因此这两个采样时间段分别对应流域地下水在旱季末和雨季末的情况。水样的采集点包括泉水（$n = 9$,

S1–S9）、河水（$n=13$，R1–R13）、水库水（$n=1$，R14）和地下水（$n=13$，G1–G3和G5–G14），其中G7-1取自深层含水层，其余均为浅层冲积含水层（图4-1和图4-4）。采样井分布在沙河河谷的松散沉积物含水层中，与河流的距离为5～500 m（图4-1）。其中，开采浅层地下水的水井深为4～35 m，而G7-1井深为90 m。这些井主要用于家庭用水或农业灌溉目的。在泉水水样中，只有S4和S8的泉眼靠近河流，在泉水出口取样。其他泉水在河谷两侧山区内出露，通过管道将泉水从山区输送到村庄，水样在村庄采集（图4-1）。

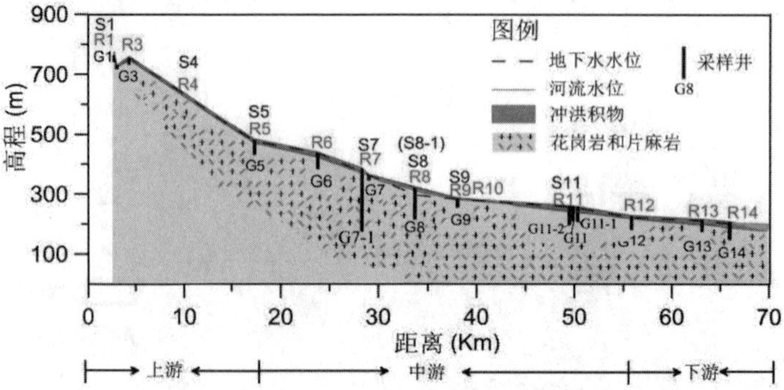

图4-4　沿沙河剖面布设的采样点位置

采样前，用水位计（加拿大索林斯特102型）测量地下水埋深，使用便携式GPS测定采样点高程。使用便携式测量仪（WM - 22EP；DKK，日本东京电力公司）测定pH、电导率（EC）、水温等理化参数。用于分析主要离子和稳定同位素（δ^2H和$\delta^{18}O$）的水样收集在密封的100毫升聚乙烯小瓶中，并用封口胶带密封以减少蒸发。

将水样带回实验室后，立即用0.01 N的稀H_2SO_4标准溶液滴定测量水样中碳酸氢根浓度。用离子色谱法（ICS - 2100，Dionex，美国）测定了地下水主要离子含量。在分析之前，所有水样都通过0.2 μm滤膜过滤。Freeze和Cheery （1979）提出，对于主要离子分析，5%是合理的电荷平衡误差极限；该值用于接受（或拒绝）分析的结果，保证分析结果的有效性。使用激光吸收水汽同位素分析仪（Picarro - i2120，加利福尼亚州，美国）分析水样中稳定水同位素组成（δ^2H和$\delta^{18}O$）。δ^2H值和$\delta^{18}O$值用千分差（‰）表示，使用VSMOW（维也纳标准平均海水）作为测定参考标准。

从两个泉水点（S4和S8）和11口井（不包括G2和G11）收集了CFCs水样。日本千叶大学根据Han，Hacker，和Gröning （2007）中概述的程序对CFCs进行了分析。测定程序简述如下：使用吹扫捕集萃取系统收集和纯化水样（Busenberg和Plummer，1992）。然后在千叶大学用气相色谱法（日本岛津气相色谱GC-14B）对纯化的CFCs进行分析。对于与环境大气平衡的水样，CFCs分析的不确定性约为1%。地下水中CFCs浓度被转换成与空气平衡的相应大气CFCs浓度（http：//water.usgs.gov/lab/software/air_curve/）。从地下水到空气中的CFCs浓度转换取决于在补给温度下计算的亨利定律常数（Bu和Warner，1995； Warner和Weiss，1985），通常相当于地下水补给海拔高度处的年平均气温。补给高程值是根据稳定水同位素数据估算。不同高程的温度是通过以每1000 m高程变化6.5 ℃的“递减率”（阜平县，国际民航组织，1964年）。将计算出的地下水中处于溶解平衡的

CFCs分压与空气中CFCs历史浓度（http：//water.usgs. gov/lab/）进行比较，基于补给年进行地下水定年（Plummer等，2006）。

第二节　沙河和地下水水化学变化

野外调查获取的水样理化参数和主要离子浓度平均值见表4-1。大部分泉水水样不是在泉水出口收集的。因此，泉水水样的温度和溶解氧相对新鲜的泉水水样可能是不可靠的。旱季地下水温度（平均15.4 ℃）低于雨季（平均19.3 ℃）。然而，河水的温度在两季间的变化与泉水和地下水的温度变化存在相位差，表现为变化的不同步。两个季节河水的溶解氧均高于地下水。

表4-1　2011年6月（旱季）和2014年9月（雨季）采集的所有水样的野外调查参数、主要离子浓度和稳定同位素值

类型	编号	水位埋深		T		EC		ORP		DO		$\delta^{18}O$		$\delta^{2}H$	
		m		°C		uS/cm		mV		mg/L		‰		‰	
		2011/6	2014/9	2011/6	2014/9	2011/6	2014/9	2011/6	2014/9	2011/6	2014/9	2011/6	2014/9	2011/6	2014/9
河水	R1			18.7	16.9	508	533	174.4	206	11.41	5.93	−10.27	−9.71	−70.9	−65.7
	R2			24.3	18.4	478	477	202.5	219	10.16	5.41	−9.29	−8.89	−63.2	−62.0
	R3			23.3	20.2	525	554	151.7	—	1.96	4.63	−9.81	−9.85	−68.3	−66.0
	R4			23.3	19.9	471	502	181.9	—	3.23	5.52	−8.66	−9.27	−64.6	−63.3
	R5			25.2	20.3	489	487	171	172	0.48	5.17	−8.92	−8.82	−60.9	−60.3
	R6			25.0	18.9	539	501	195.2	226	0.66	4.29	−9.14	−8.64	−60.7	−59.2
	R7			22.5	17.2	520	501	219	220	0.60	4.71	−8.60	−8.65	−59.4	−59.0
	R8			20.2	20.1	485	518	234.8	220	0.55	4.88	−8.40	−8.70	−57.3	−59.0
	R9			25.9	19.9	482	505	237.9	213	0.51	4.69	−8.40	−8.60	−58.6	−58.7
	R10			25.0	25.0	493	508	231.9	176	0.67	4.67	−8.61	−8.60	−58.7	−58.7
	R11			22.1	19.5	614	522	284.9	156	0.38	4.57	−9.04	−8.54	−58.5	−57.6
	R12			25.0	21.0	565	548	244.1	196	0.45	3.81	−8.97	−8.28	−58.5	−55.7
	R13			23.8	21.8	577	552	247.3	321	2.05	4.55	−8.86	−8.23	−57.2	−56.3
	R14			25.5	25.9	409	389	236.2	268	0.78	4.09	−7.43	−6.29	−49.3	−47.4

续表

类型	编号	水位埋深		T		EC		ORP		DO		$\delta^{18}O$		$\delta^{2}H$	
		m		°C		uS/cm		mV		mg/L		‰		‰	
		2011/6	2014/9	2011/6	2014/9	2011/6	2014/9	2011/6	2014/9	2011/6	2014/9	2011/6	2014/9	2011/6	2014/9
泉水	S1			15.4	18.1	1047	971	123	221	9.41	5.78	−9.22	−8.52	−65.7	−61.8
	S2			22.3	21.7	509	581	148.6	246	2.54	2.96	−9.42	−8.50	−64.7	−60.5
	S4			12.2	17.9	543	595	221	—	0.53	5.15	−9.87	−9.45	−66.6	−65.1
	S5			—	19.1	501	549	186.6	—	1.89	4.49	−8.84	−9.44	−60.6	−65.0
	S7			20.8	21.6	399	461	28.2	258	0.72	4.03	−9.15	−8.76	−60.7	−61.8
	S8			13.3	17.4	386	454	244	246	0.31	4.85	−9.36	−8.93	−60.0	−61.6
	S8-1			28.1	—	387	—	169.5	—	0.44	—	−9.30	—	−60.0	—
	S9			23.9	23.8	347	440	185.5	215	0.58	4.15	−8.81	−7.82	−61.1	−54.2
	S11			24.3	23.8	433	675	245.9	340	0.68	3.38	−9.29	−7.73	−59.6	−54.2
地下水	G1	3.6	3.7	12.3	15.6	603	374	173.1	244	12.80	3.71	−10.28	−9.08	−67.8	−63.3
	G2	4	2.4	16.8	18.3	651	531	186.3	161	2.34	1.94	−9.43	−8.49	−65.0	−61.6
	G3	3	2.5	13.6	21.5	574	687	157.4	233	4.25	3.02	−9.99	−9.21	−69.6	−64.2
	G3-1	—	3	—	17.4	—	712	—	204	—	2.49	—	−9.04	—	−63.2
	G5	7.5	—	15.4	18.4	1162	868	138.3	242	0.67	4.34	−9.07	−8.51	−60.4	−61.1
	G6	3	4.7	13.3	21.6	571	485	178	236	0.29	4.30	−9.49	−7.90	−60.5	−52.3
	G7-1	3	—	16.0	—	521	—	189.1	—	1.14	—	−9.13	—	−59.8	—
	G7	1.9	—	14.0	22.9	627	565	251.2	264	1.33	3.24	−9.10	−7.17	−58.8	−51.1
	G8	3	—	18.7	19.5	689	683	131.4	93	0.93	2.82	−8.56	−8.05	−61.3	−58.5
	G9	4.1	—	13.8	17.7	623	723	226.9	197	0.87	1.90	−8.68	−7.95	−60.9	—
	G11	4.8	5.4	15.8	18.4	809	685	245.7	340	0.02	3.38	−9.20	−7.08	−60.5	−47.9
	G11-1	—	4.9	—	25.0	—	906	—	234	—	2.54	—	−8.35	—	−59.2
	G11-2	—	—	—	25.0	—	1214	—	328	—	2.29	—	−7.38	—	−49.6
	G12	7.4	8	17.5	16.8	478	525	198	372	5.40	3.66	−8.90	−8.54	−57.6	−58.6
	G13	6	10	15.2	21.9	499	644	233.1	208	0.02	4.07	−8.89	−7.79	−54.1	−52.8
	G14	8	—	18.6	16.5	507	823	256.8	171	0.35	3.72	−8.79	−8.75	−56.3	−61.2

旱季和雨季地下水的平均电导率值（分别为649和622 μS/cm）均高于泉水（分别为505和570 μS/cm）和河水（分别为511和509 μS/cm）。除水样R11、S2、G5、G6和G7外，所有水样在雨季的EC值均高于旱季。人为输入可能是造成当地地下水EC值升高的部分原因。例如，位于村庄化粪池附近的G5在地下水中的EC值最大，而位于工厂附近的S1在所有泉水中的EC值最大。泉水水样中，沿下游方向从S3到S8的EC值呈现下降趋势。地下水从G1到G14沿流向变化较大。特别是中下游的EC普遍高于上游。这可能反映了随着下游的人口和村镇增加，人类输入对EC的贡献越来越多。对于河水，从R10到R13的EC值有明显的增加。阜平县位于R10下游，城镇的废水输入可能是导致离子浓度增加的原因。从上游到下游，所有水域主要离子的平均浓度和变化显示出与EC相似的变化。水样的EC值、总溶解固体（TDS）和主要离子含量（由相对保守的Cl^-离子表示）在沙河流域下游王快水库处最低。

不同季节河水、泉水和地下水的δ^2H和$\delta^{18}O$组成列于表4-2。所有地下水中的δ^2H和$\delta^{18}O$同位素值一般在雨季（平均值为58和8.2‰，范围为64至47‰和9.2至7.1‰）高于旱季（平均值为61和9.2‰，范围为70至54‰和10.3至8.6‰）。同样，雨季大部分泉水（S5除外）和河水（R3除外）的δ^2H和$\delta^{18}O$同位素高于旱季。

表4-2 2011年6月（旱季）和2014年9月（雨季）河水、泉水、地下水野外参数和稳定同位素的均值和标准差值

	河水				泉水				地下水			
	2011/6		2014/9		2011/6		2014/9		2011/6		2014/9	
	平均值	标准差	平均值	标准差	平均值	标准差	平均值	标准差	平均值	标准差	平均值	标准差
T /°C	23.6	2.1	20.5	2.5	19.7	6.1	20.7	2.6	15.4	2.0	19.3	3.03
EC /(μS/cm)	511.1	51.4	509.5	41.1	505.4	228.3	570.9	173.23	649.4	180.9	622.3	254.45
ORP /mV	215.2	36.9	215.8	42.4	175.5	72.1	253.4	41.2	167.0	114.7	223.3	71.86
DO /(mg/l)	2.4	3.7	4.8	0.56	1.8	3.1	4.2	0.9	2.3	3.5	3.2	0.81
δ^2H /‰	−60	5.2	−60	0.8	−62	2.7	−61	0.6	−61	4.3	−58	0.68
$\delta^{18}O$ /‰	−8.9	0.7	−8.8	4.5	−9.2	0.3	−8.7	4.0	−9.2	0.5	−8.2	5.37

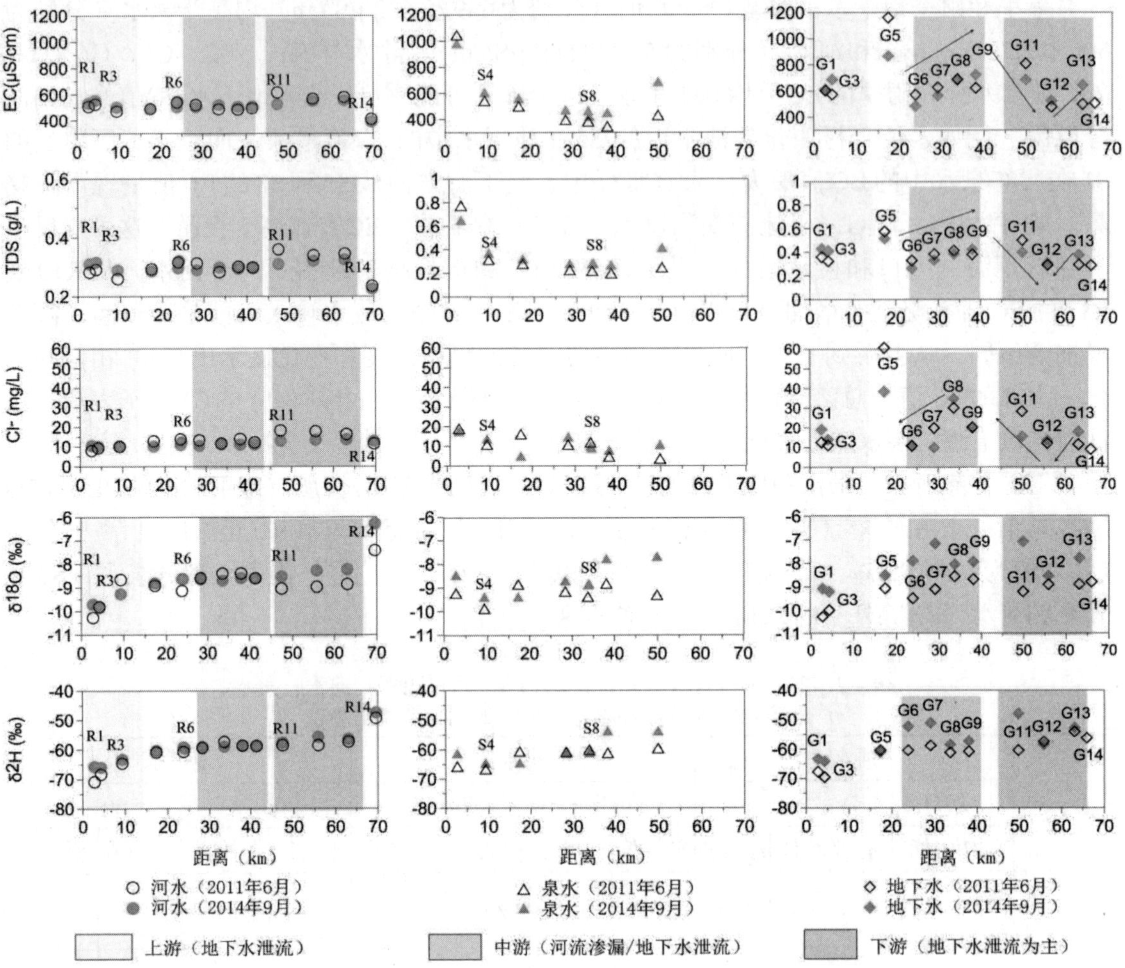

图4-5　2011年6月(旱季)和2014年9月(雨季)河水、泉水和地下水中总悬浮固体、总悬浮固体、氯离子、δ^2H和δ^{18}O的变化(Wang等,2018)

尽管δ^2H值和δ^{18}O值有季节性波动，但从上游到下游，河水、泉水和地下水的同位素值的变化总体呈上升趋势，表明水体逐渐富集重同位素（图4-5）。当沙河流域内的地形梯度较高，河谷高程变化大，不同海拔高度的降水中的水同位素组成变化可能表现出“高程效应”（Clark和Fritz，1997）。这种水同位素组成的变化也可能反映在河水中，以及与局部降水联系密切的地下水中。通过绘制水样采样高度和δ^{18}O之间的关系，可以评估水同位素变化的高程效应（图4-6）。旱季地下水和雨季河水的高程和δ^{18}O显著相关（$p < 0.01$），δ^{18}O随高程每增加100 m，持续下降0.21‰。水沿着流动方向的蒸发也可能在一定程度上影响数值；然而这种影响是次要的，因为在大气水线上的稳定同位素图中没有显示出明显的蒸发的影响（图4-7）。在旱季，与地下水更明显的混合可能导致河水中不太明显的高程效应。雨季地下水δ^{18}O与海拔无显著相关性（$p > 0.5$）。

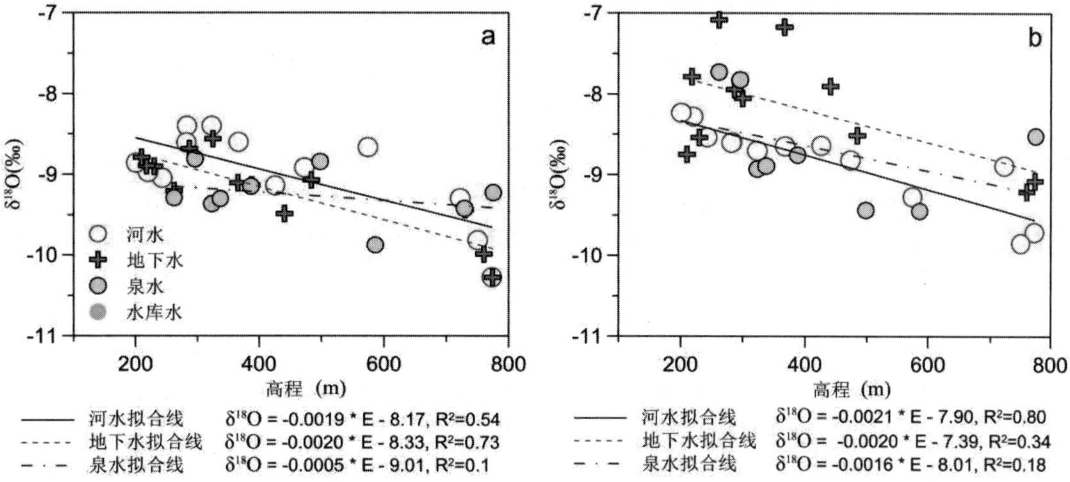

图4-6　旱季(a)和雨季(b)期间海拔和$\delta^{18}O$之间的关系(Wang等,2018)

降水中稳定同位素的高程效应可用于估算地下水的补给高度，计算方程为

$$H= e+(\delta_G-\delta_P)/K \quad (4\text{-}1)$$

其中，H为采样点的高程；e是采样点的高程；δ_G是地下水中的稳定同位素（$\delta^{18}O$、δ^2H）值和降水中的稳定同位素（$\delta^{18}O$、δ^2H）值；K是同位素（$\delta^{18}O$、δ^2H）随高度变化的速率。

石家庄市降水的加权平均$\delta^{18}O$同位素值（基于全球降水同位素GNIP网络）被用作δ_P的值，因为该地点位于研究区附近的山前平原。根据全球降水同位素网络中的观测站，获得了降水$\delta^{18}O$同位素值的高程变化率约为0.13‰/ 100 m （Liu等，2014）。使用该方程可以近似估算每个水样的补给高程（表4-3），结果表明补给高度从上游的2274 m到下游737 m不等。

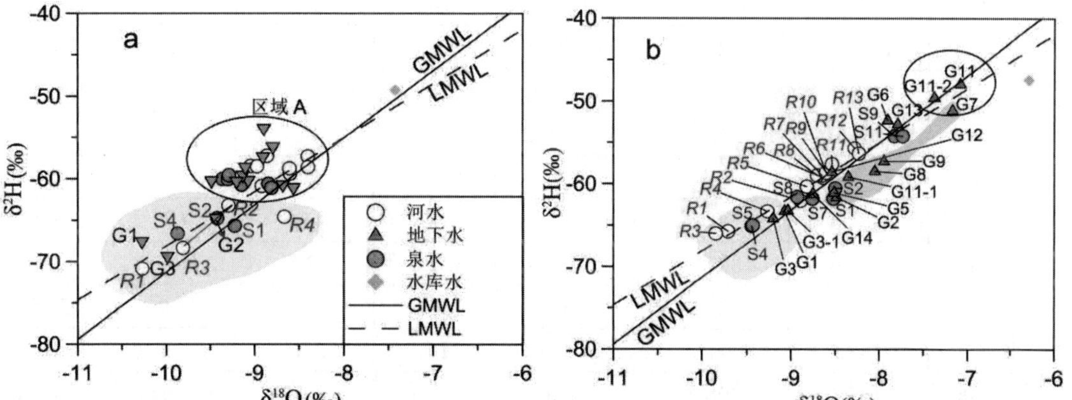

图4-7　2011年6月和2014年9月在沙河流域采集的所有水样的δ^2H和$\delta^{18}O$关系(Wang等,2018)

图4-7显示了2011年6月和2014年9月河水、泉水和地下水的δ^2H值和$\delta^{18}O$值，并与全球大气降水线和当地大气降水线（LMWL）进行了比较（Wang等，2014）。几乎所有的水样都分布在靠近LMWL的地方，这表明所有的水都来源于当地的降水，经历的蒸发不明显。R14为水库水，几乎不流动，水面蒸发量大，每年约1369 mm （Liu等，2006）。这导

致水样中δ^2H和$\delta^{18}O$的最大同位素组成值在旱季为−49‰和−7.4‰，在雨季为−47‰和−6.3‰。在上游采集的河水水样（R1到R4）分布在LMWL线相对较低的位置（图4-7a），表明其补给区在相对较高的海拔高度，那里降水相对贫化重同位素。在研究区中下游收集的水样分布在图4-7a中标记为“Region A”的一组中，显示了不同补给源的混合。地下水中G7、G11和G11-2（以及在较小程度上G8和G9）等采样点都位于农田中，其同位素组成最富集重同位素（图4-7b）。这可能是由于抽取地下水进行灌溉后，水在深层渗漏过程中的蒸发造成的——这在中国北方是一种普遍现象（Currell等，2012）。这个推论与这些水样中相对较高的TDS和氯离子含量相一致。

表4-3　使用2011年6月（旱季）和2014年9月（雨季）采集的泉水和地下水中的CFC-12和CFC-113估计地下水的表观年龄

	采样点编号	补给高程/m	CFC-11		CFC-12		CFC-113	
			pptv	表观年龄	ppptv	表观年龄	pptv	表观年龄
2011 6月	S4	2070.2	24856.9	Contam	179.7	38.5	23.5	31
	S8	1411.5	2453.4	Contam	22.08	35	43.6	26
	G1	2274.0	30361.5	Contam	286.2	32	31.4	28.5
	G3	2198.5	1633.4	Contam	18.7	38	28.7	29.5
	G5	1514.8	310.7	Contam	119.6	42	21.5	31.5
	G6	1183.3	15021.5	Contam	232.4	35.5	22.7	31.5
	G7-1[a]	1464.9	122.3	35.5	426.2	24.5	—	Contam
	G7	1419.9	7191.0	Contam	271.4	33	45.7	25.5
	G8	938.5	1348.0	Contam	301.3	31.5	46.9	25.5
	G9	737.0	2350.7	Contam	370.9	27.5	38.1	27
	G11	1065.9	27260.6	Contam			38.8	27
	G12	991.5	3160.4	Contam	191.1	37.5	18.0	33
	G14	1010.0	33406.9	Contam.	224.0	36	15.5	34
2014 9月	S4	2070.6	87.9	42.5	142.7	43.5	7.5	42.5
	S8	1411.5	90.7	41	142.8	43.5	9.7	40.5
	G1	2274.0	327.7	Contam	322.6	33	48.5	28
	G2	1314.6	529.3	Contam	486.5	24	15.0	37.5
	G3	2198.5	311.2	Contam	314.1	33.5	13.1	38.5
	G6	1183.3	308.9	Contam	311.5	33.5	Contam	Contam
	G9	737.0	99.6	41.5	180.9	41	Contam	Contam
	G11	1065.9	311.2	Contam	160.2	42.5	7.7	42
	G11-1	738.9	7108.7	Contam	251.4	37.5	19.2	35.5
	G12	991.5	388.7	Contam	209.4	39.5	Contam	Contam
	G14	1010.0	278.8	20	298.7	33.5	16.5	36.5

[a] = 深层地下水. Contam. = 被污染样品

使用CFC-12和CFC-113估算了旱季和雨季泉水和地下水中的CFCs浓度和地下水的表观年龄（表4-3和图4-8）。据报道，CFC-11比CFC-12更容易降解和被取样设备污染（Plummer和Busenberg，2000）。观察到的CFC-11浓度通常高于空气平衡浓度，表明可能存在污染。除了采样点G1的CFC-113和采样点G1、G6和G14的CFC-12的浓度外，雨季采集的其他水样的CFC-113和CFC-12的表观年龄大于旱季采集的。CFC-12和CFC-113估计的表观年龄差异在0.5至13.5之间（表4-3）。在旱季采集的水样G9（CFC-12和CFC-113的表观年龄分别为27.5a和27.0a），在雨季采集的水样S4（表观年龄为43.5a至42.5 a）、G11（表观年龄为42.5a至42.0a）和G11－1（表观年龄为37.5a至35.5 a），表现出很强的一致性。

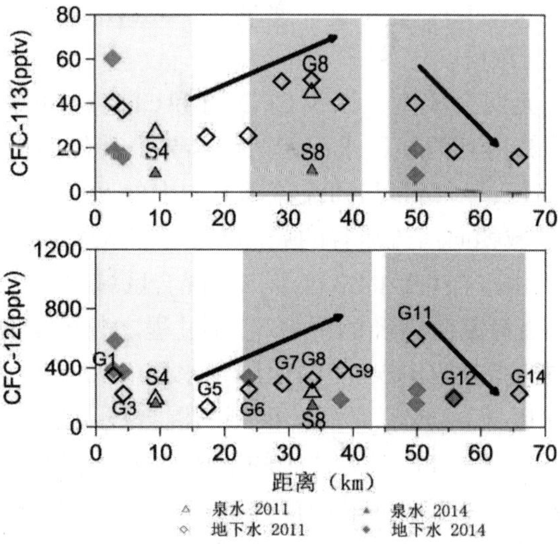

图4-8　旱季和雨季河水和地下水中CFC-12和CFC-113沿河向下游的变化（Wang等，2018）

第三节　地下水停留时间

根据地形、地貌、水稳定同位素和CFC-12数据，我们将沙河划分为三个河段，以便分别评估地表水与地下水的相互作用：（1）上游，包括R1到R5的河水水样，从S1到S5的泉水水样，从G1到G5的地下水水样；（2）中游，包括河水水样从R5到R10，泉水水样从S5到S10，地下水水样从G5到G10；（3）下游，包括河水水样从R10到R13，地下水水样从G10到G13（图4-4）。该分组在下文中用于讨论研究区域内CFCs和稳定同位素数据的不同变化。

当使用CFCs来估计地下水年龄或停留时间时，许多过程可能会导致估算结果的不确定性，例如不饱和带过程、海拔和温度的影响、过量空气的截留或脱气，以及污染或陆源的可能增量（Darling等，2012；Han等，2012）。研究区冲积层较薄，地下水埋深较浅，因此非饱和带厚度和过量空气夹带的影响相对较小。旱季泉水和地下水的平均溶解氧浓度分别为1.8 mg/L和2.3 mg/L，雨季分别为4.2 mg/L和3.2 mg/L。虽然在我们的研究中不能排除降解变化的存在，但一些研究报告称CFCs在有氧条件下是基本稳定的（Lovley和Woodward，1992；Rowland和Molina，1975）。CFC-11似乎是三种化合物中降解最快的（Cook等，1995）。在我们的研究中，确实很难使用CFC-11数据得出实际的表观年龄。因此，CFC-11数据被排除，没有用于估计地下水停留时间。

如果高估了补给时的气温，那么地下水年龄将被明显的高估，尽管这可能对于1985年之前补给的水来说是影响不大（Busenberg和Plummer，1992）。在我们的研究中，年平均气温被用作补给温度估算的起点。只有G9采样点所在的阜平县的平均气温13.1 ℃是已知的（Zhao，2014）。温度通常随着海拔的升高而下降，平均“下降率”为每1000 m 6.5 ℃（国际民航组织，1964年）。基于这一递减率，得到每个水样对应的补给海拔的年平均气温，进而估算了CFCs浓度。

表4-4列出了基于二元混合模型，以及CFC-12和CFC-113的浓度和TracerLPM（Jurgens和Eberts，2012）估算得到的地下水停留时间结果。我们假设存在两组与地形和水位变化一致的地下水流动路径，一组是沿河流流动方向上的区域地下水流动路径，另一组是从河谷两侧邻近高海拔区域朝向河流河谷的局部地下水流动路径。结果显示，旱季浅层地下水水样G14和雨季地下水水样G2和G3位于二元混合区域之外，这表明上述水样可能受到除了空气—水平衡和沿着流动路径的混合/稀释过程之外的其他过程的影响（Han等，2012）。水样G7-1取自未检测到CFC-113的深层含水层（90 m）。虽然G5、G7和S8不在理论混合区间范围内，但它们接近二元混合模型的混合线。旱季水样G9和雨季水样S4、G11和G14分别用CFC-12和CFC-113估计的表观年龄相似，并且使用活塞流模型（PFM）时可显示对地下水表观年龄的最佳拟合结果。对于其他水样，发现只有两个PFM路径的二元混合（BMM-PFM-PFM）可对停留时间估计结果得到良好的拟合，具有最小的不确定性（拟合误差范围从0.01%到11.67%）。

表4-4　基于二元混合模型的泉水和地下水中年轻地下水的混合比例

	采样点	井深/m	CFC-12 /pptv	CFC-113 /pptv	新水混合比率/%	新水表观年龄	补给年份
2011 6月	S4	—	179.72	23.50	0.46	27	1984
	S8	—	241.98	43.58	0.41	21	1990
	G1	—	286.15	31.42	0.88	30	1981
	G3	5	180.66	28.65	0.36	20	1991
	G5	10	119.56	21.48	0.22	21	1990
	G6	11	232.43	22.65	0.61	30	1981
	G7	3.5	271.40	45.67	0.54	20	1991
	G8	35	301.26	46.86	0.56	20	1991
	G9	—	370.93	38.09	1.00	27	1984
	G12	9	191.12	17.95	0.53	31	1980
	G14	12	223.97	15.53	0.74	36	1975

续表

	采样点	井深/m	CFC-12 /pptv	CFC-113 /pptv	新水混合比率/%	新水表观年龄	补给年份
2014 9月	S4	—	142.74	7.50	1.00	44	1970
	S8	—	142.79	9.69	0.50	36	1978
	G1	—	322.56	48.45	0.60	25	1989
	G11	—	160.96	7.74	1.00	43	1971
	G11-1	—	252.56	19.22	0.80	35	1979
	G14	—	309.19	16.46	1.00	34	1980

由于水进入流域的位置不同，同时其流动速度在流域的不同位置存在变化，所以在流域出口处或流域内任意一点的水样往往由不同年龄的水团组成（McDonnell等，2010）。指数混合模型或指数PFMs等集总参数模型通常用于非承压地下水系统，根据示踪剂浓度来解析地下水年龄（Jurgens和Eberts，2012； McDonnell等，2010）。然而，地形往往是山区流域地下水停留时间的主要控制因素（Broxton等，2009； Hrachowitz等，2009； McGuire等，2005）。沙河流域的地形特点是坡面较陡，河道蜿蜒。受到陡峭的地形和较大的水力梯度的影响，沿河谷方向的从上游流向下游的地下水流动路径和从河谷两侧向河谷方向沿坡面快速汇流的地下水流动路径是该区域地下水流动的两个重要组成部分。由于强水平梯度和水流快速流动，PFM模型适用于这两种存在两种流动路径的情形，并且当使用上述二元混合模型时可以较好地拟合沿着这些流动路径的水样之间的不同混合比例。

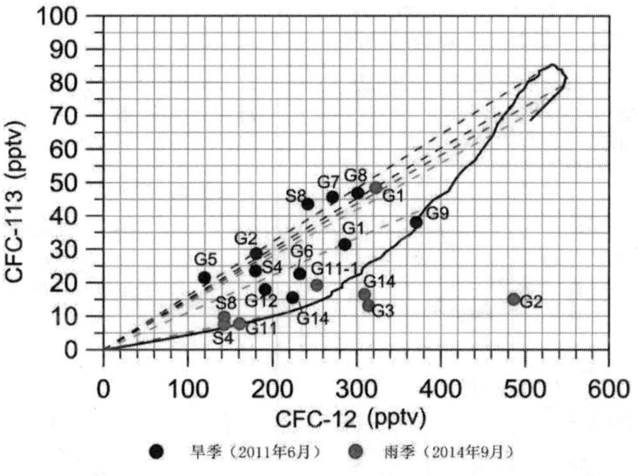

图4-9基于地下水中CFC-113和CFC-12浓度的理想二元混合模型曲线（Wang等，2018）

图4-9显示了两个地下水流动系统（区域流动系统与局部流动系统）之间的混合比。结果表明，雨季时较新的地下水的停留时间一般大于旱季时（表4-4，图4-8）。同时，雨季时较新的地下水在水样中的混合比率比旱季时的大。雨季水样中的EC、TDS和C1浓度通常比旱季高，此时“新”水的比例较高，这表明可能来自不断增加的（近期的）人类活动，如灌溉回流的溶质输入。

第四节　沙河与地下水的相互作用

一般来说，流经山区并流入冲积平原的河流往往表现出从源头地区（地形陡峭且地下水水位埋深较深）的“失水”状态，到下游（地形平坦）水位接近地表而转变为“得水”状态（Winter等，1998）。同时，许多其他研究也表明河流源区径流可能长期由相对较“老”的水维持着，河流处于“得水”状态（Martinez等，2015）。在我们研究中，使用多种示踪剂，包括CFCs，提供丰富的信息以更好地刻画地表水与地下水相互作用的概念模型，包括流向河流和含水层的水流的停留时间和路径。

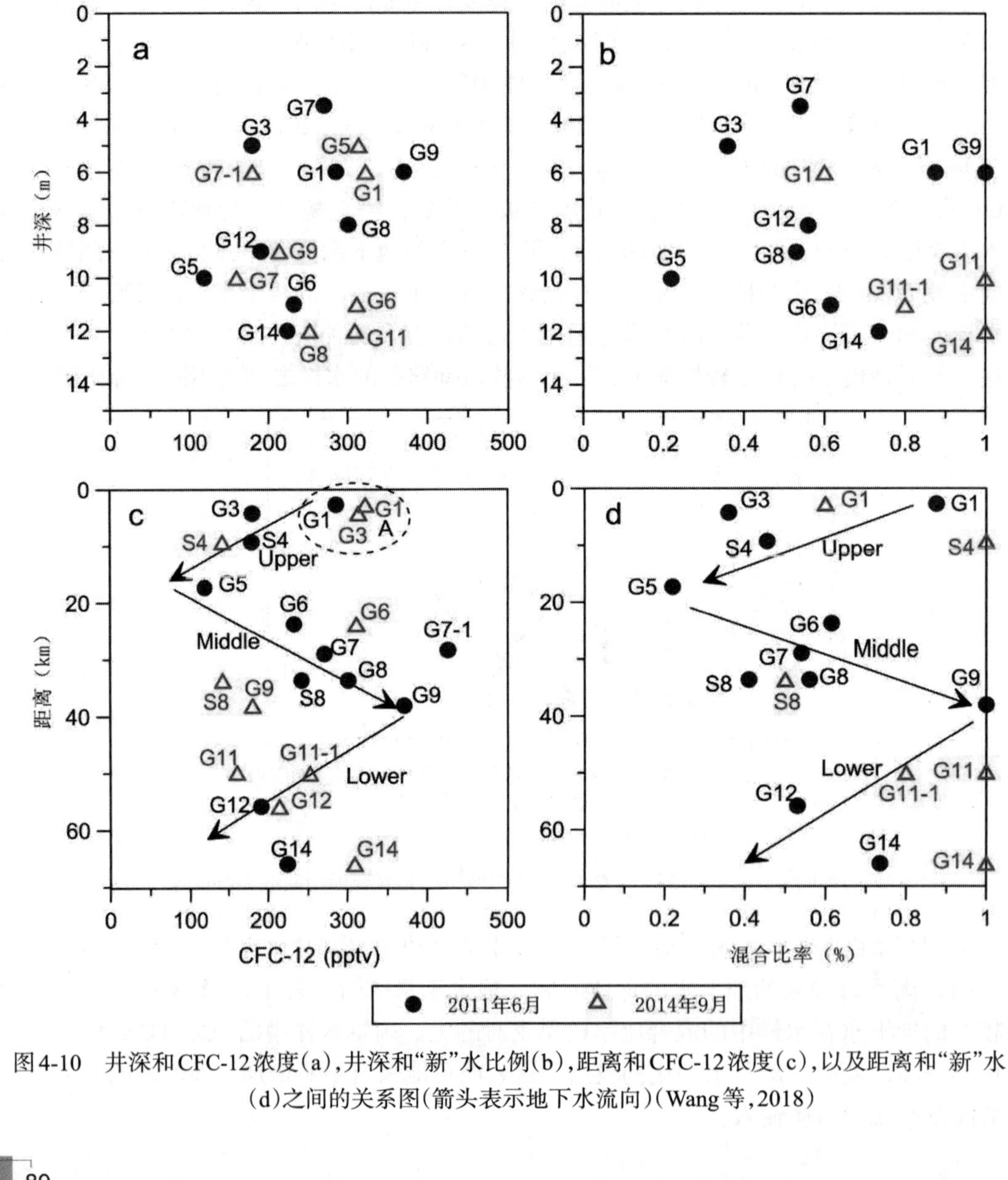

图4-10　井深和CFC-12浓度(a)，井深和“新”水比例(b)，距离和CFC-12浓度(c)，以及距离和“新”水比例(d)之间的关系图(箭头表示地下水流向)(Wang等，2018)

CFCs是通过降水入渗以及河水渗漏进入地下水的。如稳定同位素数据所示（图4-7），降水是该流域内地下水的来源，地下水停留时间通常沿着地下水流动路径而增长。同时，地下水水样的CFC-12浓度和“新”水的比例随井深的变化没有明显的趋势（图4-10a，b）。在沿河谷流动距离增加的方向上，示踪剂浓度变化显示出明显变化趋势（图4-5）。

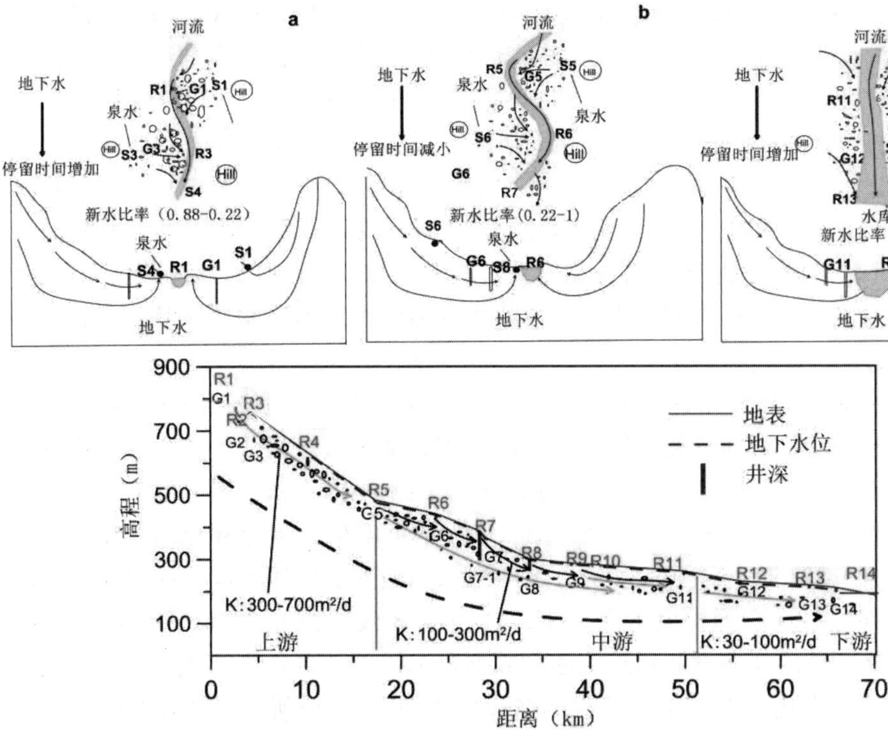

图4-11　地下水概念模型展示了三种地下水沿着流域水力梯度向下流动的情形（Wang等，2018）

上游河段平均高程梯度为12.3‰，水力梯度为12.1‰。图4-11a显示了该河段主要水文过程的概念示意图。河谷冲积含水层的沉积物主要由砾石组成，水力传导系数值较高，除了河谷两侧的山丘有局部地下水流向沙河外，地下水还沿河流流向流动（属于区域地下水流）。随着从采样点G1到G5距离的增加，旱季CFC-12浓度（从351.5 pptv到135.0 pptv）和“新”水比率（从0.95到0.26不等）不断降低。在雨季，地下水中CFC-12的浓度会降低，这可以解释为雨季降水入渗形成的沿“横向”方向（从两侧山坡向河谷）的快速补给的结果。此外，从G1到G4，δ^2H和$\delta^{18}O$的增加值表现出明显的水同位素的“高程效应”，与局部补给相一致（图4-6）。从G1到G5，老水的贡献越来越大，同时EC、TDS和离子浓度也在下降。地下水中稳定同位素、CFC-12浓度和“新”水比率变化没有显示出任何受河水影响的迹象，表明河流处于“得水”状态，获得地下水的泄流补给。

中游河段（从G6至G14）的平均高程梯度降至7.9‰，水力梯度相应降至7.6‰。CFC-12浓度和“新”水的比率从G6增加到G9，然后从G9减少到G12，再从G12增加到G14。这种变化趋势也可以由EC、TDS和Cl^-等参数反映出来（图4-5和图4-10）。流域的排水面积从G6开始明显增加，之后从G9开始再次显著增加。由于山坡陡峭，降水可能通过河谷两侧的活塞流补充地下水。尽管沿河流方向可能有一些地下水输入，但河谷两侧的地下水输入有可能贡献了河流的主要部分，地下水表观年龄没有线性增加以及上述同位素数据支持了这种观点。一个例外出现在采样点G8。G8位于陡峭河谷的冲积沉积物中且靠近河谷边。S8位于G8附近，但更靠近河流。S8中CFC-12和CFC-113的浓度（CFC-12为242.0 pptv，CFC-113为43.6 pptv）与G8的浓度（CFC-12为301.3 pptv，CFC- 113为46.9 pptv）相比较低，表明与地下水相比泉水中来自上游集水区的区域地下水流组分的比率较大。与研究区中游的泉水相比，地下水的EC、TDS、Cl^-和稳定同位素的变化较大（图4-5），这可能与它们有不同的补给水源包括局部地下水系统补给或区域地下水补给有关。

中游的水文过程概念模型如图4-11b所示。随着“新”水比率的增加（从G5的0.26增加到G9的1），地下水中的EC、TDS和Cl^-也增加。我们推测这与灌溉回流水的输入有关，尤其是在雨季。然而，从R6到R7，EC、TDS和Cl^-的值呈现出相反的趋势，尤其是在旱季更明显。河流可能会在这些地点渗漏补给到河流两侧的地下水中，特别是在旱季河流的下游方向位置。

Winter等（1998）报告了山区河流存在的高水力梯度，如果叠加上河床沉积物的粒度较粗的沉积物质地条件，可能导致向河谷下游的强烈的地下水流组分形成，这股水流可能在弯曲河流和河流潜流带之间频繁地发生水量交换。河水可能进入下游的潜流带，成为地下水的一个补给源。因此，该地区地下水中的CFCs浓度增加，最近补充的“新”地下水和较老的水混合在一起，这与该河段沙河存在的河水和地下水之间水量的双向交换一致。

下游河段河谷的平均高程梯度下降至3.2‰，水力梯度下降至3.6‰（图4-10）。山谷和河流的宽度在该区域达到最大。示踪剂浓度数据显示局部地下水流和区域地下水流之间存在混合，且随季节变化。下游水文过程的概念模型如图4-11c所示。尽管受到蒸发灌溉水的入渗的影响，地下水同位素值在一些局部位置出现重同位素富集，下游河流和地下水中同位素值$\delta^{18}O$的相似性表明了地下水和地表水的强连通性。同时，该地区河水水位低于地下水位，表明河流在这里转化为“得水”状态。下游地下水的CFC-12浓度指示出地下水年龄变老，从G9到G12，“新”水的比例从1降低到0.53，然后从G12到G14，从0.53增加到0.74（图4-10b和d）。来自上游的，路径较长的区域地下水流的贡献可以解释“新”水比例的减少；而河水渗漏损失进入含水层（由河谷内地下水的开采活动引起河流渗漏）可以解释这些下游采样点“新”水比例的增加。

结合主要离子、水的稳定同位素和CFCs的浓度，分析了白洋淀流域上游山区河流水源区地表水与地下水的相互作用。结果表明，河水、泉水和地下水联系密切。使用CFC-12和CFC-113的浓度来确定地下水的CFCs表观年龄，证明研究区内主要是现代地下水，沿着两组主要的流动路径流动：（1）从上游山区到下游平原的区域地下水流动路径；（2）从河谷两侧向河流快速输送水的局部地下水流动路径。

地下水在不同季节中新老水混合比例不同，存在地表水和地下水相互作用的时间变化。“老”水主要对应于沿河谷向下游流动的区域地下水流动系统，而“新”水主要与来自河谷两侧山区的局部地下水流动系统相关。后一种机制在雨季似乎更为重要，可解释雨季地下水中“新”水的比例增大；而前者在旱季更为重要。从旱季到雨季，由区域地下水流动系统占优势转向局部地下水流动系统占优势，这种转换导致雨季地下水中离子含量升高，这可能与人为输入有关。

研究区域可分为上、中、下游三个部分，每个部分的河段表现出不同的地下水与地表水相互作用。总的来说，河流主要由地下水补给，地下水年龄沿地下水流动路径增加而增大。同时，河流和灌溉水入渗在局部补给地下水。在一些地区，河谷地下水的开采降低了局部地下水位（例如，沙河中、下游区域）。从旱季区域地下水流动为主转向雨季局部地下水流动为主是一个重要的发现，对流域水资源管理和保护具有重要意义。需要指出，由于山区河水和地下水之间密切且频繁的水量转换，山区流域内河水或地下水的污染将导致整个山区流域水资源的破坏，最终将影响下游作为供水水源的王快水库的水质。

第五章　山前平原地下水的补给

地下水补给量是一个重要的水文参数。含水层尺度的地下水补给估计对于水资源评估是必不可少的（Scanlon和Cook，2002）。近年来，过度增长的人口和气候变化正使世界各地的水资源面临压力。为了满足人类社会和生态系统的需求，含水层的可持续管理需要对地下水补给进行准确估计（Ma等，2009）。

白洋淀流域是缺水地区（Jiang，2009），位于中国最发达的工业区和最大的农业产区之一的华北平原（Sun等，2009）。这很大程度上依赖于地下水的开发提供的保障（Foster等，2004）。为了地下水的可持续发展，很多先前的研究工作对山前平原地下水的补给进行了估算（Chen等，2003；Chen等，2004；Kendy等，2003，2004；Jiang等，2008；Wang，2008；Rohden等，2010）。然而，对于该问题的争议仍然存在。为了更好地确定地下水补给速率，首先要确定含水层的获得补给模式，这通常是准确估算地下水补给的前提。

区域地下水流动系统可能对位于构造发育地区的含水层的补给有很强的影响（Folch和Mas-Pla，2008）。地质构造，尤其是断层，对地下水流动具有重要的控制作用。这同时又使含水层补给变得复杂。断裂带的渗透率结构和相关构型是流体流动的主要控制因素（Caine等，1996）。一方面，在岩石受到拉张的地方，张性断层将趋于开放，允许水流通过；另一方面，在断裂带岩石受到挤压的地方，压性断层将趋于紧密，不允许水流通过（Apaydin，2010）。

构造结构与地下水流动之间的关系是近年来重要的研究方向之一。Bense和Person（2006）发现断层可以在垂直距离为几百米的不同深度的含水层之间形成优先路径。Morgan等（2006）、Sultan等（2007）和Folch等（2008）报道由下层上升的地下水补给上覆含水层。Sultan等（2008）指出导水断层系统为地下水的储存和输送提供了充足的机会。Ayenew等（2008）通过埃塞俄比亚阿瓦什河流域的横向断裂带建立了高原降雨丰沛地区与裂谷底板含水层之间的水力联系。同时，有报道称走滑断层Elmabeli对地下水流量没有影响（Apaydin，2010）。而盆地边界断层在局部起着阻碍流动的作用，可能会进一步减少沿山前补给的地下流径流通量（Chowdhury等，2008）。在白洋淀流域山前平原地区，一条区域正断层被冲洪积物所掩埋，需要明确这条隐伏正断层是否为地下水垂向流动的通道，是否影响了山前平原地下水的补给模式。

第一节 北易水流域和采样分析

一般地，山前倾斜平原接受当地大气降水的入渗补给和山区侧向补给，被认为是白洋淀流域第四系浅层地下水含水系统的主要补给区域。山前倾斜平原主要由进入白洋淀流域的各条河流在出山口形成的冲积扇和洪积扇组成，沉积物颗粒较粗，有利于大气降水和河流的入渗补给，且松散沉积物直接与山区岩体和岩层接触，可直接接受山区以裂隙水为主的地下水补给。此外，太行山山前发育有较多的断裂带，其中包括埋藏于第四系松散沉积物之下的一条隐伏断层。在白洋淀流域内，以北易水流域作为典型研究区，通过多次野外考察采样，获得地下水的水化学与同位素数据，对山前平原孔隙水的补给问题和该隐伏断层的补给意义进行了研究。

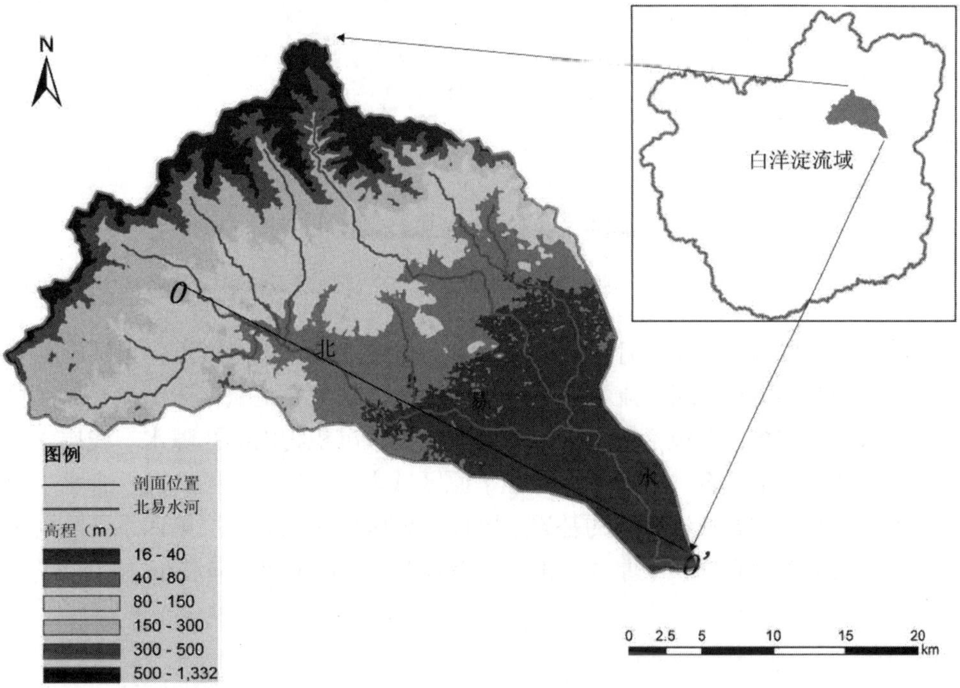

图5-1 北易水流域位置、高程模型以及O-O'剖面位置（DEM数据来自ASTER GDEM）

北易水流域位于大清河水系白洋淀上游，范围介于东经115.20°～115.76°，北纬39.23°～39.56°之间（图5-1）。北易水流域分属易县和定兴县境内，面积约828.24 km²。北易水河发源于易县云蒙山，流经易县后，在定兴县北河店与中易水河汇合，并向东注入拒马河，全长59.2 km。由于上游水库蓄水以及近几十年来降水偏少，目前北易水河上游部分河段常年有水，中游部分河段季节性有水，而下游则常年干涸。北易水流域地处太行山脉北段东麓，由两大地貌类型组成：山区和山前平原区。山区可以进一步划分为山区和丘陵区。山前平原区可以进一步划分为冲洪积扇区和冲积平原区。整个山前平原区平均坡度为2‰。从高程上看，冲积平原区高程低于40 m，冲洪积扇高程介于40～80 m，丘陵区高程低于500 m而山区高程高于500 m。

在山区和丘陵区域，土地覆被土地利用类型主要是林地和草地。植被类型主要有刺槐、油松、侧柏，果树多为柿树、杏树、板栗、枣树、核桃、苹果、桃树等，灌木以胡枝子、荆条、酸枣为主，荒草以白羊草、红山草为主。山前平原区域主要的土地覆被土地利用类型主要是耕地（图5-2）。根据2000年土地覆被土地利用类型数据，耕地面积占北易水流域总面积的54.8%。

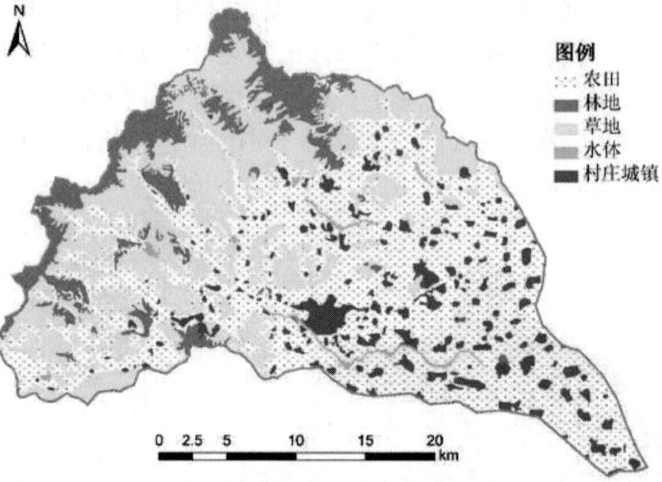

图5-2　北易水流域土地覆被土地利用类型(数据来自中国地球系统科学数据共享网,2000)

该流域山区主要岩石类型有片麻岩和石灰岩，土壤为壤土或沙壤土，土层厚度多为10～50 cm，坡度多为5°～35°之间。流域内第四系浅层地下水主要是赋存于山前平原区松散岩类沉积物的非承压孔隙水，也包括部分沟谷内堆积的松散沉积物内的孔隙水。浅层含水层岩性在冲洪积扇区域主要是砾石、粗砂，在冲积平原区域主要是细砂（图5-3）。含水层厚度小于60 m，下伏由片麻岩和石灰岩构成的基岩。因而，该区域是没有深层第四系孔隙地下水的区域（Zhang等，2009）。在冲积平原区，正断层沿着平行太行山的方向展布（图5-4）。

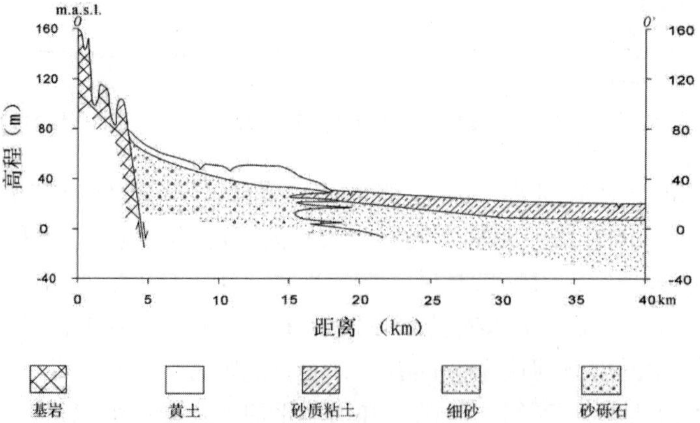

图5-3　北易水流域地质概图(Yuan等,2011)

于2008年3月和9月、2009年6月对北易水流域进行了考察和采样。考察自北易水流域上游旺隆水库开始，沿高程降低的方向，在北易水干流两侧采集了河水、地下水水样。在每个采样点现场取样测定水样温度、pH值、EC值、ORP值等参数。在地下水采样点，详细调查成井情况，地下水利用情况、水位水质变化情况等，并于采样前测量水位埋深。由于北易水河中下游常年干涸，仅在上游和中游部分河段采集到河水水样。中游河段受人类挖河沙影响，地下水渗出在部分河段有水。此外，在崇陵流域采集了2008年到2009年的次降水水样。采样点的分布情况见图5-4。

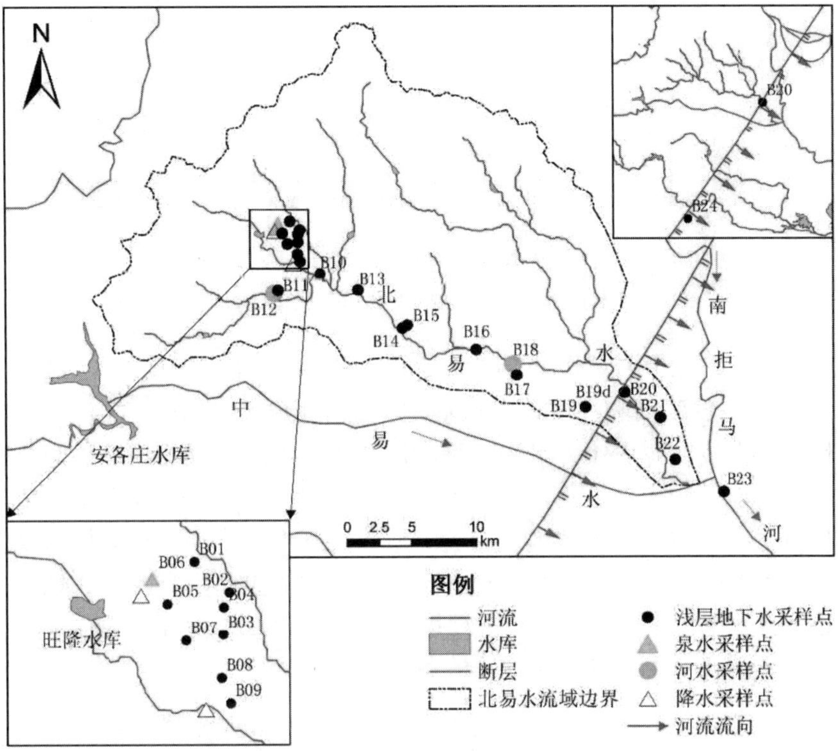

图5-4　北易水流域水系，隐伏断层和采样点分布图（Yuan等，2011）

水样用0.22 μm微孔滤膜过滤后，用离子色谱计（Shimadzu，LC-10A）分析其中常量离子含量。水样中氢氧稳定同位素组成使用同位素质谱仪MAT253（Finnigan，USA），用TC/EA法进行测定。水样的测定工作在中国科学院地理科学与资源研究所理化分析中心完成。

第二节　山前平原浅层地下水水化学特征

冲洪积扇区域和冲积平原区域地下水位埋深和动态变化显著不同（图5-5）。在丘陵区和冲洪积扇区域地下水位平均埋深约4.1m，然而冲积平原区域地下水平均埋深达12.7 m。雨季后，冲洪积扇区域地下水位埋深显著上升，显示出地下水获得快速补给。然而，雨季后冲积平原区域地下水位埋深没有显著的变化。地下水位埋深变化的差别显示出两个区域地下水具有不同的补给机理。

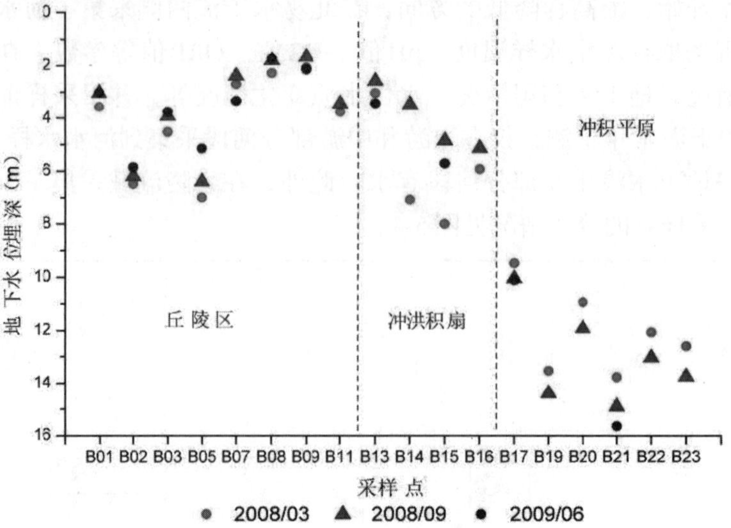

图5-5　各采样点地下水位埋深及其动态变化（Yuan等，2011）

随着气温升高，北易水河水温度从2008年3月的12.3 ℃上升到2008年9月的24.4 ℃。与此同时，丘陵区和冲洪积扇区域地下水平均温度从10.2 ℃上升到16.2 ℃，冲积平原区域地下水温度变幅较小，且出现雨季后地下水温度降低的现象。两个区域地下水温度动态的不同可能是由于地下水补给机理的不同造成的。然而，地下水温度动态既与地下水补给机理有关，也与地下水的埋深有关。所以地下水温度动态只能作为地下水补给机理的辅助证据。特别的是，B09采样点地下水温度变化幅度达12 ℃几乎与地表水温度变化相同。考虑到该采样点距离上游河流仅100 m，地下水位埋深在2 m左右，因此该处地下水可能得到河水的快速入渗补给。

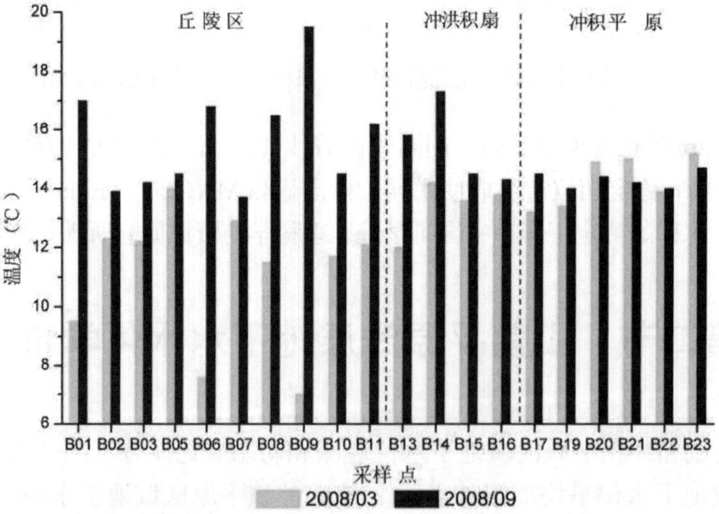

图5-6　2008年3月和9月各采样点地下水温度变化（Yuan等，2011）

各采样点地下水pH值时间、空间变化不大。然而，采样点B11地下水pH值明显低于其他采样点。采样点B11地下水的pH值介于6.99～7.12，平均值为7.04。其余采样点地下水pH值介于7.37～8.40之间，平均值为7.75（标准偏差SD=0.27）。各采样点地下水EC值的时间变化较小。空间上，流域下游的冲积平原区域地下水EC值普遍较流域上游的冲洪积扇区域地下水EC值低。冲洪积扇区域地下水平均EC值为790.2 μS/cm，而冲积平原区域地下水平均EC值为509.2 μS/cm。通常沿着地下水从补给区开始经过径流区到达排泄区的流动方向，随着停留时间增长地下水溶滤的盐分逐渐增多，EC值往往逐渐增高。因此，如果冲积平原区域地下水没有得到降水或者其他地下水系统的大量补给的话，这种现象就是一个反常的现象。特殊的是，采样点B11地下水EC值远高于所有其他采样点地下水EC值。采样点B11地下水平均EC值为2043 μS/cm（SD=137.0 μS/cm），而其他采样点地下水平均EC值为674.5 μS/cm（SD= 169.3 μS/cm）。

除了采样点B21和B23外，其余各采样点地下水处于氧化环境中。采样点B21和B23地下水ORP值分别为137 mV和100 mV，而其余采样点地下水ORP平均值为247 mV（SD=32 mV）。采样点B23位于一饭店内，而B21点位于电焊铺内，旁边也是饭店，因此不能排除地下水受到污染的情况。

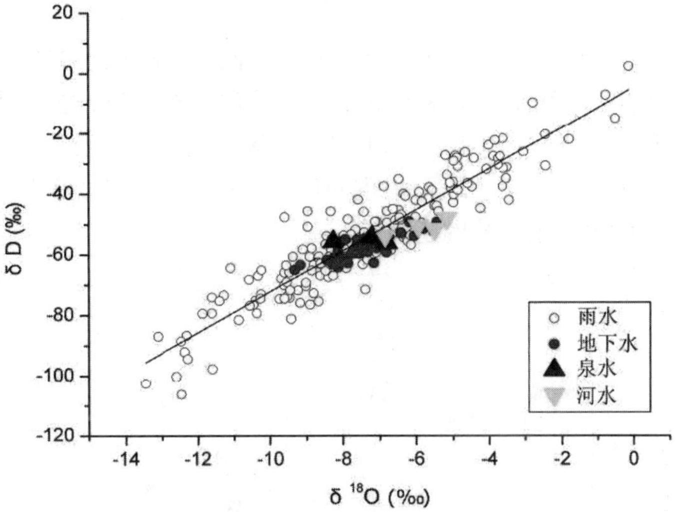

图5-7　北易水流域降水、地下水、泉水和河水δD-δ^{18}O关系（Yuan等，2011）

采样点B06是丘陵区的一处泉水。该泉属于侵蚀下降泉，流量较小但较为稳定，其氢氧稳定同位素平均组成δ^{18}O、δD分别为−7.43‰和−55.3‰，与当地大气降水同位素的平均组成十分接近。各采样点地下水同位素组成集中分布在当地降水线（LMWL）两侧，相比降水同位素组成具有较小的变化范围。同时，没有明显的蒸发趋势（图5-7）。这表明地下水起源于大气降水，且降水入渗补给地下水的速度较快没有经历显著的蒸发。然而，个别靠近河道的采样点地下水同位素组成与河水接近，暗示了存在与地表水体密切的水力联系。北易水河氢氧稳定同位素的千分差δ^{18}O值介于−6.86‰至−5.17‰之间，而δD值介于−53.8‰至−40.0‰之间。由于蒸发分馏作用，地表水体较地下水氢氧稳定同位素组成更加富集重同位素，且下游河水明显较上游河水富集重同位素，并显示出蒸发趋势（图5-7）。这为利用氢氧稳定同位素组成研究地表水与地下水相互作用关系提供可能。

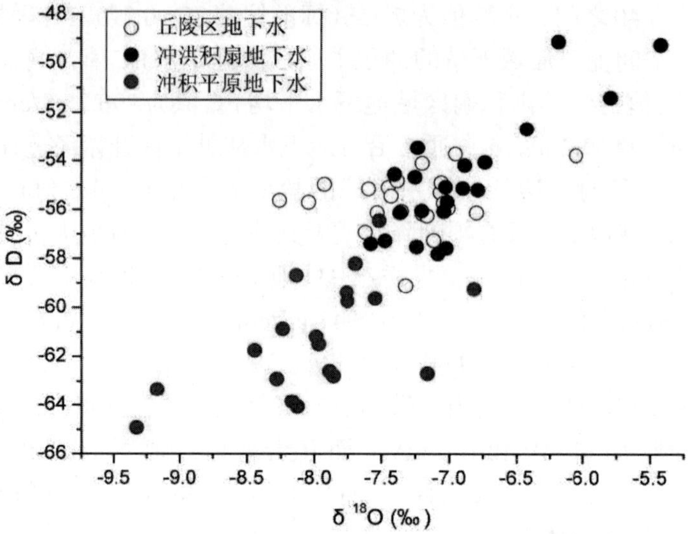

图 5-8　北易水流域地下水δD-δ^{18}O 关系（Yuan 等，2011）

从时间变化来看，2009年5月采集的地下水水样同位素组成较2008年采集的贫化重同位素。这与2009年的大气降水较2008年的贫化重同位素相一致，显示出地下水与降水密切的联系。三次采样的结果表明丘陵区和冲洪积扇区域地下水同位素组成十分接近，而总是相对冲积平原区地下水同位素组成富集重同位素（图5-8）。这表明处于流域下游的冲积平原区地下水存在下伏地下水系统的越流补给。

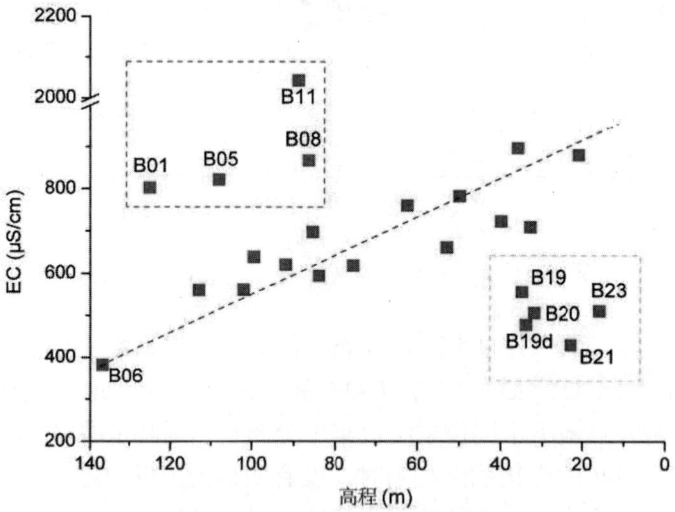

图 5-9　地下水 EC 平均值（虚线显示区域地下水流动系统 EC 值的变化）（Yuan 等，2011）

Aji 等（2008）研究发现白洋淀流域潮白河和永定河流域地下水 EC 值随着高程降低而升高，显示出地下水系统内沿水流的方向水化学发生演化。在北易水流域，地下水 EC 同样具有这种变化趋势（图5-9）。这表明了存在一个区域性的地下水流动系统。然而，在丘陵区部分采样点地下水具有较高的EC值，同时在冲积平原区部分采样点地下水具有较低的EC值。丘陵区微地形十分复杂，地下水流动方向多变导致流动途径长短相差较大。地下水的EC值可以反映地下水溶滤含水介质盐分的多少。径流途径长，则地下水EC值高。因此，丘陵区部分采样点地下水EC值较高。冲积平原区部分地下水中EC值明显偏低，裂隙水平均EC值仅为469 μS/cm左右，脱离了正常的演化趋势，再次暗示了流域下游的冲积平原区地下水存在下伏地下水系统的越流补给。

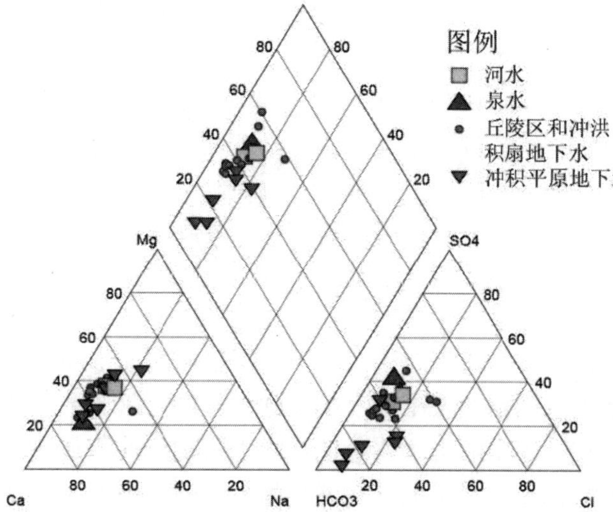

图5-10　北易水流域地下水、河水和泉水主要离子Piper图（Yuan等，2011）

各采样点地下水含盐量都小于1 g/L，属于淡水，主要是HCO_3×SO_4–Ca×Mg水和HCO_3-Ca×Mg水，代表了地下水系统补给区地下水化学特点。然而，流域下游的冲积平原区地下水平均溶解性总固体含量明显小于流域上游冲洪积扇区域地下水的平均值。而且上游丘陵区和冲洪积扇区地下水主要为HCO_3×SO_4–Ca×Mg水，下游冲积平原区地下水主要为HCO_3–Ca×Mg水，与通常的地下水化学类型演化顺序不同。这种水化学演化的异常同样暗示了可能存在混合作用的影响。

人类活动显著地影响了丘陵区和冲洪积扇区地下水水质。Currell等（2010）发现由于大量地施用复合肥料运城盆地浅层地下水中出现高浓度的NO_3^-。在北易水流域的丘陵区和冲洪积扇区地下水接受入渗降水补给。残留在非饱和带内的肥料经过入渗降水的淋溶，使得大量的NO_3^-和K^+被溶解并进入地下水中。因而，丘陵区和冲洪积扇区浅层地下水中有较高浓度的NO_3^-合K^+。山区分布的耕地面积少。这使得接受山区降水补给的裂隙水中NO_3^-和K^+的含量较低。采样点B11地下水中K^+含量为176.4 mg/L是其他采样点地下水平均含量的77倍，其NO_3^-含量为278.9 mg/L超过天然地下水常量离子含量成为最主要的阴离子。该采样点地下水水化学特点表明地下水已经受到人为活动的污染。

第三节　山前平原浅层地下水补给来源与补给机理

地下水氢氧稳定同位素组成表明地下水起源于降水入渗补给。已有的研究（Aji等，2008；Chen等，2004；Li等，2008；Lu等，2008）通常认为山前平原区域是降水入渗补给白洋淀流域第四系浅层地下水的补给区。然而，过去四十年来，整个白洋淀流域为提高粮食产量大量施工机井持续超采地下水进行灌溉。这造成整个白洋淀流域地下水位大幅度下降，包括山前冲积平原区。据了解，1990年左右北易水冲积平原区地下水位约为6 m左右，到了2002年左右水位下降到10 m左右，目前该区域平均地下水位接近13 m。随着非饱和带逐渐增厚，地下水补给条件不断变化，补给区域的范围可能随之发生变化。作为当地大气降水入渗直接补给地下水的区域，地下水位在雨季后必然入渗降水补给，出现大幅度的上升，同时由于雨季正好在夏季，因此地下水接受降水补给后水温也会相应升高。这一情况与丘陵区和冲洪积扇区浅层地下水动态一致。这表明丘陵区和冲洪积扇区浅层地下水接受当地大气降水直接入渗补给。然而，在冲积平原区地下水水位和水温并没有明显的响应，雨季前地下水位甚至略高于雨季后。由于冲积平原区非饱和带较厚，当地大气降水入渗后往往还未到达地下水面就通过土壤水蒸发到大气中。因此，该区域地下水位没有明显地上升以响应雨季出现的集中的降水。当地降水不能构成冲积平原区地下水的主要补给源。雨季后，冲洪积扇前缘地下水位上升幅度最高。冲洪积扇地表坡度较大，地下水往往具有较强的水平径流。然而，冲洪积扇前缘位置含水层的岩性逐渐由砾石、粗砂过渡为细砂，渗透性逐渐降低。因此水平径流的流动受到阻碍，水位埋深出现明显减少。尽管渗透性降低，来自流域上游冲洪积扇区域的侧向地下水径流仍然可以补给下游的冲积平原浅层地下水。

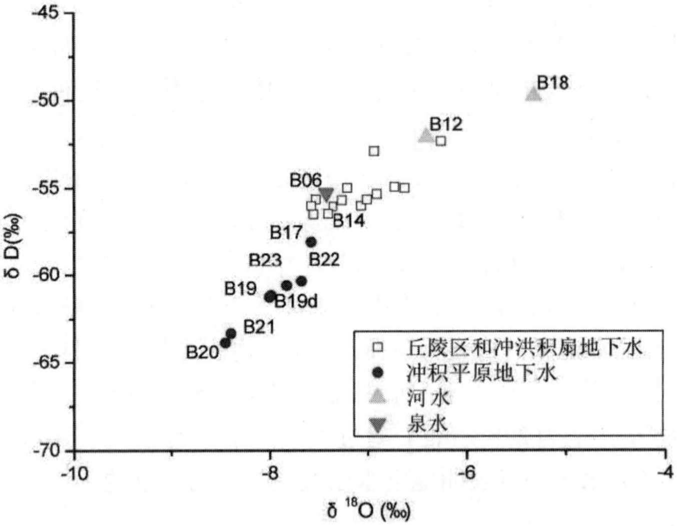

图5-11　不同地貌单元水样氢氧稳定同位素平均组成（Yuan等，2011）

冲积平原区地下水同位素和水化学特点表明该区域地下水接受了来自另一地下水系统的补给。如图5-11所示，冲积平原区各采样点地下水平均同位素组成较丘陵区和冲洪积扇区的贫化重同位素，且基本在一条直线上。这显示出两端元混合的趋势。一个端元来自冲洪积扇区域的侧向径流补给，另一端元为采样点B20，以最为贫化重同位素为特征。采样点B20位于隐伏正断层上方。通常正断层的张性断裂带是导水的。为了证明裂隙含水介质中的深层裂隙水可以通过正断层上升越流补给浅层孔隙含水层，在流域外正断层断裂带上选择采样点B24取样对比。采样点B24为120 m深的机井，该井揭露基岩，格栅安装在井管底部，格栅以上封闭。因此该井所抽取的地下水可以认为是裂隙水。经过对比三次采样同位素分析结果，发现采样点B20地下水和B24地下水同位素组成及动态变化几乎一样。由此可以判断，采样点B20的地下水正是沿正断层张性断裂带越流补给的裂隙水。

由同位素组成特征可知，该裂隙水起源于大气降水。控制整个白洋淀流域大气降水同位素组成的主要地理因子是高程，其同位素高程效应模型为随着高程每增加100 m，降水$\delta^{18}O$贫化0.2‰（Liu等，2010）。利用该区域降水同位素高程模型，通过对比裂隙水（B20）和当地降水平均同位素组成，可以估算裂隙水的补给高程为500 m左右。因此，冲积平原区第四系浅层地下水除了获得上游冲洪积扇区地下水的侧向径流补给外，还得到上游山区入渗降水通过隐伏断层的间接补给。

表5-1　裂隙水混入浅层地下水的比例

编号	δD	$f_{\delta D}$[a]	$\delta^{18}O$	$f_{\delta^{18}O}$[b]	离开断层的距离[c]
	‰	%	‰	%	km
B17	−58.1	36	−7.59	44	−7.63
B19	−61.3	71	−8.01	71	−1.77
B20	−63.9	100	−8.45	100	0
B21	−63.3	94	−8.40	97	3.67
B22	−60.4	61	−7.69	50	6.34
B23	−60.6	64	−7.83	60	10.96

a:用δD进行混合计算的结果；b:用$\delta^{18}O$进行混合计算的结果；c：负值表示在向上游方向，正值表示沿下游方向。

利用两端元同位素混合模型和水同位素数据可以估算出冲积平原区地下水混合比例（表5-1）。冲洪积扇区地下水平均同位素组成和采样点B20地下水平均同位素组成作为两个混合端元（图5-11）。计算结果显示断裂带两侧随着距离增加裂隙水混入的比例减少，而且裂隙水在断裂带下游方向的混合强度明显高于上游方向。这表明裂隙水越流补给进入孔隙含水层后朝上、下游两个方向流动，主要的流动方向与区域地下水流动的下游方向一致。

混合作用影响了冲积平原地下水化学组成。裂隙水主要离子含量较低，尤其是SO_4^{2-}、NO_3^-和K^+（浓度分别为26.6 mg/L、16.8 mg/L和0.8 mg/L）含量大大低于丘陵区和冲洪积扇区的地下水。在冲积平原区裂隙水混入孔隙含水层后，原SO_4^{2-}，NO_3^-和K^+浓度被冲淡而降低至丘陵区和冲洪积扇区地下水的（浓度分别为96.6 mg/L、51.2 mg/L和2.3 mg/L）一半左右。此外，地下水化学类型也由丘陵区和冲洪积扇区的HCO_3×SO_4×Ca×Mg水，变为冲积平原区的HCO_3–Ca×Mg水（图5-10）。在已有的关于白洋淀流域地下水的研究中，通常认为补给区——山前平原地下水主要为HCO_3–Ca×Mg水，然而，在北易水流域山前平原上，裂隙水混入含水层前，地下水主要为HCO_3×SO_4–Ca×Mg水。

冲积平原区地下水水化学显著的变化，表明越流补给进入孔隙含水层的裂隙水具有较大比例。通过地下水中离子的质量平衡可以估算裂隙水的混合比例。通常用于计算的离子是化学性质保守的Cl^-，然而其含量在两个混合端元的差别不大，不利用计算。SO_4^{2-}化学性质也较为保守，仅次于Cl^-。而且地下水的矿化度低于1 g/L，地下水中Ca^{2+}较低（低于140 mg/L），不利于SO_4^{2-}生成沉淀。需要注意的是，采样点B21和B23地下水具有较低的ORP值，地下水的氧化性较弱。因此，需要验证SO_4^{2-}的稳定性。氧化还原电位和酸碱度是决定元素在地下水中存在形式的最主要的影响参数（努纳，2005）。如果氧化还原电位呈强负电性，则称地下水处于还原态，元素将趋向取低离子价。相反，如果氧化还原电位为正，则地下水处于氧化态，元素取高离子价。Eh-pH图是为某一特定元素或元素组合而编制，是评估地下水系统特定Eh和pH条件下某一特定元素或元素组合稳定性的强大工具（努纳，2005）。由图5-12可知，冲积平原区地下水的Eh和pH条件，不利于SO_4^{2-}发生还原。地下水中SO_4^{2-}是稳定的，可以用于估算裂隙水混入的平均比例。

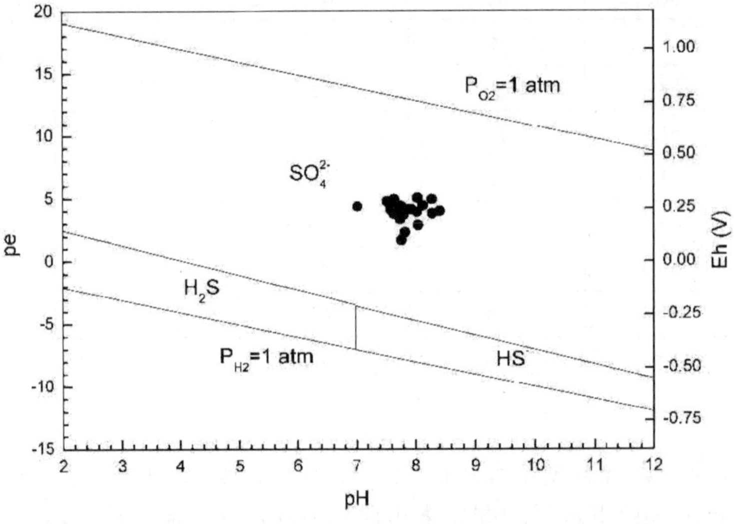

图5-12　S-O_2-H_2O系统pe-pH图(25℃)及冲积平原区浅层地下水水样分布(Yuan等,2011)

采样点B20和冲洪积扇区地下水平均SO_4^{2-}浓度作为两个混合端元的特征值，冲积平原区地下水SO_4^{2-}平均浓度作为混合后的SO_4^{2-}浓度。混合比例计算结果表明，越流补给进入孔隙含水层的裂隙水平均混合比例为77.9%。因此，整个山前平原区域，来自冲洪积扇区域入渗降水直接补给第四系浅层地下水的比例为22.1%，山区降水通过隐伏正断层间接补给的比例为77.91%。这个结果与Chen等（2003）的结果十分接近。

第四节　浅层地下水与河水的相互作用

北易水河在上游山区和丘陵区常年有水，进入冲洪积扇后河水全部渗入河床沉积物中，补给地下水。采样点B09靠近北易水的一条支流旺隆河（图5-4）。该采样点处地下水平均埋深为1.97 m。2008年3月和9月地下水温度变化达12 ℃与河水温度变化几乎一致。采样点B08同样也靠近旺隆河，其离开河水的距离较B09更远，地下水平均埋深为1.94 m，地下水温度变化仅有5 ℃。因此，河道附近浅层地下水可以得到河水的快速入渗补给。

在丘陵区，北易水采样点B12被采集，同时在河边村子内采集到浅层地下水水样B11。采样点B11地下水温度变化仅4.1℃，平均水位埋深为3.61 m。由于受到上游污染，该处地下水水化学特征与河水有十分显著的差异。该处浅层地下水与河水的水力联系较弱。渗入河床沉积物中的河水在冲洪积扇前缘渗出。北易水河在B13采样点附近消失，之后季节性地在采样点B16至B17之间的河道内出现。地下水水样在B14、B16和B17采样点处采集。同时，河水水样在B18处采集。采样点B12和B18处采集的河水水化学组成与冲洪积扇上北易水河边的采样点B14和B16的地下水水化学组成十分接近（图5-13）。而且，在冲洪积扇前缘的采样点B16地下水同位素组成较其他地下水水样明显富集重同位素（平均值$\delta^{18}O$为–6.26‰），与采样点B12处的北易水河水样同位素组成（平均值$\delta^{18}O$为–6.40‰）十分接近。这表明渗入冲洪积扇河床沉积物内的河水向下游流动，由于扇前缘沉积物渗透性降低而溢出，再次形成地表径流。

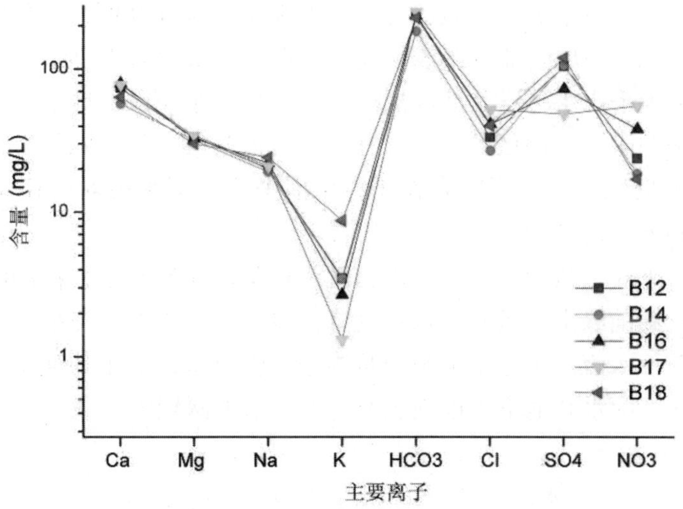

图5-13　部分采样点主要离子含量Fingerprint图（Yuan等，2011）

溢出的河水流入冲积平原后没有补给浅层地下水。采样点B18河水水样和邻近采样点B17地下水水样水化学特点差异显著。采样点B17地下水中SO_4^{2-}离子浓度为河水（采样点B18）的0.4倍，NO_3^-离子浓度为河水的3.3倍。而且，河水中K^+浓度为8.7 mg/L地下水中该离子浓度仅为1.3 mg/L并与冲积平原其余地下水采样点水样接近。同时，地下水B17和河水B18之间同位素组成差异明显。采样点B17地下水平均$\delta^{18}O$为-7.59‰，采样点B18处河水平均$\delta^{18}O$值为-5.33‰。河水经历了明显的蒸发分馏过程，因而同位素组成更加富集重同位素。此外，该区域地下水埋深较大（B17监测点地下水位埋深平均为9.9 m），河水仅是季节性存在且水量较小。因此，冲洪积扇前缘处河水与地下水的力联系十分微弱。

北易水流经易县县城的河段河水断流，杂草丛生，垃圾遍地，污水横流，一度成为“龙须沟”。在“三年大变样，推进城镇化”的热潮中，易县对昔日满目疮痍、污水横流的北易水河进行综合治理。工程规划总投资1.3亿元，规划治理全长5.7 km。一期工程总长1240 m，投资3000万元。流经县城的河段内安装了两座橡胶坝并实现蓄水。然而，该河段上游仍然是干涸的，该河段实质上被改造成小型的人工湖。由于河道已做防渗工程，河水渗漏补给到地下水的水量十分有限。

本章以北易水流域山前倾斜平原为典型研究区域，通过地下水同位素和主要离子组成讨论了平原区隐伏断层对浅层地下水系统补给和水化学特征的影响。研究结果表明平原区隐伏断层对浅层地下水系统产生了重要的影响。

山前平原浅层地下水除了接受当地降水入渗形成的直接补给和山前侧向径流补给外，还受到深层裂隙水的间接补给。山前倾斜平原两大地貌单元冲洪积扇和冲积平原地下水的补给机理不同。冲洪积扇区域地下水接受当地降水入渗补给和山前侧向径流补给。冲积平原区域地下水接受来自冲洪积扇区域地下水的侧向补给和深层裂隙水的越流补给。深层裂隙水起源于平均高程为500 m的山区降水。平原区的隐伏正断层构成了裂隙水越流补给的通道。裂隙水进入孔隙含水层后向断裂带两侧流动，其混合比例随着离开断裂带的距离增加而降低。在与区域地下水流向一致的方向上裂隙水影响程度更大。总体上，冲积平原区域深层裂隙水通过隐伏断层越流补给浅层地下水占的比重约为77.9%。

冲洪积扇区域地下水水化学是溶滤成因的，而冲积平原区域地下水水化学是混合成因的。裂缝水主要来源于上游山区的降水，其主要特征是氢、氧重同位素组成贫化，主要离子特别是硫酸盐浓度较低。由于混合作用，山前平原地下水逐渐由$HCO_3 \times SO_4-Ca \times Mg$水变为$HCO_3-Ca \times Mg$水。

北易水河近年来流量减少，只在上游山区和丘陵区常年有水，在冲洪积扇区域河水全部渗入河床中。在扇前缘由于沉积物渗透性降低以及河道内的人工挖沙，河水溢出，并在部分河段形成季节性水流。由于水流较小且为季节性有水，溢出的河水无法补给到浅层地下水。沿下游方向，河水和地下水逐渐脱节，地下水埋深较大。

第六章　平原区降水对地下水的补给

白洋淀流域所处的华北平原人均可用水量为335 m³/a，仅为世界平均水平的1/24（Xia，2002），是一个十分缺水的地区（Varis和Vakkilainen，2001）。这里同时也是全国农业最高产地区之一，年小麦产量占全国小麦产量的69%，年玉米产量占全国玉米产量的35%（Mo等，2009）。根据冬小麦—夏玉米两熟制的多年蒸散观测，年农业用水量约为800～900 mm（Liu等，2002）。然而，该区域年降水量只有400～600 mm，因此地下水被过度抽取来弥补降水不足，以维持农作物高产。长期过量抽取地下水的结果是浅层和深层含水层都出现了地下水的枯竭。Liu等（2001）认为，华北平原整体上非承压含水层的平均地下水位埋深从1983年的7.2 m增加到1993年的11.5 m，平均地下水位每年下降0.43 m。地下水位的持续下降是地下水收支不平衡的结果。为了合理保护和利用平原区地下水资源，我们必须深入了解地下水补给的速率和历史变化。

先前的研究对平原区非承压含水层补给率的估算有相当大的差异。根据山前平原地区的水平衡模型估算，非承压含水层获得的垂向直接入渗的补给速率约为40 mm/a（Chen等，2003）。而Rohden等（2010）根据非承压水的^{3}H-^{3}He年龄得到的有效补给率约为300 mm/a，主要是由于降水和灌溉水的入渗形成的补给。Kendy等（2003，2004）基于土壤水分平衡模型发现补给率在50～1090 mm/a之间，补给量的大小变化取决于降水量和灌溉量的变化。Wang等（2008）采用氚和溴示踪法测定了农田的补给速率，结果表明不同灌溉方式下垂向补给速率为60～400 mm/a。此外，另一项研究表明，在充分灌溉条件下深层土壤水分渗透率通常可达200 mm/a（Jiang等，2008）。综上所述，已有研究得到的补给速率差异明显，这主要与灌溉的差异有关。需要指出，该区域普遍采用机井抽取地下水灌溉农田，由灌溉水入渗形成的补给量不属于含水层水量更新的部分。降水入渗形成的含水层直接补给属于含水层每年可以得到动态更新的部分。然而，仅由入渗降水引起的自然补给速率和历史变化尚不清楚。同时，在农田广泛分布的华北平原地区如何获取到不受灌溉水入渗影响的降水入渗补给速率也是一个挑战。

第一节　区域降水特征

通过中国气象局国家气象信息中心的中国气象科学数据共享服务网（China Meteorological Data Sharing Service System，http：//cdc.cma.gov.cn/），搜集了保定市（台站编号：54602）1955年—2009年年、月、日的降水量、气温等基础气象数据。此外，我们还收集到1966年—2002年易县气象站实测逐月降水量、蒸发量和月平均气温等基础气象数据。中国科学院地理科学与资源研究所设立在崇陵实验流域的气象观测场实测了2004年以来降水量、蒸发量等气象数据。同时收集了崇陵流域历史气象资料。收集并分析了实验流域2004、2005和2008、2009年次降水水样氢氧稳定同位素组成。收集了IAEA设立的GNIP（全球大气降水同位素观测网）中石家庄站（WMO编号：5369800）实测的1985—2003年月降水同位素值。石家庄位于保定市西南130 km左右的山前平原，紧邻研究区域白洋淀流域。石家庄站实测的月大气降水同位素组成变化可以近似地反映白洋淀流域的降水同位素变化情况。

易县和保定市降水量数据分别反映了研究区域白洋淀流域山前区域和中部平原区域的降水特征。从多年年降水量资料分析可知，易县多年平均年降水量为558 mm，较保定市多27 mm。年降水量变差系数分别为0.32和0.38。总体上，白洋淀流域平原区年降水量及其变差系数相近。山前平原降水略多于中部，同时山前平原降水的变差系数相对较低。根据实测观测序列得到保定市和易县年降水量皮尔逊-Ⅲ型频率曲线，以及不同降水保证率下（25%、50%和75%）对应的年降水量值。2008年和2009年保定市年降水量分别为564.3 mm和476.9 mm。从频率曲线统计结果来看，研究时段属于平水年（图6-1）。

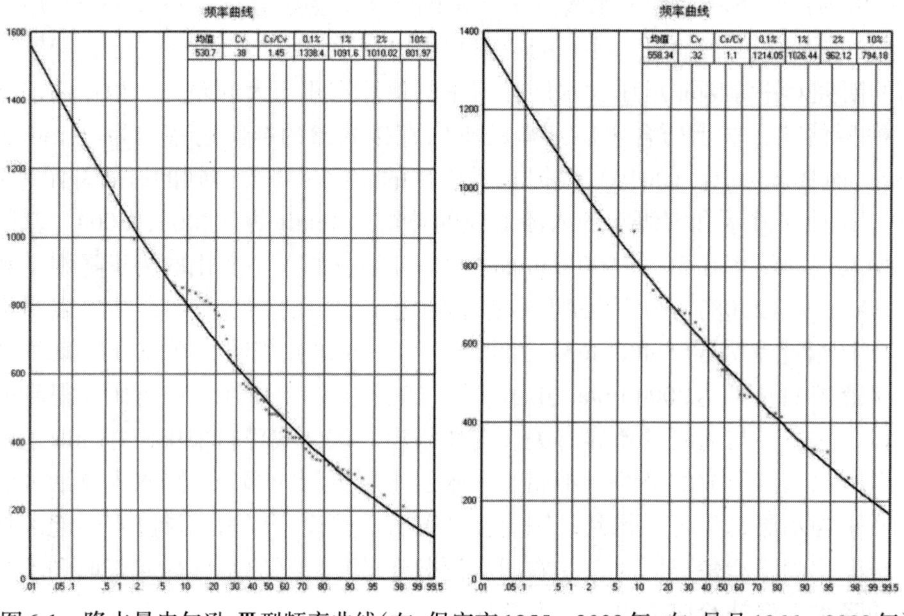

图6-1　降水量皮尔逊-Ⅲ型频率曲线(左:保定市1955—2009年,右:易县1966—2002年)

保定市和易县历年年降水距平百分率如图6-2所示。对1966—2002年的数据进行统计分析发现，两者在1%的显著性水平上相关，相关系数为0.87。据此推测整个白洋淀流域从山前平原到中部平原年降水量具有近乎一致的年际变化规律。白洋淀流域年内降水主要集中在雨季（6—9月）。易县、保定气象台站实测多年平均月降水量变化显示出一致的规律性，即年内降水主要集中在雨季。根据易县1966—2002年以及保定市1955—2009年月平均降水量数据计算出雨季降水占全年降水的比重分别为80.8%和80.2%，显示出明显的受季风控制的气候特点。因此从多年平均的情况来看，白洋淀流域雨季降水（6—9月）集中了全年降水的80%。2008年保定市气象台站实测年降水量为563.4 mm，雨季降水量占80%；2009年保定市气象台站实测年降水量为476.9 mm，雨季降水量占85%。

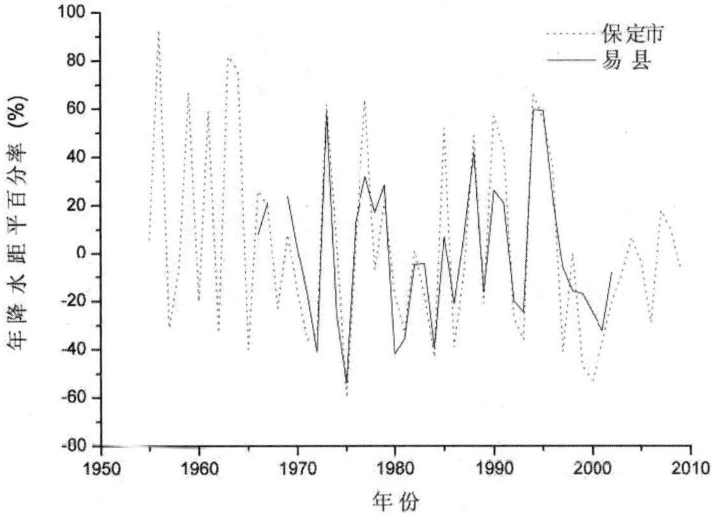

图6-2　保定市和易县历年年降水距平百分率

白洋淀流域主要的降雨类型为小雨。一个水文年内白洋淀流域发生降水的天数约为60天左右，其中70%以上为小雨。进入雨季，中雨和大雨逐渐增多，甚至出现暴雨。2008和2009年没有出现暴雨以上的降雨。2009年降雪较多，这对当地普遍种植的冬小麦的稳产有利。从降水量来看，中雨对白洋淀流域总降水量的贡献最大。白洋淀流域2008年和2009年的总降水量中，暴雨占11.7%，大雨占26.6%，中雨占36.8%，小雨占22.7%，另外2.3%是降雪。中雨和大雨合计贡献了63.4%的总降水量（图6-3和图6-4）。

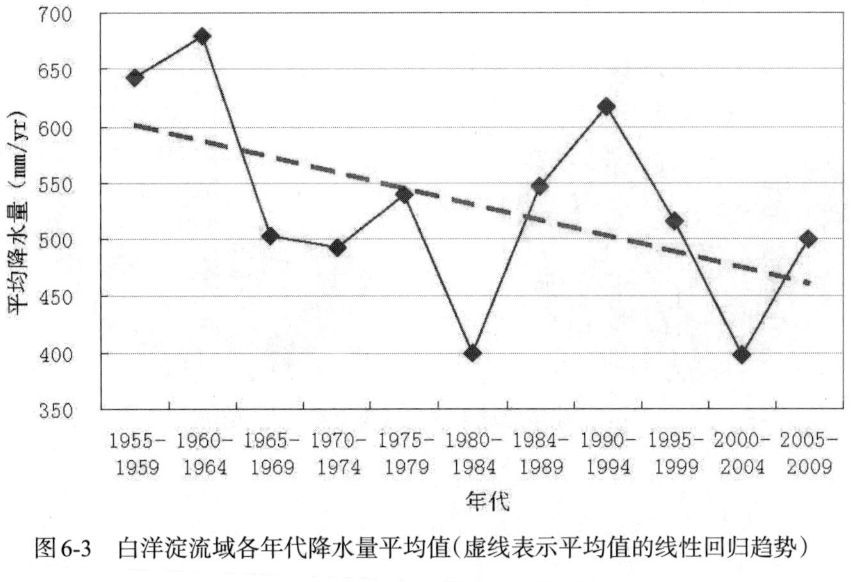

图6-3　白洋淀流域各年代降水量平均值(虚线表示平均值的线性回归趋势)

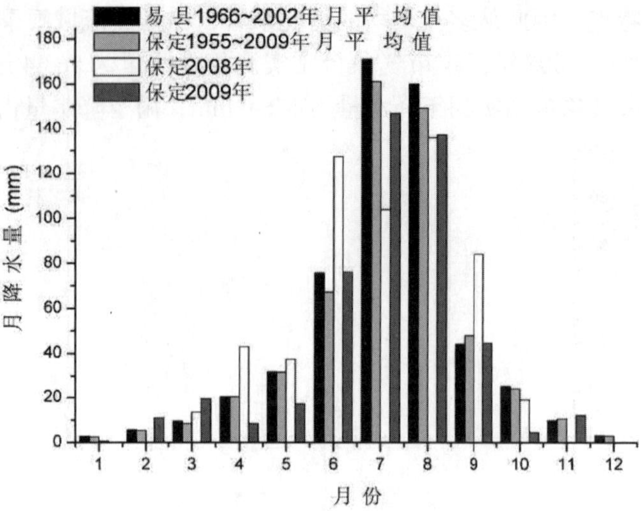

图6-4　白洋淀流域月降水量

为了弄清楚补给水对地下水化学性质的影响，需要了解大气降水的化学成分。降水中含有天然成分和工业成分。降水的主要天然成分是Na和Cl等元素，其含量随着离海岸的距离增加而减少。例如，在荷兰，沿海地区最高氯浓度可达30 mg/L，而在离岸100 km左右的内陆，氯的浓度降低至3～4 mg/L。降水中的工业成分与重工业、化学工业和采矿作业有关。特别是S与N元素的浓度可能很大（图6-5）。这些物质使降水变成酸性，并影响地下水系统的溶解过程。另一方面，当工业行为（水泥工业）或挖掘作业将方解石暴露到大气中时，降水的硬度增加，且降水以碱性条件为主。大气气流能轻易地将工业产物传播到很远的地方（努纳，2005）。在所有天然水中，矿化度和化学成分随时间和空间变化得最大最快的是大气降水。虽然如此，降水的成分还是代表了地区的一般特性，并反映了它的地理景观类型（李学礼，1986）。

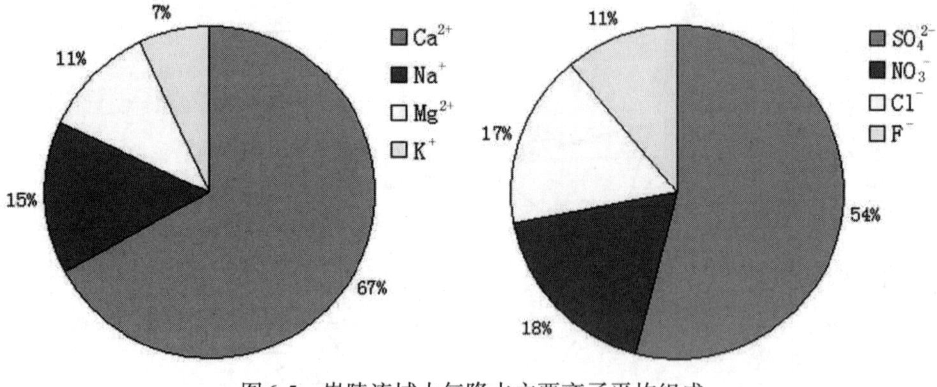

图6-5　崇陵流域大气降水主要离子平均组成

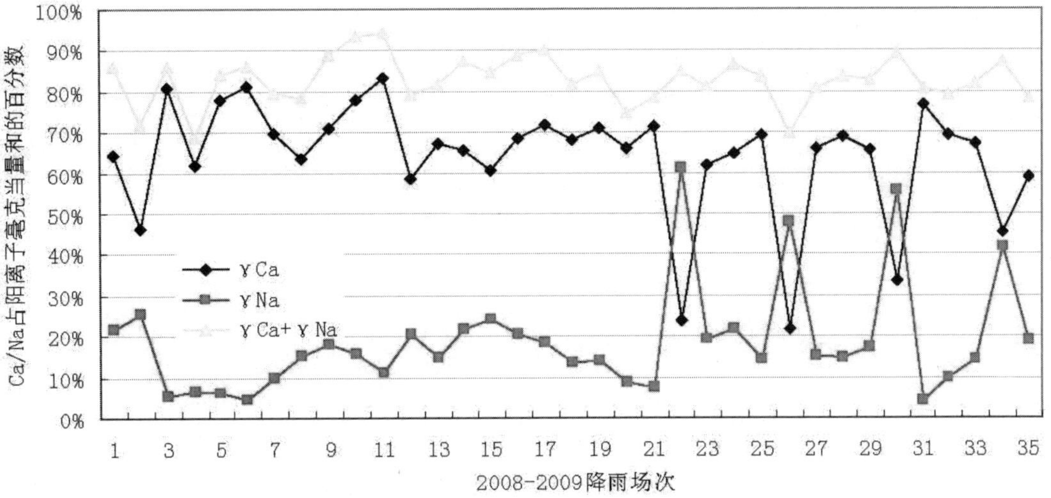

图6-6　场次降水γCa、γNa、γCa+γNa离子含量变化

崇陵流域大气降水矿化度很低，相对而言酸性较强。2008、2009年降水水化学分析结果表明降雨量加权平均矿化度为22 mg/L左右。大气降水中阳离子以Ca^{2+}为主，占阳离子毫克当量的67%，其次为Na^{+}。这表明大气中区域性灰尘是降水化学成分的主要来源，其次为大气中的海盐颗粒。大气降水中K^{+}的富集主要由于生物作用。整个流域林地面积占全流域的42.2%，主要树种是油松、侧柏、洋槐和杨树，同时还有成片的果园，多为苹果、桃和梨树。大气中K^{+}主要来自含植物残骸成因的尘土。大气降水中含量最多的阴离子是SO_4^{2-}约占阴离子毫克当量的54%（没有滴定HCO_3^-，通过离子平衡推算得到的HCO_3^-含量不高），其次为NO_3^-和Cl^-。SO_4^{2-}和NO_3^-主要来源于化石燃料燃烧，这与我国北方以煤炭为主的燃料利用结构有关。Cl^-主要来源于大气中海盐颗粒输入，由于研究区离海洋较近（约200 km），所以Cl^-含量较高。通过对大气降水主要离子的分析，可知大气降水具有使各种元素在水中大量积累起来的能力。降水化学成分中Ca和Na的组成在总体上基本稳定。2008、2009年降水统计结果表明，γCa与γNa占阳离子毫克当量百分数的平均值为82%，变幅不大。γCa占阳离子毫克当量百分数围绕67%上、下波动，γNa占阳离子毫克当量百分数围绕15%上、下波动。稳定的化学组成反映了降水化学组分来源和构成的一致性，即主要来源于区域性大气灰尘和海盐颗粒的输入，并以大气灰尘为主（图6-6）。

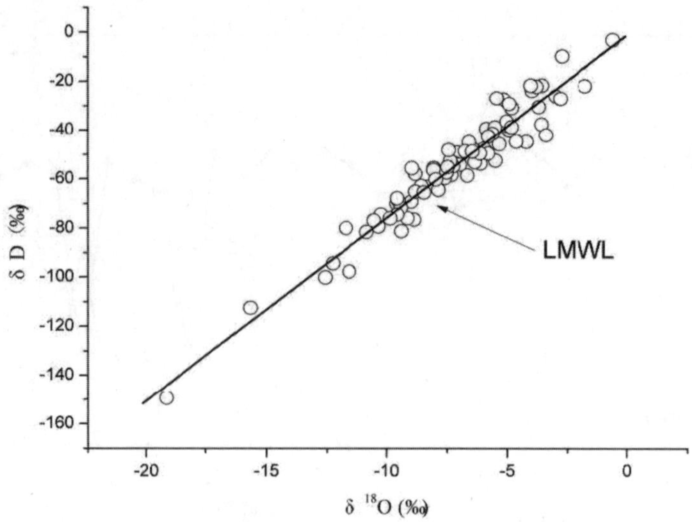

图6-7　崇陵流域大气降水δD-δ^{18}O关系和当地大气降水线(LMWL)

在崇陵流域取得2008年和2009年次降水水样共86个，其中降雨水样82个，降雪样品4个。2008年冬季降雪极少，没有采集到样品。2009年冬季对四次较大的降雪进行采样。大气降水氢氧稳定同位素测定结果表明，$\delta^{18}O$值介于0.66‰～-19.15‰，δD值介于－3.1‰～-149.5‰（图6-7）。氢氧稳定同位素的年加权平均值$\delta^{18}O$为－8.5‰，δD为－64‰，其中降雨中同位素δ^{18}O和δD的降水量加权平均值分别为-7.6‰和-57‰，降雪中同位素$\delta^{18}O$和δD的降水量加权平均值分别为-13.2‰和-92‰。根据测定结果，通过现行回归方法得到当地大气降水线（LMWL）：$\delta D = 7.5\delta^{18}O - 0.4$（$R^2 = 0.93$，$n = 86$）崇陵流域大气降水同位素组成代表了地下水直接降水入渗补给部分的水同位素特征。崇陵流域位于白洋淀流域内山区和平原区的交界线上，紧邻山前平原并与其有相似的高程。山前平原区域被认为是整个华北平原巨型第四系含水层组的补给区。当地的大气降水是主要的补给源之一。因此，崇陵流域的大气降水同位素组成特征代表了补给浅层地下水的直接入渗降水的同位素特征。

第二节　降水入渗补给速率

白洋淀流域的平原部分属于华北平原。华北平原的中部冲积平原被认为是连接整个第四系地下水流动系统补给区和排泄区的中间区域。中部平原浅层地下水主要的补给来源是上游的侧向补给。近几十年来，由于华北平原农业生产大量开采浅层地下水，造成地下水水位整体大幅度持续下降，非饱和带厚度逐渐增加。这造成中部平原获得的侧向补给减少。在这种情形下，大气降水入渗补给量的研究变得愈发重要。

尽管有多种方法可用于定量研究降水入渗补给量，当降水入渗补给速率较低时基于非饱和带研究的氯离子质量平衡法（CMB）是应用最广泛的定量研究方法（Scanlon等，

2002)。CMB法是最为简单，最为经济，并且最为有效的定量干旱、半干旱区域降水入渗补给的方法之一（Allison等，1994）。非饱和带不仅包含了用于定量降水入渗补给速率的信息，还包含了补给速率历史变化的信息（Cook等，1992），应用CMB法可以得到几十年至几千年时间尺度上地下水补给的估算结果（Scanlon等，2006）。此外，CMB法还应用于土地覆被和土地利用类型变化的研究（Scanlon等，2007； Radford等，2009）。目前，CMB法已经在世界各地得到广泛的应用（Allison和Hughes，1978； Edmunds和Walton，1980； Edmunds等，2006； Gates等，2008a； Gates等，2008b； Gates等，2008c； Ma等，2009b； Scanlon，1992； Sibanda等，2009）。农田和城镇是中部平原土地利用的主要类型。为了获得不受农业灌溉和其他人类活动干扰的大气降水直接入渗补给地下水的数量，选取北易水河下游干涸河床作为研究区域。通过干河床非饱和带土壤水的$\delta^{18}O$和Cl^-剖面，应用非饱和带的氯离子质量平衡法来研究大气降水入渗补给地下水的速率，并推算其历史变化。

北易水河发源于云蒙山，汇入南拒马河，属于海河流域大清河水系，全长59 km。自从20世纪60年代开始至今，海河流域上游共修建了1649个大小水库。这些水库控制了海河水系约83.5%的径流量。此外，自20世纪60年代开始，华北平原气候逐渐趋于干旱，降水量出现逐年减少的趋势。因此，华北平原绝大多数河流由开始的流量减少，逐渐转变为人工季节性河流，最终干涸断流。北易水河在20世纪60年代末成为人工季节性河流，自70年代末开始下游和中游河道常年干涸。北易水河下游属于中部冲积平原，地表高程小于30 m，地形平坦。下游河道基本没有受到人类活动的影响，是理想的实验场地。

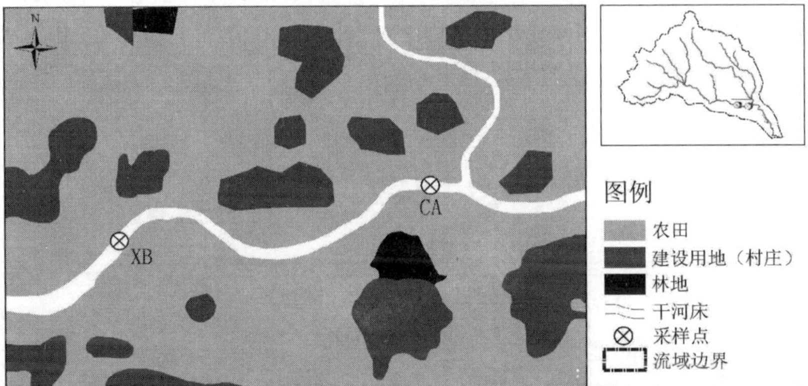

图6-8　北易水下游干河床钻孔位置

在下游干河床内选取两个采样点，分别标记为XB和CA，两个采样点间相距约5 km（图6-8）。河床内的植被主要是杂草。河道附近地下水水位埋深约9 m。在每个采样点用土钻（Eijkelkamp，Holland）自地表开始，向下每隔25 cm采集一份土样。在每个深度上采集到的土样，一部分迅速用已知重量的铝盒封装并称重，带回实验室测定重量含水率。另一部分用4 mL棕色玻璃瓶装两份，盖紧盖子，用Parafilm膜密封，并立即冷藏，带回实验室测定其土壤含水率组成。剩下的土样用自封袋装好，用于测定土壤水氯离子含量和测定土壤机械组成。采样深度以接近地下水面为止。在XB采样点钻孔采样深度为4.5 m，在CA采样点钻孔采样深度为6.0 m。 土样重量含水率用烘干法测定。在野外采集土样时，将样品装入已知重量为W的铝盒，现场称量出铝盒加湿土的质量$W_{湿}$。在实验室内，揭开铝盒盖，放入烘箱中，在105～110 ℃下烘至恒重（约48 h）。从烘箱中取出铝盒，盖好盒盖，在干燥器内冷却后，在天平上称重，即铝盒加烘干土的重量$W_{干}$。结果计算：土样重量含水量%=($W_{湿}$–$W_{干}$)/($W_{干}$–W)×100%。式中，W湿——湿土和铝盒重g；$W_{干}$——干土和铝盒重g；W——铝盒重g。 土壤水氯离子通过土壤溶滤法提取。取土壤样品，分散平铺，放置在阴凉、通风处使其自然风干。风干土用研钵研细，过200目筛子。准确称量筛后土壤样品50 g，按1：5的比例与蒸馏水混合，再置于恒温振荡器内充分振荡约2 h，并静置过夜。用离心机分离得到上层清液，取上层清液用0.22 μm微孔滤膜过滤得到待测水样。水样用离子色谱计（Shimadzu，LC-10A）分析其中氯离子含量。

土壤水的提取利用低温真空蒸馏法（Ehleringer和Osmond，1989）。图6-9为自制的蒸馏装置示意图，共由五组蒸馏装置组成。在每组装置中，有两个玻璃管分别与真空抽提管相连接。先将抽提样品放在其中一个玻璃管内并放入液氮中冷冻5～10 min（防止抽真空过程中水分损失），对两个玻璃管组成的U型装置抽真空至管内真空度为100 Pa左右，然后关闭阀门组成封闭系统。将装有样品的玻璃管加热至90 ºC蒸发水汽，同时将另一玻璃管放入液氮降温以冷凝收集水分。根据样品含水量的不同，抽提时间需要30～90 min不等。将经过蒸馏提取后的样品放入烘箱中在105 ºC下烘干48 h，并称重，计算其重量含水率并与先前用铝盒内样品测定的结果对比，若样品的抽提误差都在5%以内，则认为土壤水分抽提完全，可以合理地忽略抽提过程水中同位素的分馏。提取的土壤水中氢氧稳定同位素组成用同位素质谱仪MAT253 （Finnigan，USA），用TC/EA法对所采集水样进行测定。

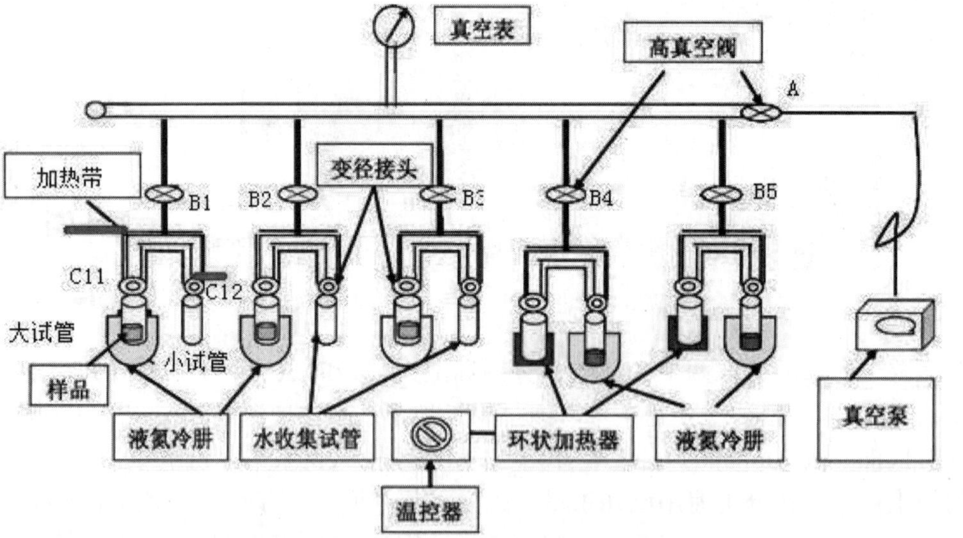

图6-9　土壤水低温真空蒸馏装置示意图

土样样品机械组成测定利用激光粒度仪（Mastersize 2000）进行。称取风干后的土样用2 mm孔径土壤筛过筛，筛上土样称重；取少量筛下样品均匀放入烧杯中，浸泡10%的双氧水以除掉里面的有机物，在通风橱内加热进行；浸10%盐酸10 ml左右以除去里面的碳酸盐；加水浸泡3～4 d，每日换水洗掉里面的盐酸；加5%的偏磷酸钠20 ml，对土壤颗粒起分散作用；利用激光粒度仪测量土壤粒径大小。

通常，非饱和带土壤表层存在土壤水混合带，而在均匀介质中土壤水在混合带以下主要以活塞流形式向下运动。混合带内土壤水经受了较为强烈的蒸发作用，同时由于大孔隙、干裂隙等存在，优先流是混合带内土壤水的主要运动形式。在北易水干河床，地表主要生长大量的杂草。通过观察剖面土样样品，发现杂草的根系主要分布在20～30 cm深度以内。植物根系的存在证明该层内存在土壤水的优先流。然而，该区域雨季集中的降水有可能使得混合带的深度超过植物根系分布深度。另一方面，根据调查，该区域在采样前较长时间内没有降水。在XB和CA采样点土样重量含水率剖面显示出含水率从地表到1.5 m深度处呈逐渐递增的趋势（图6-10）。同时，1.5 m处的土壤含水率与其下土壤平均含水率值十分接近。这表明1.5 m以上土壤水受到蒸发的显著影响。而该深度以下土壤含水率变化没有上述的规律性，表明蒸发作用已经不是控制土壤水含水率的主要因素，含水率的变化很可能主要受土壤岩性的控制。因此，可以认为干河床非饱和带土壤水混合层的厚度为1.5 m，而且在混合层内土壤水优先流和土壤水蒸发较为明显。

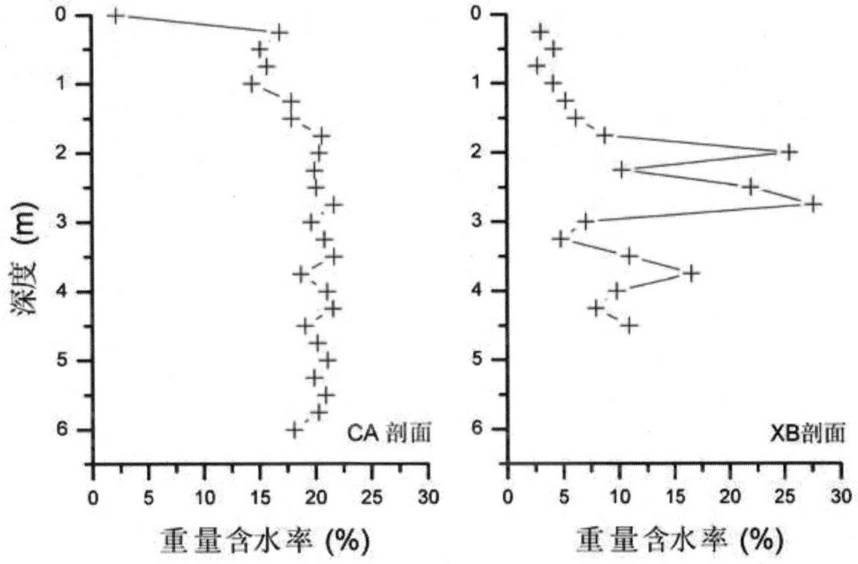

图6-10　土壤重量含水率剖面

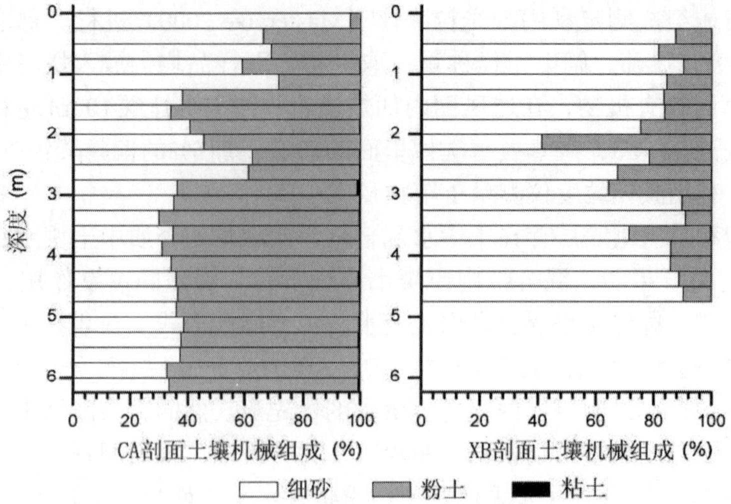

图6-11 土壤机械组成

在均匀介质中，例如，砂层和细粒沉积物，土壤水的流动可以认为是活塞流。两个钻孔的土壤机械组成分析结果表明，干河床非饱和带的沉积物较为均匀，在XB采样点主要是砂壤土，在CA采样点主要是粉砂壤土（图6-11）。因此，混合带以下土壤水的运动应该主要是以活塞流的形式存在。由于受到蒸发的影响，随入渗降水进入非饱和带内的盐分易于积累在表层。两个采样点Cl^-剖面也显示出地表氯离子含量的最大值。在XB采样点氯离子含量峰值为2295 mg/L，在CA采样点为2178 mg/L。在混合带以下（在XB剖面深度2～4.5 m间，在CA剖面深度1.5～4m间），Cl^-剖面形态近乎一致（图6-12），这很好地证明了混合带以下土壤水向下运动以活塞流形式为主。

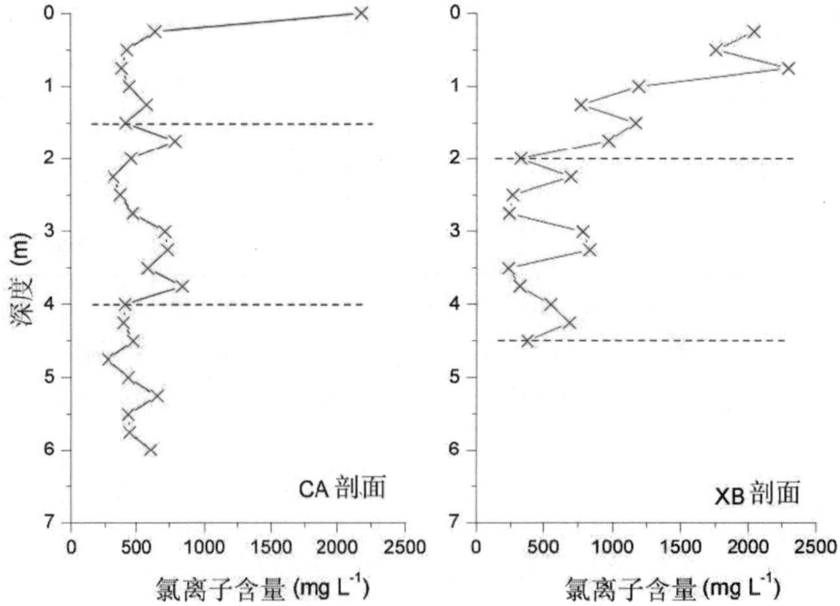

图6-12 土壤水Cl^-剖面

两个剖面部分重量含水率较低的土样的土壤水样品没有提取成功。已提取的土壤水氢氧稳定同位素测定结果表明，δ^{18}O值介于–3.71‰～–9.31‰，，δD值介于–36.5‰～–69.0‰。在δ^{18}O-δD关系图上，土壤水落于当地大气降水线附近，表明土壤水的大气降水起源（图6-13）。而且，相对于次降水同位素组成，土壤水分布十分集中且靠近降水年加权平均值，这表明土壤水是不同场次降水混合而成的。同时，土壤水分布在大气降水线右下方且显示出经历蒸发的特点。据此，通过回归方法得到当地土壤水的蒸发线（LEL）为δD = 4.3δ^{18}O – 26.3（R^2 = 0.68，n = 38）。LMWL和LEL的交点显示了形成土壤水的大气降水同位素组成特点。该交点落在降雨加权平均值和年降水加权平均值之间，靠近降雨平均值而远离降雪平均值。这表明土壤水主要来源于入渗的降雨。

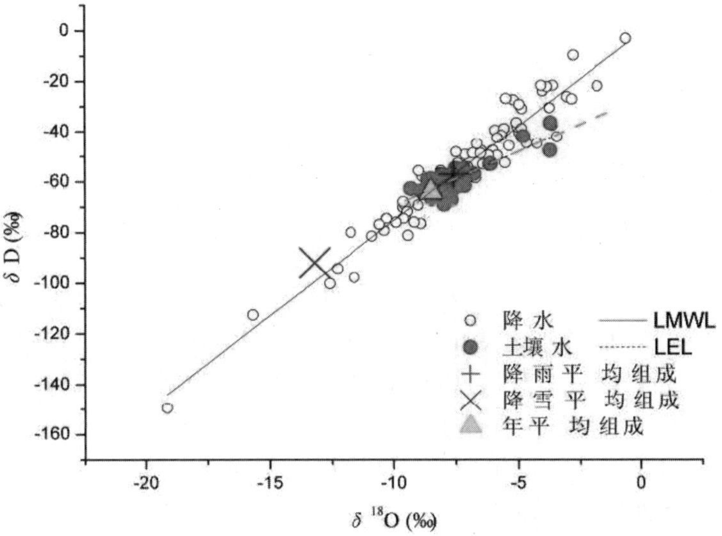

图6-13　大气降水、土壤水δD-δ^{18}O关系图

基于土壤水δ^{18}O剖面，结合已有的分析结果，提出干河床非饱和带土壤水运动概念模型（图6-14）。非饱和带可以分为土壤水混合带和稳定带。根据土壤水运动形式的不同，混合带可以进一步分成上部和下部，上部的土壤水以优先流为主要形式向下运动，下部的土壤水以活塞流为主要形式向下运动。稳定带内土壤水以活塞流形式向下运动。混合带内土壤水经受蒸发作用，并以水汽形式向上运动，稳定带内可以忽略土壤水蒸发。

Allison等（1983）在澳大利亚Frome湖区域观察到蒸发前锋存在于混合带上部22 mm处，δ^{18}O值高达6‰。Wang等（2010）也在山西运城董村农场得到深度5 cm处极为富集重同位素的土壤水，δ^{18}O值为—0.8‰。在XB和CA采样点，受到采样间隔的限制，只观察到在深度0.25 m处出现的δ^{18}O最高值。然而，可以肯定蒸发锋存在于25 cm以内（图6-15）。由蒸发锋产生的贫化重同位素的水汽在湿度和温度梯度作用下同时向上、向下运动（Allison，1982）。这部分水汽凝结后与土壤水混合导致土壤水同位素组成贫化重同位素。因此，在CA土壤水δ^{18}O剖面0.25 m和0.5 m深度处出现相对较低的δ^{18}O值。

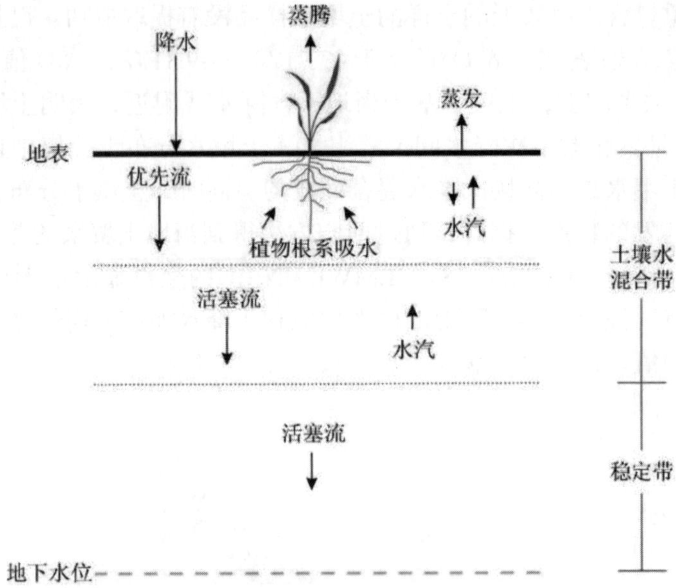

图6-14　干河床非饱和带土壤水运动概念模型示意图

在混合带下部（深度0.75～1.5 m），δ^{18}O值随深度增加显示出类指数曲线形式降低（图6-15，CA剖面），如同Zimmermann等（1967）和Allison等（1983）所观察到的一样。根据Zimmermann等的解释，可以推测混合带下部土壤水以活塞流形式向下运动。当入渗的降水通过混合带上部的大孔隙快速入渗到该层时，土壤水以活塞流形式向下继续运动。由于混合带下部较深，土壤水的蒸发随深度增加而逐渐减小。因此土壤水δ^{18}O值随深度增加显示出类指数曲线形式降低。

在土壤水运动的稳定带内（深度1.5 m以下），土壤水的蒸发被忽略，土壤水δ^{18}O值随深度增加显示出类指数曲线变化规律消失。稳定带内土壤水δ^{18}O值保持稳定，除了在δ^{18}O剖面上存在少数几个峰值（CA）和凸起（XB）。稳定带内的土壤水保留两类δ^{18}O信号。第一类δ^{18}O信号近似于大气降水同位素组成的平均值。该值产生于降水丰沛的年份，大气湿度较高，蒸发较弱，进入稳定带的土壤水经历的蒸发作用较弱而主要保留了大气降水同位素的平均组成特征。第二类δ^{18}O信号保留了强烈蒸发作用的信息，富集重同位素。该值产生于降水偏少的干旱年份，大气较为干燥，蒸发强烈，进入稳定带的土壤水较少且经历了较强的蒸发作用，因此δ^{18}O值较大。第一类δ^{18}O信号代表δ^{18}O剖面内的稳定部分，第二类δ^{18}O信号代表δ^{18}O剖面内的峰值和凸起部分。非饱和带土壤水δ^{18}O剖面记录了大气干湿程度的历史变化过程。

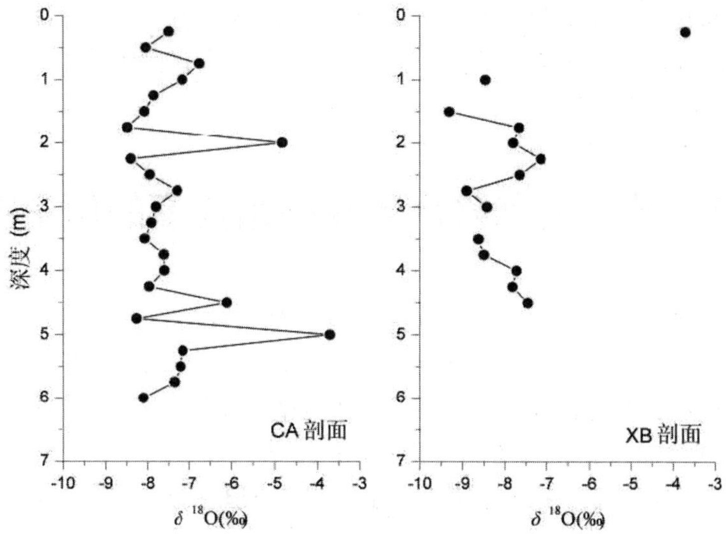

图6-15　土壤水δ^{18}O剖面

在非大气氯离子来源可以忽略的区域，非饱和带土壤水氯离子质量平衡方程可以简化为如下形式：

$$\overline{R}=\frac{\overline{P}\cdot\overline{Cl_p}}{\overline{Cl_{sw}}} \tag{6-1}$$

式中，$\overline{R}$（L/T）表示混合带以下平均补给速率；$\overline{P}$（L/T）表示多年平均降水量；$\overline{Cl_p}$（M/L^3）表示年大气氯离子输入通量的浓度值；$\overline{Cl_{sw}}$（M/L^3）表示混合带以下土壤水氯离子平均浓度。

易县气象站1966年到2009年的平均年降水量为558 mm/a。在易县崇陵流域采集的2008年和2009年大气降水中氯离子含量变化范围介于0.5 mg/L～13.0 mg/L，随着降水量增加氯离子浓度逐渐降低。降水中氯离子浓度的雨量加权平均值为2.5 mg/L。据已有研究成果，距离海岸100 km处大气降水率离子浓度值为3～4 mg/L，且随着离开海岸线距离的增加，降水中氯离子浓度呈指数下降。崇陵流域距离海岸约200 km左右。由此，判断实测的降水中氯离子含量是合理的。

降水样品中包含了降水期间氯离子的大气干沉降量，但是并不包括无降水时段大气的干沉降量。由此造成的大气输入氯离子通量的偏差难于测定。在干旱地区，干沉降输入的氯离子量占大气氯离子输入总量的较大比重。Dettinger（1989）研究表明大气干沉降量约占总的大气氯离子输入通量的33%。Murphy等（1996）在美国Pasco Basin研究发现大气氯离子沉降量的60%是通过干沉降的形式输入的。考虑到研究区属于温带半湿润—半干旱气候区，选用30%作为大气干沉降氯离子输入的比重值。由此，可以计算得到考虑了干沉降的“有效大气氯离子输入浓度”为3.6 mg/L。

稳定带内土壤水氯离子浓度变化介于230～960 mg/L之间。平均氯离子浓度为522 mg/L（XB）和519 mg/L（CA）。由此，计算得到大气降水入渗补给地下水的多年平均补给速率为3.8 mm/a。考虑到离子浓度分析的误差（约5%）和气象数据观测的误差（约6%），可以计算得到平均补给速率最大计算误差为17%，则平均补给速率可以表示为3.8 ± 0.6 mm/a，约占多年平均降水量的0.7%。

第三节　大气降水入渗补给速率的历史变化

稳定带土壤水$\delta^{18}O$值可以示踪经历强烈蒸发的水（Cook等，1992）。Tyler等（1996）发现在非饱和带内39m深度处仍然可以观察到土壤水同位素经历蒸发的信息。在CA采样点，土壤水$\delta^{18}O$剖面在2m、4.5m和5m处出现峰值。土壤水$\delta^{18}O$剖面出现的尖峰是由干旱年份较少的降水入渗量和较强的蒸发共同作用形成的。然而，在XB采样点的土壤水$\delta^{18}O$剖面只有对应的凸起。XB采样点出现了土壤水$\delta^{18}O$值均化的现象，这主要是来源于土壤水的扩散混合。

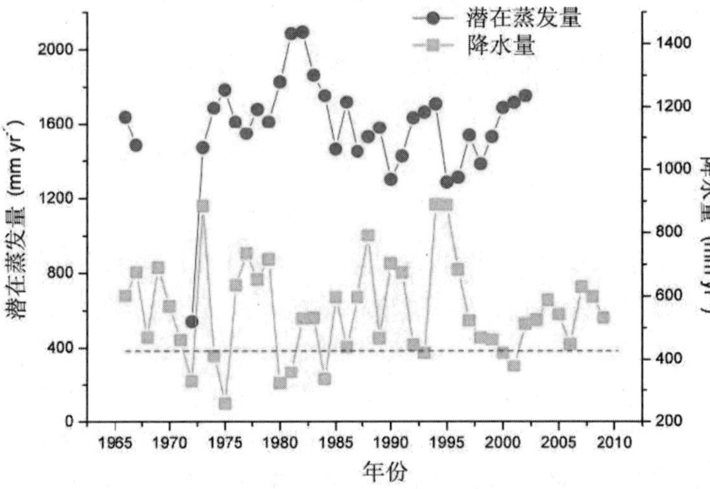

图6-16　易县1966年以来降水量和蒸发量(图中虚线表示保证率为75%的年降水量)

北易水河中、下游河段自20世纪70年代末期完全干涸，同时河床的非饱和带也逐渐发展形成。近半个世纪以来，我们已经获得了良好的气象观测数据，包括降水量和蒸发量。研究区域的易县气象站自1966年以来的降水量和蒸发量数据如图6-16所示。自北易水河中下游干涸以来，年降水量保证率高于75%的年份（降水偏少年份）包括1980～1981，1984，1993，2000—2001年。而且相应年份的蒸发量也较大。根据干旱指数（AI）的定义，用年降水量（P）与年潜在蒸发量（PE）的比值来描述干燥程度

$$AI = \frac{P}{PE} \tag{6-2}$$

由此可以得到每年的干旱指数（图6-17）。将AI值小于等于0.2的年份定义为干旱年份（UNESCO，1979），则1980—1981，1984和2001年属于干旱年份。这意味着在这些年里降水入渗形成的土壤水经历了强烈的蒸发作用。

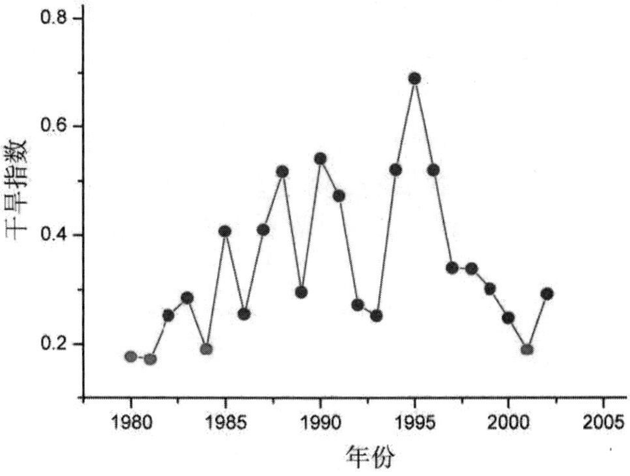

图6-17　干旱指数(最低点表示干旱年份)

在CA采样点的土壤水$\delta^{18}O$剖面里的尖峰与干旱年份紧密联系，同时深度最浅的尖峰代表年代最近的干旱年份。因此，土壤水剖面代表的时间尺度可以通过匹配土壤水$\delta^{18}O$剖面里的尖峰与干旱年份得到。结果表明，1980—1981年的降水入渗补给位于剖面深度5 m，1984年降水入渗补给位于剖面深度4.5 m，2001年降水入渗补给位于剖面深度2 m处。基于这个时间尺度，可以推算土壤水剖面的平均记录密度为7.14 a/m，所采集土壤水样品的分辨率约为1.8 a。

通常，对于某个区域，年降水量越大则降水入渗补给地下水的水量越大；降水越集中，降水入渗补给的数量就越多。在计算得到记录时段内多年平均的降水入渗补给速率后，可以通过用补给速率的主要影响因素随时间的变化来修正平均补给速率，最后得到当年补给速率的估计值。研究区属于我国东部季风区，年降水量变化较大，且大部分降水集中在雨季（6—8月）。因此，选用对降水入渗补给速率影响最大的年降水量和雨季降水量来进行修正。

在$\delta^{18}O$-δD关系图上LEL与LMWL的交点代表了土壤水来源的同位素组成特点。如果年内降水的集中程度是唯一控制降水入渗水量的因素，则土壤水几乎只由雨季降水入渗形成，在$\delta^{18}O$-δD关系图上LEL与LMWL的交点应该与雨季降水同位素的平均值重合或紧邻。如果年内降水量的多少是唯一控制降水入渗水量的因素，则年内降水都会入渗，且各场次降水对入渗量的贡献比率由单次降水量的多少决定，在$\delta^{18}O$-δD关系图上LEL与LMWL的交点应该与年降水同位素的平均值重合或紧邻。在$\delta^{18}O$-δD关系图上（图6-13），LEL与LMWL的交点位于年降水同位素的平均值和雨季降水同位素的平均值之间，表明年降水的总量和集中程度同时影响了降水入渗的水量。两个因素各自的影响程度可用交点到年降水同位素的平均值和雨季降水同位素的平均值的距离表示。而且交点越靠近的一方影响程度越大。基于以上分析，确定修正系数的形式为

$$C_i = 041\frac{P_i}{P} + 0.59\frac{P_i}{R} \tag{6-3}$$

式中，C_i是第i年降水入渗补给速率的修正系数；P_i是第i年降水量；$\overline{P}$是平均降水入渗速率所代表的时段的年平均降水量；R_i是第i年雨季降水量；$\overline{R}$是代表的时段雨季平均降水量。

用各年的修正系数乘以降水入渗平均补给速率得到各年降水入渗补给速率的推测值（图6-18）。结果表明，自1980年以来降水入渗补给地下水的速率介于2.1 mm/a到7.1 mm/a之间变动。补给速率最大的年份是1994年，而补给速率最小的年份是1980年。

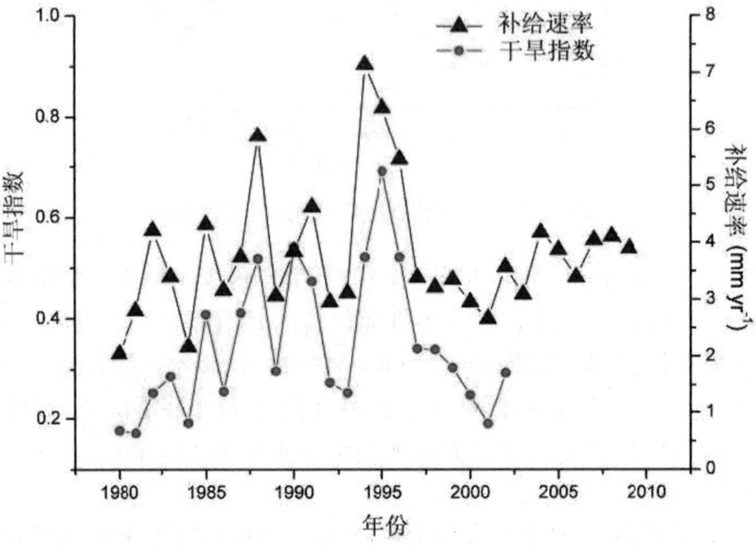

图6-18　自1980年以来各年降水入渗补给速率

第四节　区域降水中氚时间序列的重建

为了利用氚数据定量估算流域内浅层地下水的年龄与更新能力，必须首先确定研究区大气降水氚含量的历史变化数据（王瑞久，1984；吴秉钧，1986；贾艳琨，1989；Stimson等，1996）。大气中的氚有两个来源：一是上层大气中氮原子受到宇宙射线里中子流的轰击而自然生成的宇宙氚；二是1952年以来形成于大气热核试验的人工氚。大气降水中的氚来自大气中的水蒸气与空气中的氚发生的同位素交换反应（吴秉钧，1986）。1961年全球大气降水同位素网络GNIP正式启动，我国大气降水监测工作开始于20世纪80年代。1985年中国地质科学院水文地质环境地质研究所在20余个城市建立观测台站，采集并分析大气降水样品后汇总数据并提交至国际原子能机构（IAEA）的全球大气降水同位素数据库。目前，这部分数据可以通过IAEA的网站下载（图6-19）。

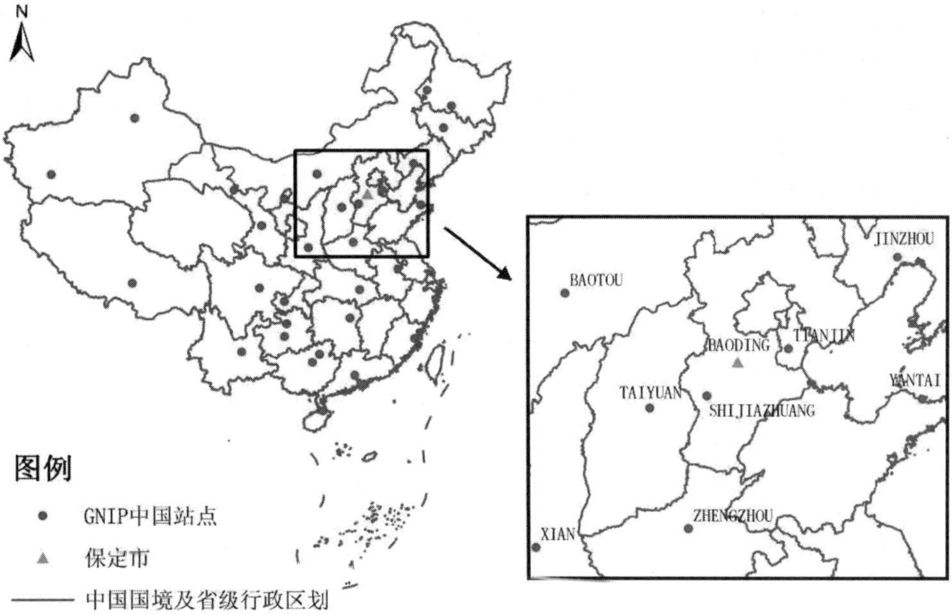

图6-19　全球大气降水同位素观测网络(GNIP)中国站点分布图(数据来自IAEA网站)

国内学者针对我国大气降水氚同位素含量的空间和时间变化进行了研究。我国降水氚浓度分布特征与北半球降水氚浓度分布特征基本一致。降水中的氚含量与人工热核试验的地理位置、核爆当量和次数、大气环流的运动，以及气候条件、地理条件有密切的关系（王凤生，1998）。在大陆尺度上，降水中氚含量的变化显示出季节效应、纬度效应、大陆效应；在局地尺度上，地形、气候等因素起着决定性作用（卫克勤，1980；贾艳琨，1989）。由于频繁地进行大气热核试验，1963年大气降水氚含量达到峰值。随后，国际公约禁止核试验，降水中氚含量逐渐以指数形式递减。刘进达（2001）研究了1986—1998年来我国七个代表性大气降水同位素观测站的资料，发现我国大陆范围内大气降水氚浓度的有普遍降低的趋势。目前，我国大气降水氚含量已经恢复至天然水平。年内大气降水氚含量的变化呈现春夏高、秋冬低的季节性规律（张琳，2008）。

由于北半球各地大气降水中氚的变化模式类似（La Salle 等，2001）。因此，可以根据最靠近研究区的IAEA大气降水氚同位素观测站点降水氚值的历史数据，应用一定的数学方法重建大气降水氚值。一般根据Ottawa站降水实测资料相关外推大气降水氚历史数据。国际原子能机构建议联合采用Doney模型法和三角形外推法恢复大气降水氚浓度时间序列（陈宗宇，2006）。国内学者通过线性插值法、多元统计回归法和模型法等较好地实现局地降水氚历史数据重建（王瑞久，1984；吴秉钧，1986；连炎清，1990；王凤生，1998；龙文华，2008）。相比多元统计法和模型法等方法，线性插值法更适合在同一个自然地理单元内应用。保定市区位于白洋淀流域平原区的中心部分。保定市周边分布有较多的大气降水同位素观测站（GNIP），其中距离最近的是石家庄站和天津站（图6-19）。考虑到这两个站点与保定市同属于华北平原，具有类似的自然地理条件，因此选用这两个站点的观测数据进行插值得到保定市大气降水氚的历史数据，包括：1988～1992年，2000年，2001

年的年降水量加权平均值。根据保定市的插值数据与石家庄站数据的相关关系（线性相关系数0.98）外推保定市降水氚值，包括：1985—1987年，1995—1999和2002年的数据。最后，利用保定市降水氚的年降水量加权平均值与观测序列最长的加拿大Ottawa站的数据进行相关分析，利用相关关系（线性相关系数0.67）外推保定降水氚值，包括：1954—1984年，1993—1994年，2003—2007年的数据。

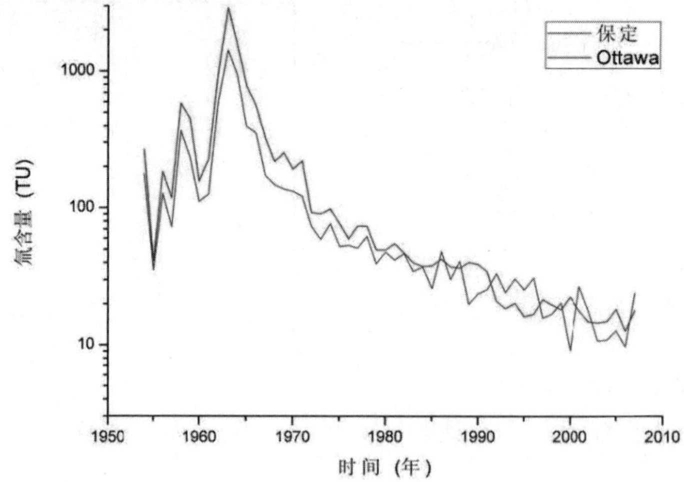

图6-20　保定降水氚含量的估计数据(Ottawa站数据来自IAEA网站)

用上述方法得到的保定降水氚含量年降水量加权平均值与Ottawa站的数据如图6-20所示。由图可见，自1954年至20世纪80年代左右两条曲线的变化趋势与极值基本吻合，之后两条曲线变化显示出一定的差异。这种现象符合实际情况，1954年至20世纪80年代北半球降水氚含量主要受到核爆氚的控制导致两条曲线显示类似的年际变化规律；之后降水氚含量逐渐接近天然水平，地理因子成为主要的控制因素，因此两条曲线仅显示出相同的长期变化趋势。为了进一步验证保定降水氚估计结果的合理性，分别利用吴秉钧（1986）和连炎清（1990）提出的方法分别计算了保定降水氚值，并与上述结果进行对比验证。结果表明上述估计结果与吴秉钧法和连炎清法计算得到的结果之间有较好的线性相关性，相关系数分别为0.99和0.76。此外，重建的保定降水氚历史数据与石家庄地区的降水氚历史数据（陈宗宇，2006）十分接近，尤其是1963年出现的降水氚最大值非常接近。不同方法得到的估计数据的变化模式能够较好地吻合表明估计结果具有较高的可靠性。

第五节　浅层地下水更新能力估算

地下水中放射性氚的含量可用于估算浅层地下水的更新能力。2009年6月白洋淀流域旱季末，采集了流域面上不同位置地下水和地表水放射性同位素氚水样，共39个。其中，地表水样3个，包括王快水库、西大洋水库和白洋淀的水样；第1含水层水样25个，第2含水层水样5个，第3含水层水样6个。样品分析测试由国土资源部地下水科学与工程重点实验室完成，样品经过蒸馏、电解富集后，通过超低本底液体闪烁谱仪（Quantulus1220）来测试，分析精度是±1TU。

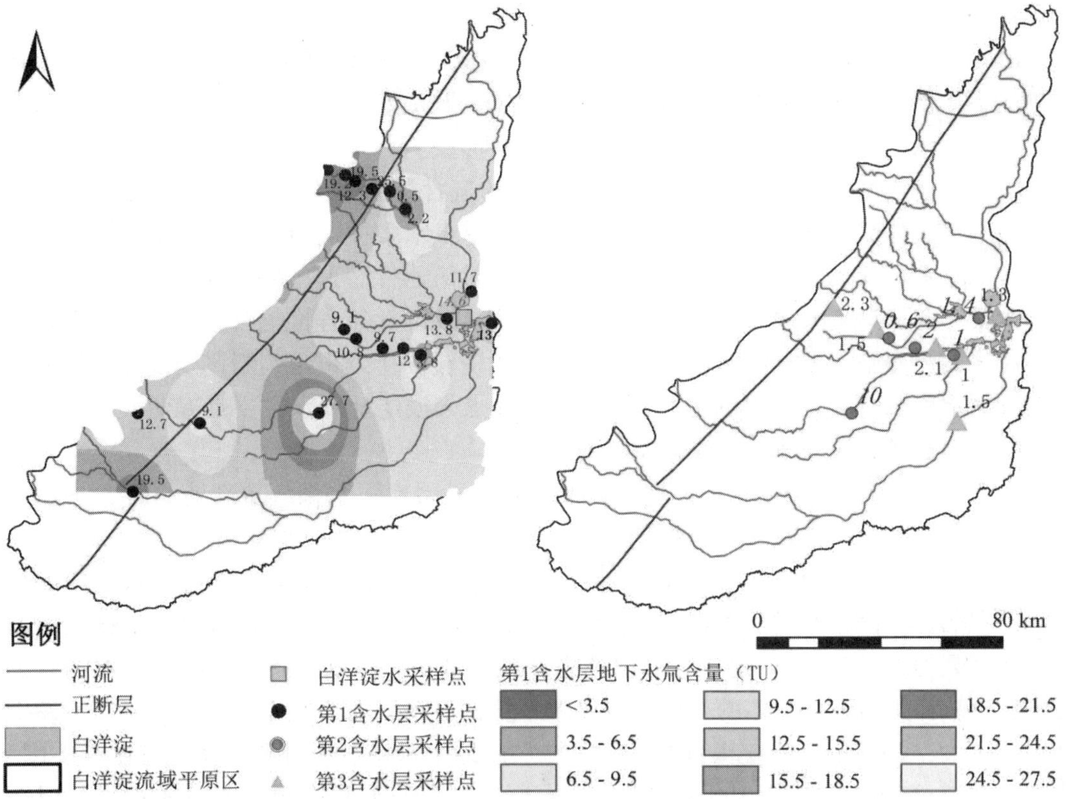

图6-21 白洋淀流域平原区不同含水层地下水水样氚含量值(单位:TU)

测定结果表明，地表水中氚含量较地下水高，浅层地下水较深层地下水氚含量高（图6-21）。西大洋水库氚含量为23.5 TU，高于王快水库的17.5 TU。由于水库蓄水体积庞大，单点采样并不能反映其总体的水平。因此目前测得的氚含量差值可能不具有实际意义。第1含水层地下水氚含量主要分布在10～20 TU之间，并显示出山前平原区域高于中部平原区域的趋势。这与浅层地下水的流动方向一致。第2、3含水层地下水氚含量极低，为1 TU左右。这表明深层地下水不属于“现代”水（Clark和Fritz，1997），而且上覆浅层地下水没有越流补给深层地下水。第2含水层地下水采样点B29的氚含量高达10 TU。考虑到该处浅层地下水B29的氚含量为27.7 TU，推测该深井地下水可能混合开采浅、深层地下水。

为了准确评价白洋淀流域浅层地下水流动系统的更新能力，必须排除强烈地受到局地环境因素影响而不能代表区域尺度的浅层地下水的采样点。对浅层地下水氚含量的分析如下。

（1）浅层地下水采样点B21、B23和B60的氚含量明显低于周边地下水。B21和B23采样点位于导水的隐伏正断层附近，氚含量与同样位于该断层附近的深层地下水B24接近。可以推断由于断层导水使得氚含量很低的深层地下水混入浅层地下水中使得浅层地下水氚含量降低。B60采样点浅层地下水受到工厂排污的影响。推测工厂可能开采深层地下水用于生产，因此工厂排出的废水中氚含量极低。受到工厂排出污水影响的浅层地下水氚含量相应降低。

（2）白洋淀淀水氚含量约为14.6 TU。白洋淀影响范围内浅层地下水水样B35、B47和B48的氚含量分别为13.8 TU、13.4 TU和11.7 TU，与淀水接近而高于上游浅层地下水。这表明了该处浅层地下水主要由白洋淀水渗漏补给形成。

（3）位于中部平原的浅层地下水水样B29的氚含量为27.7 TU，是个异常高值。该处浅层地下水氚含量与白洋淀流域上游丘陵区浅层地下水采样点B02（27.3 TU）和唐河上游西大洋水库水B25（23.5 TU）接近。丘陵区浅层地下水交替速度快，其氚含量接近大气降水氚含量。西大洋水库水汇集了上游集水区的降水，因此氚含量也较高。该采样点紧邻温仁乡唐河大桥南侧。由于没有西大洋水库放水的资料，所以很难判断该处浅层地下水是否与西大洋水库水有关。可以确定的是，B29采样点处浅层地下水主要是近期大气降水入渗形成的，不能代表浅层地下水流动系统的情况。

综上所述，在利用氚同位素分析白洋淀流域浅层地下水系统更新能力时，排除上述B21、B23、B29、B35、B47、B48和B60采样点的数据。

地下水更新速率（Renewal rate）定义为地下水系统中补给水体积与含水层内赋存地下水体积的比（陈宗宇等，2006）。它是地下水获得补给的能力以及对水分传输能力的综合反映（聂振龙，2004）。地下水补给速率从绝对数量上体现地下水系统的更新能力，而更新速率从补给与系统总体的相对数量反映系统的更新能力。在干旱区，由于补给发生的时空变化大，补给量小，使得直接估算区域尺度地下水系统的补给速率比较困难。因此，地下水系统更新速率成为了解干旱区地下水更新能力的重要指标。地下水中的放射性核素氚通常作为降水补给和水在含水层中运移的标记。利用地下水中氚的含量结合特定的数学物理模型可以解释地下水的年龄及平均更新速率。通常，地下水自补给区向取样井流动过程中各条流线之间不发生混合，同时各条流线到达取样井的时间分布呈指数分布，即最短的流线对应的运动时间为零，最长的流线对应的运动时间为无限大。也就是说，地下水的运动时间分布符合指数模型规律（Exponential Model，EM）。当各条流线到达取样井后可以假设井内地下水达到完全混合的状态，因此可以利用氚的完全混合模型（Well-mixed Reservoir Model）来计算地下水的平均更新速率。其原理如下：假设含水层是稳定状态，即水的输入等于输出，地下水连续补给且完全混合。则地下水中的氚通过放射性衰变和年输入变化来计算（La Salle等，2001）：

$$A_{gi}=(1-R_i)A_{gi-1}e^{-\lambda}+R_iA_{0i} \tag{6-4}$$

其中，R_i为第i年地下水更新速率（%a^{-1}）；A_{gi}为第i年地下水中^3H含量（TU）；A_{0i}为第i年降水输入的^3H含量（TU）；λ为氚衰变常数（^3H=0.05576/a），等于ln2除以氚的半衰期（12.43年）（Houston，2007）；i为时间，从初始年至计算年i（初始年定为大气核爆前，公元1952年，计算年i从1953年起）。1952年以前，大气降水中氚含量以常量10 TU（A_0）

计算（Clark和Fritz，1997），则1952年地下水中氚含量按下式计算：

$$A_{g1952} = \frac{A_0}{(\lambda / R + 1)} \tag{6-5}$$

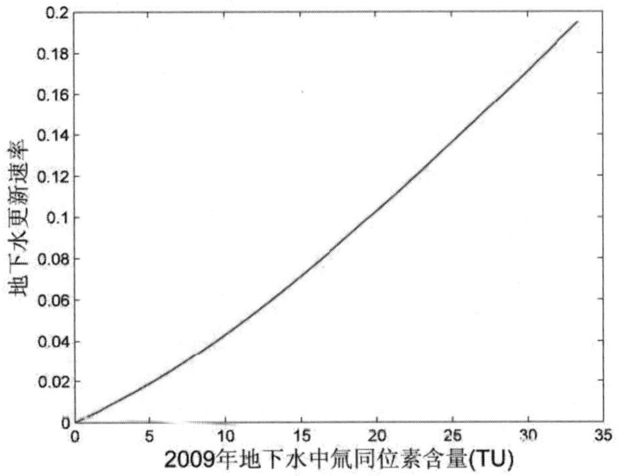

图6-22　2009年白洋淀流域浅层地下水氚含量与平均更新速率关系曲线

如果地下水补给量与年降水量呈线性关系，那么第i年的更新速率R_i等于平均更新速率R乘以当年降水量（P_i）占多年平均降水量（P_m）的百分比。考虑到极端干旱年份降水量极其小，对地下水的补给可以忽略，即存在不发生补给的最大年降水量“临界降水量”。因此，采用“临界降水量（P_t）”进行修正（La Salle 等，2001）。一般认为降水保证率大于95%的降水事件是极端多事件（http：//www.gov.cn/ fwxx/ kp/ 2009-08 /07 /content_1385483.htm），因此可以认为年降水量保证率大于95%的年份为极端干旱年份。由于缺乏资料，本研究中选取临界降水量为100 mm/a，对应的保证率大于99.5%。用临界降水量修正的年更新速率表示为

$$R_i = \frac{R(P_i - P_t)}{(P_m - P_t)} \tag{6-6}$$

式中，R为平均地下水更新速率；P_i为第i年降水量（mm）；P_t为临界降水量（mm）；P_m为平均降水量（mm）。

将保定市气象站观测的年降水量序列和重建的保定大气降水氚含量序列作为输入，利用上述方程求解出白洋淀流域平原区不同位置浅层地下水平均更新速率（表6-1）；同时得到了2009年白洋淀流域浅层地下水氚含量与平均更新速率关系曲线（图6-22）。结果表明，在白洋淀流域，如果浅层地下水的氚含量低于30 TU，则该处浅层地下水平均更新速率低于20%/a。不同地貌单元内浅层地下水的更新速率不同，山前倾斜平原区域平均更新速率为10%/a，中部冲积平原区域平均更新速率为4%/a。这显示出山前倾斜平原作为白洋淀流域浅层地下水的主要补给区具有较高的更新速率。同时，山前倾斜平原区域内自冲洪积扇顶部沿地下水流动方向上，浅层地下水更新速率逐渐由15%/a降低至6%/a。这种现象

表明大气降水主要通过冲洪积扇顶部入渗补给浅层地下水，地下水向下游流动过程中获得的大气降水入渗补给较少。

表6-1　白洋淀流域浅层地下水更新速率

编号	地点	更新速率/(%/yr)	地貌单元
B02	万亩林	15.0	山前倾斜平原
B19d	西高里村	14.0	
B17	练台村	11.0	
B09	基地大院	10.0	
B15	南易河庄	10.0	
B16	北东村	10.0	
B27	新乐县五里铺	10.0	
B13	凤凰台村	9.5	
B05	杨树沟	9.0	
B10	梁格庄	9.0	
B74	喜峪村	7.5	
B11	凤凰台村	7.0	
B72	曲阳县大盖村	6.0	
B81	董庄村	5.5	中部冲积平原
B42	孙村乡南孙村	4.5	
B28	二十里铺	4.0	
B41	银定庄	4.0	
B75	沈家坯村	4.0	

通过在中部平原，北易水河干河床施工钻孔，获得了非饱和带土壤水Cl^-和$\delta^{18}O$剖面。综合非饱和带土壤机械组成、含水量和$\delta^{18}O$剖面分析了非饱和带土壤水运动特征，确定土壤水混合带的深度为1.5 m。非饱和带$\delta^{18}O$剖面结合研究区历史气象资料确定了稳定带内土壤水剖面的年代跨度。结果表明，1980—1981年的降水入渗补给位于剖面深度5 m处，1984年降水入渗补给位于剖面深度4.5 m处，2001年降水入渗补给位于剖面深度2 m处。基于这个时间尺度，可以推算土壤水剖面的平均记录密度为7.14 a/m，所采集土壤水样品的分辨率约为1.8 a。

利用氯离子质量平衡法（CMB）估算了该区域降水入渗补给地下水的平均速率为3.8±0.6 mm/a，约占多年平均降水量的0.7%。估算出自1980年以来降水入渗补给地下水的速率介于2.1 mm/a到7.1 mm/a之间变动。补给速率最大的年份是1994年，而补给速率最小的年份是1980年。

在前面各章研究的基础上，本章首先从流域尺度上阐明了浅层地下水流动系统的补给、径流和排泄特征。着重讨论了流域南部和北部浅层地下水水化学的主要形成作用。最后利用地下水中放射性同位素氚含量结合完全混合模型估算了浅层地下水的更新速率。

研究结果表明：(1) 流域内南部和北部的山前倾斜平原的冲洪积扇和白洋淀淀区是平原区浅层地下水主要的补给区域，在空间上形成“品”字形分布。工业和农业生产开采是浅层地下水主要的排泄方式。由南、北两侧向中间倾斜的地形特征、中部低洼地区的浅层地下水位降落漏斗以及补给区的空间分布共同控制了流域内浅层地下水流场。浅层地下水主要由南、北两侧向中部的地下水漏斗汇流，这使得浅层地下水很少能通过侧向径流向流域外排泄。(2) 大气中的SO_2随雨水被带入地下水中，与地下水中溶解的CO_2共同参与了碳酸盐岩矿物（主要是白云石和方解石）的风化过程。这是流域内浅层地下水水化学形成的主要作用。(3) 大气输入SO_2对冲洪积扇区域含水介质中碳酸盐岩矿物风化平均贡献率超过50%。(4) 深层地下水通过山前倾斜平原隐伏断层上升并混入浅层地下水中，使得浅层地下水主要离子含量被稀释。(5) 白洋淀流域浅层地下水的氚含量低于30 TU，平均更新速率低于20%/a。山前倾斜平原区域浅层地下水的平均更新速率为10%/a，中部冲积平原区域平均更新速率为4%/a。

第七章　平原区地表水与地下水相互作用

地下水环境退化是目前世界性的环境问题（滕彦国等，2010）。地表水渗漏对地下水的水量和水质两方面产生影响，已引起广泛的研究兴趣（Fleckenstein，2010）。Mondal等（2010）应用多元统计分析方法确定地表水影响地下水的范围。刘晓艳等（2010）利用$\delta^{18}O$同位素平衡和水平衡关系估算了羊卓雍错湖渗漏量。古小治等（2011）定量估算了南四湖沉积物—水界面营养盐的交换通量。Chapman等（2007）指出只有同时对地下水和地表水中的污染物进行监测才能准确地定量污染物的衰减过程。Covino等（2011）应用保守示踪元素Cl^-证实了河水和地下水的频繁交换影响了河水水质，并进行模型模拟研究。陈淑峰等（2008）证明华北平原污水灌溉引起浅层地下水硝态氮含量显著增高。

白洋淀是华北平原最大的天然淡水湿地，其水污染问题是研究的热点（Hu等，2010；胡国成等，2009）。董黎明等（2011）研究了白洋淀沉积物磷形态及分布特征。胡国成等（2011）分析了府河—白洋淀沉积物中重金属污染特征。任文君等（2011）研究了沉水植物对白洋淀富营养化水体净化效果。由于白洋淀流域上游河道来水减少，地下水被长期过度开采导致水位下降，极易引起地表水渗漏。受污染的地表水渗漏将增大地下水系统的风险（杜朝阳和钟华平，2011）。鉴于浅层地下水是该区域农业生产的灌溉水源且易受地表水影响，亟待查明白洋淀地表水渗漏对地下水主要离子水化学特征的影响及其范围，并评估对灌溉的影响。

第一节　白洋淀的水量损失和生态补水

白洋淀是一浅水湖泊，表面积很大而且有大面积的芦苇田，因此蒸发是淀区水量损失的重要方式，包括淀区水面蒸发（淀区水面蒸发的损失深度，采用E601型蒸发皿观测值）和植物蒸腾。根据管理部门经验估计，白洋淀蒸发渗漏消耗水量为10 mm/d。入渗同样是白洋淀经常性的水量损失，包括侧渗和垂直入渗两种，以侧渗损失为主。根据1984年河北省地理研究所的研究成果，侧渗损失水量与淀内水位存在如下关系：

$$W_s = 0.09755(Z - 1.405)^{6.3068} \tag{7-1}$$

式中，W_s为侧渗损失水量，m^3/d；Z为淀内水位（大沽高程），m。

水资源短缺和水质恶化造成的水环境和水生态问题已成为白洋淀面临的主要威胁。为了维护白洋淀基本的生态、环境和气候功能，国家对白洋淀实施了生态补水，以确保白洋淀不干涸。根据国家重点基础研究发展计划项目“黄淮海地区湿地水生态过程、水环境效应及生态安全调控研究”2007年第七期简报：保持白洋淀6.5 ～7.0 m水位，每年需要补水8000万立方米至1亿立方米，恢复7.5 m水位每年需要补水1.5亿立方米～1.8亿立方米，恢复8.4 m水位每年需要补水3.0亿立方米。从20世纪80年代以来多次实施了从上游水库向白洋淀补水及跨流域调水（表7-1）。从1981年至2003年间，王快、西大洋、安各庄三大水库共累计补给白洋淀净水量5.02亿立方米。同时为了化解生态环境危机，曾多次实施跨流域补水。2004年2月启动“引岳济淀”，隶属邯郸的岳城水库弃水4亿多立方米，约1.6亿立方米进入白洋淀。淀内水位高程可由不足6.0 m提高到7.3～7.4 m（http：//www.chinawater.net.cn/zt/07tjh/CWSNews_View.asp?CWSNewsiD=10992）。2006年4月安各庄、王快水库开闸放水，向白洋淀补水5300万立方米，使淀区水位达到7.25 m。但不足7个月，淀区水位再次下降0.75 m而干淀，数千万立方的水从淀内损失。2006年11月，实施“引黄济淀”工程，引取黄河水，向白洋淀实施生态输水，入淀水量约1亿立方米，水位回升到5.89 m，水面面积达到130 km^2（王立明和戴乙，2007）。考虑为2008年北京奥运会储备必要的水源，2008年再次实施了“引黄济淀”调水1.57亿立方米。2009年“引黄济淀”水量为0.66亿立方米。这些措施在一定程度上改善了白洋淀的水质，对维护白洋淀生态功能、遏制白洋淀生态环境退化起到了良好作用（王立明和戴乙，2007）。

表7-1　白洋淀补水情况

年份	补水来源	放水量/10^4 m^3	入淀量/10^4 m^3	损失系数/%
1981	安各庄水库	2234	1218	45
1983	安各庄水库	2501	1400	44
	西大洋水库	6298	1961	69
1984	王快水库	4475	1431	68
	西大洋水库	3116	1219	61
1992	王快水库	4514	2709	40
	西大洋水库	3010	1621	46
	安各庄水库	3413	1880	45
1997	安各庄水库	7800	5765	26
2000	王快水库	7500	4060	46
2001	安各庄水库	5087	2164	57
	王快水库	10079	4513	55
2002	王快水库	5914	3104	48
	西大洋水库	5015	3501	30
	西大洋水库	3873	1974	49
2003	王快水库	23497	11634	50
2004	岳城水库	39000	15900	59
2006	黄河	43000	10500	75
2008	黄河	48500	15765	68
2009	黄河		6600	
	安各庄水库	5680	594	90

注:2008年数据来自河北省水资源简报;2009年数据来自保定水文水资源勘测局保定水文网。

虽然白洋淀长期以来接受生态补水，然而由于淀区常年缺乏清洁水补给，而且10多年间不曾弃水，因此淀水只进不出，成了一潭死水，其水体自净能力不断下降。同时保定市的城市污水曾不断地通过府河进入淀区，淀区水村和半水村近20万人生产（网箱养殖包括养鱼和养鸭以及淀区旅游业）、生活排污，造成淀水污染，氮、磷富集，富营养化日益严重，生态系统受到严重威胁。

白洋淀主要供水目标为周边城镇工业用水和农业灌溉用水。白洋淀管理原则为防洪保证水位10.5 m，汛限水位8.3 m，汛后最高蓄水位8.8 m，淀周边农业停用水位8.0 m，工业停用水位7.5 m，干淀水位6.5 m。近年来，随着入淀水量的减少，白洋淀已经无法保证周边农业用水，干旱年周边农业开采地下水灌溉。白洋淀周边地区主要开采40～50 m的浅层水进行生产活动。在埋深70 m以上的地下水由于混合开采和不同程度污染，水质异常复杂。而埋深在100 m以上的地下水，因广泛分布吸附能力强、隔水性能好的湖相沉积粘土层，地下水中的重金属一般不易穿过，水质较好。淀周边地区居民依靠以村镇为单位集中开采深度200 m以上的深层地下水满足生活用水需要。淀内生活用水同样以开采深层地下水为主，井深在300 m以上。这类集中开采深层供水井采取每日定时供水的方法，解决居民生活饮用水需要。

白洋淀以西50 km的保定市排放的污水是白洋淀最大的污染来源。为保护白洋淀水质，20世纪70年代利用保定市与白洋淀之间的唐河北侧河槽筑成唐河污水库，实施“淀污分隔”。污水库全长17.5千米，日接纳高浓度工业废水8万吨左右。府河是部分工业废水及全部生活废水滞留并入淀的另一途径，日接纳废水17万吨左右。两者构成该区域主要的线状污染源。唐河污水库汇集了保定市市西、北郊主要工业区高浓度的工业废水。这些高浓度的工业废水，除农灌季节部分引入农田之外，大部分都排入唐河污水库贮存起来，其唯一出路只有蒸发、渗漏。此外，由于污水库的泄露，污水对白洋淀水质产生一定的影响，导致紧靠污水库的韩村附近淀水水质较差（章申和唐以剑，1995）。

府河河道有跌水曝气设施，保定市排放的污水在河道里流动的过程中水质得到一定程度的净化。白洋淀西北部之藻筲淀和鸪丁淀等淀内芦苇和水草茂盛，半陆半水，地处白洋淀上游是府河、瀑河、漕河等河流入淀区，被用作前置淀。前置淀湿地以种植芦苇为主，兼有其他水生生物。府河污水经前置淀湿地的停留可以得到进一步的处理。府河沿线实行污水灌溉已有20多年的历史，目前的污灌总面积已达0.33万余公顷。多年监测的结果表明，农作物对污灌污水中的耗氧有机物有很强的降解能力，而对难以被生物降解的重金属元素未发现有明显的累积现象。府河的污水最终从“安州闸”入白洋淀。据水文部门多年调查资料，白洋淀年均亏水量1.3亿吨，同时保定市区年排放污水1亿多吨，这些污水排放入白洋淀可以在一定程度上缓解白洋淀缺水（王彩路和管景峰，1999）。

综上所述，华北平原最大的天然淡水湿地白洋淀已经处于水短缺和水污染的危机之中。这限制了白洋淀的生态、环境和气候的功能，甚至威胁到白洋淀的存亡。因此，大量的研究工作围绕白洋淀展开。地表水和地下水作为一个具有水力联系的整体，白洋淀的水污染和人工补水对该区域的地下水必然存在重要的影响。这种影响可通过白洋淀淀水和地下水水化学特征，结合同位素技术和统计分析方法揭示出来。

第二节 基于水化学分析和同位素技术评估白洋淀渗漏对地下水的影响

白洋淀周围区域地层，除了全新统中段夹有湖沼相沉积之外，下段和上段均以河流相沉积为主。白洋淀地区地表下普遍存在的第一个淤泥质层（局部地区为第二个淤泥质层）之下的第一个沉积韵律旋回的底部，可作为全新统的底界，常为厚度较大的灰黄、灰白色砂层，其埋深在西部太行山山前倾斜平原约为14～15 m，中部地区约为40～50 m，东部地区又浅出为30～35 m（王会昌，1983）。该区域地下水赋存于多层结构含水岩系中。根据河北省地质局资料确定该区域第四系地下水含水系统可以划分为四个含水层（刘越，2010）。第一层属全新统，底板埋深在80 m左右；第二层属上更新统，底板埋深在200 m以上；第三层属更新统，底板埋深在400 m左右；第四层属下更新统，深度在520 m～600 m。其中，第1含水层为浅层地下水，其余为深层地下水。

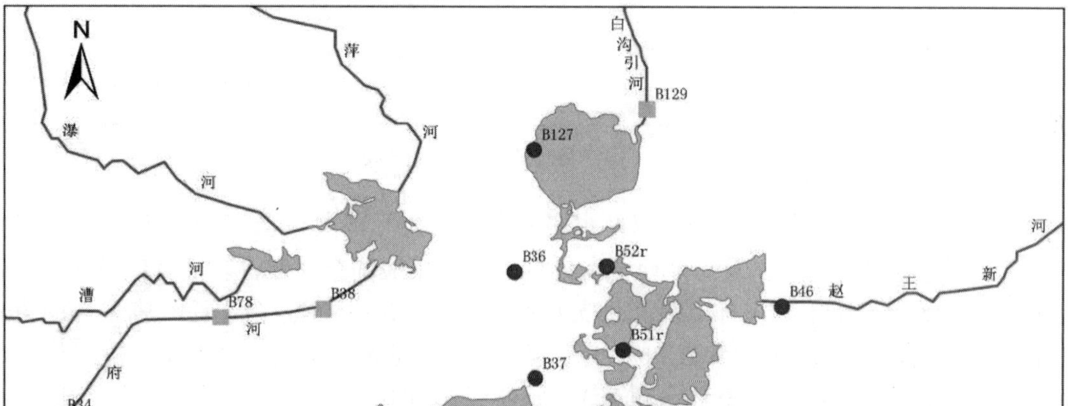

图7-1 白洋淀淀区地表水采样点分布

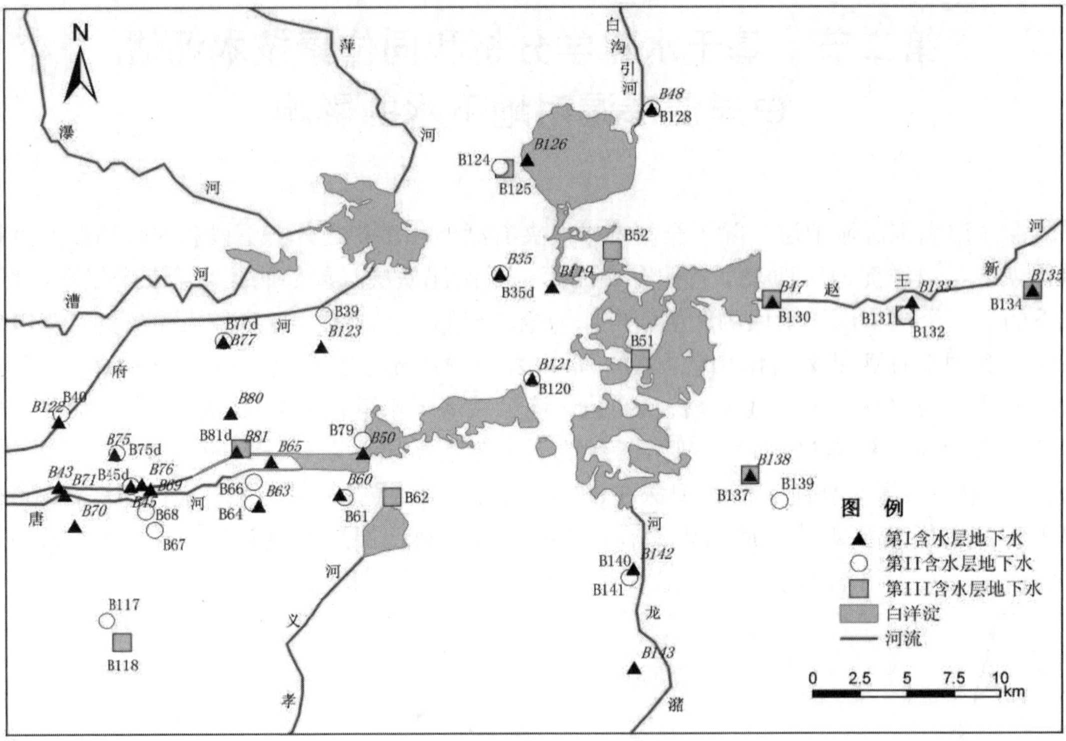

图7-2　白洋淀地下水采样点分布

结合白洋淀区域自然地理条件以及水资源利用的实际情况，自2008年至2010年对白洋淀、府河、唐河污水库以及当地地下水进行了多次实地调查采样，以分析白洋淀区域地表水与地下水相互作用。采样点分布情况如图7-1和图7-2所示。白洋淀调查采样的重点是淀中心区域B51r（圈头）和B52r（王家寨），白洋淀的入口附近的B36（桥南村）和B37（端村），出口B46（枣林庄分洪闸）。此外，在2010年5月还分别对位于白洋淀南、北的B136和B127进行采样，淀水水样共计7个采样点。分布在府河沿线的河水采样点集中在府河下游，即小望亭村至安州桥南村段。该河段内主要是保定市排放的生活污水，且河流两侧是主要的污灌区。另在白沟引河汇入白洋淀入口附近的河道内采集河水水样B129，该处是安各庄水库向白洋淀补水的终点。河水水样采样点共计4个。2009年6月对唐河污水库进行了细致的调查采样，自污水库起点（污水排入点）芦庄乡牛角村至污水库终点韩村每隔约3 km设置采样点采集水样（B54～B59），共计6个采样点。地下水的采样点分布在白洋淀、府河和唐河污水库周边一定范围内，分层采集了与周边居民生产、生活关系密切的第1、2、3含水层的地下水，在三维空间上把握地下水水化学特征。地下水采样点共计57个，其中第1、2、3含水层采样点分别为27个、20个和10个。在各采样点现场测量地下水位以及水温、pH值、EC值、ORP值和DO值（部分浅层地下水采样点和深层地下水采样点无法测定水位）。同时，采集水样用于实验室内分析常量离子含量和氢氧稳定同位素组成。

测定结果表明，地表水与地下水水样pH值主要介于7～9之间，个别水样pH值大于

9。唐河污水库末端水样B59的pH值在雨季前、后均大于9，平均值为9.36。同时，靠近污水库末端的浅层地下水水样B81的pH值为9.14。地下水的平均pH值随着深度增加显示增大趋势。其中，第3含水层地下水平均pH值为8.6，且水样最低pH值为8.16。

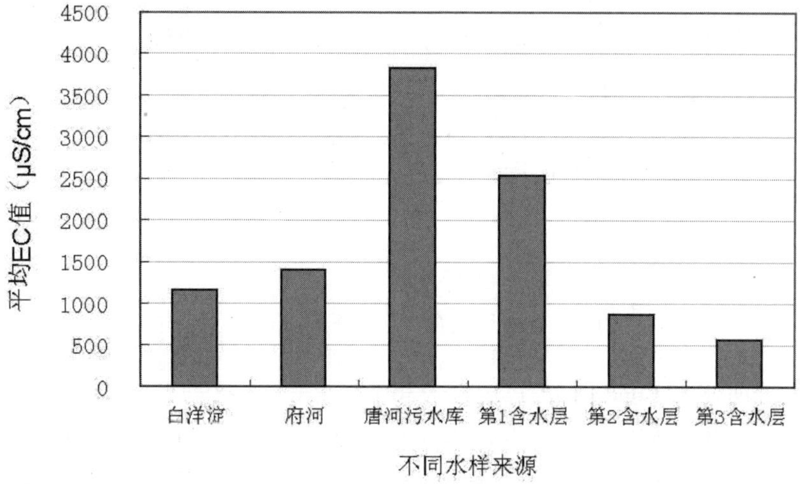

图7-3　不同水体水样平均EC值

唐河污水库污水的EC值远高于其他水样（图7-3），平均值为3800 μS/cm左右。白洋淀和府河的EC值较为接近，平均值为1200 μS/cm左右。各层地下水平均EC值随含水层深度增加而迅速减小。第1含水层水样平均EC值处于唐河污水库污水和白洋淀、府河之间。第2、3含水层地下水平均EC值明显低于各地表水体及第1含水层地下水。

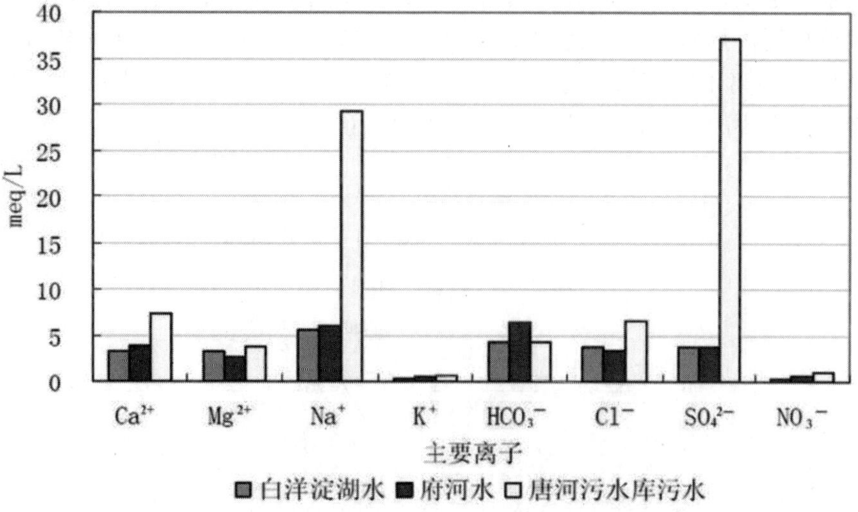

图7-4　白洋淀淀区地表水体主要离子平均含量

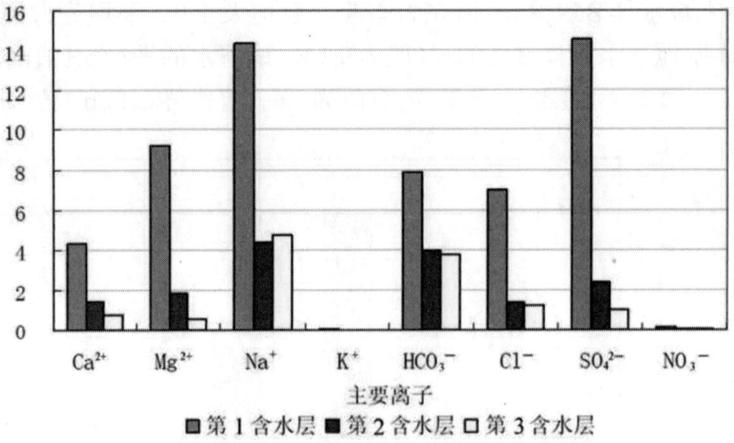

图7-5　白洋淀淀区不同含水层地下水主要离子平均含量

白洋淀和府河水样ORP值介于145～236 mV之间，表明水体处于较弱的氧化环境下。唐河污水库起点（进水闸）附近，水体ORP值低至－399 mV，处于还原环境中。由于污水在污水库内与大气接触而复氧，因此在污水库末端，水体ORP值上升到99 mV。这表明水中耗氧污染物得到降解，水质得到一定程度的好转，因而污水库具有“天然氧化塘”的作用。靠近白洋淀、府河和唐河污水库的浅层地下水水样ORP值偏低，甚至出现“负值”。这表明浅层地下水受到耗氧污染物的污染。第2含水层地下水除了靠近唐河污水库的水样以外，ORP值介于150～220 mV。第3含水层地下水ORP值较第2含水层略低。总体上深层地下水，包括第2、3含水层，处于弱的氧化环境中。因此，浅层地下水中耗氧污染物质来源于受污染地表水的渗漏污染。从主要离子组成来分析，白洋淀和府河主要离子组成十分接近。唐河污水库污水中Na^+和SO_4^{2+}当量含量远大于白洋淀和府河，同时也大大超过其他主要离子的当量含量（图7-4）。地下水中，第2、3含水层地下水主要离子组成较为接近，主要离子含量明显低于第1含水层（图7-5）。

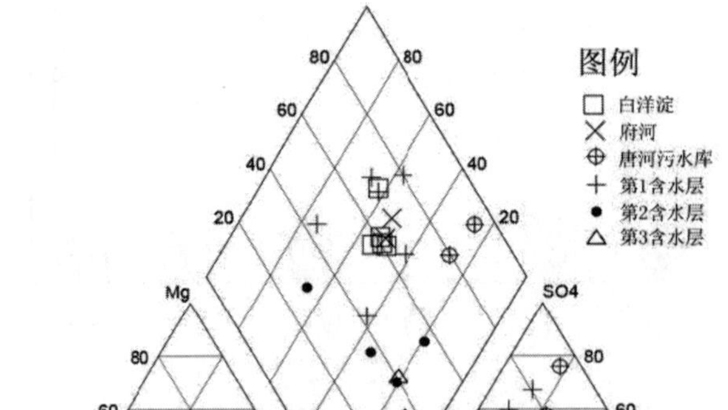

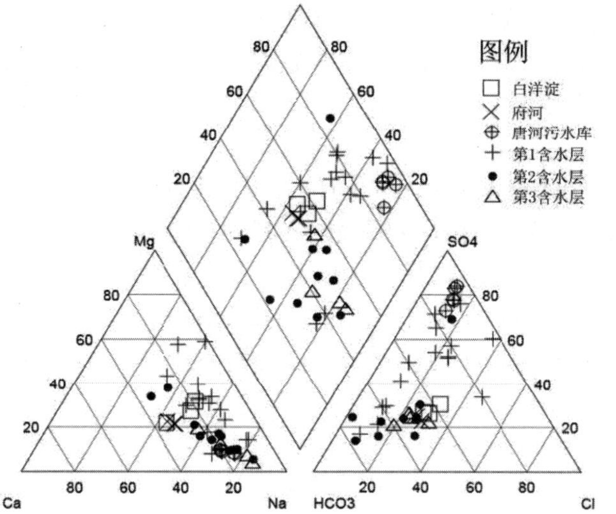

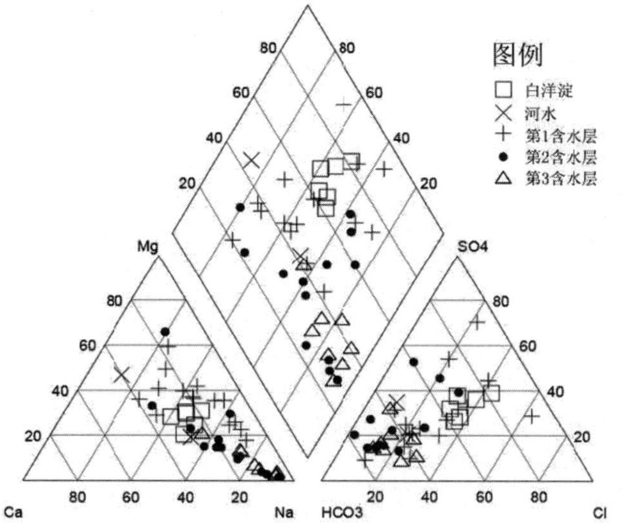

图7-6 各水体水样Piper图(采样时间:2008年9月(上),2009年6月(中),2010年5月(下))

从水化学类型来分析（图7-6），白洋淀水主要是HCO_3·Cl-Na×Ca水，矿化度介于0.6 g/L至1.0 g/L之间。府河水主要是HCO_3·Cl-Na×Ca水和SO_4×HCO_3-Na×Ca水，矿化度介于0.4 g/L至1.0 g/L之间。白洋淀和府河水化学类型接近。唐河污水库污水主要为SO_4-Na水，矿化度介于1.5 g/L～3.6 g/L之间，明显区别于白洋淀和府河。第1含水层地下水水化学类型较多，既有与各地表水的相近似的类型，也有与部分第2含水层地下水接近的类型，其矿化度介于0.4 g/L～7.6 g/L之间。第2含水层地下水以HCO_3-Na水和HCO_3×SO_4-Na水为主，矿化度介于0.2 g/L～1.4 g/L之间。第3含水层地下水以HCO_3-Na水为主，矿化度介于0.2 g/L～0.4 g/L之间。

综上所述，从各水体水样的pH值、EC值、ORP值、主要离子组成和水化学类型等方面进行判断，可知：（1）地表水中，白洋淀与府河水化学特征接近，并明显区别于唐河污水库污水；（2）深层地下水，包括第2和3含水层，水化学特征接近，与浅层地下水（第1

含水层）不同；（3）唐河污水库污水的EC值明显高于其他水体，且主要离子中Na^+和SO_4^{2-}含量远远高于其他离子；（4）浅层地下水水型多样且与地表水接近，EC值和主要离子含量空间变化大，存在耗氧污染物；（5）地表水体对第1含水层水化学特征产生明显的影响。

2008年至2010年三次调查采集水样的同位素组成分析结果表明（表7-2），流动滞缓的地表水体白洋淀和唐河污水库水样经历了较长时间的蒸发分馏作用，水样氢氧稳定同位素组成明显富集重同位素。然而，白洋淀和唐河污水库水样同位素组成的空间变化较大。这表明地表水体各部分的停留时间不同，经历蒸发分馏作用的时间长短不同。府河水体流动较快，沿程经历的蒸发作用时间短，蒸发作用引起水体同位素分馏的程度相对较弱。因此，同位素组成的分布区间较小。

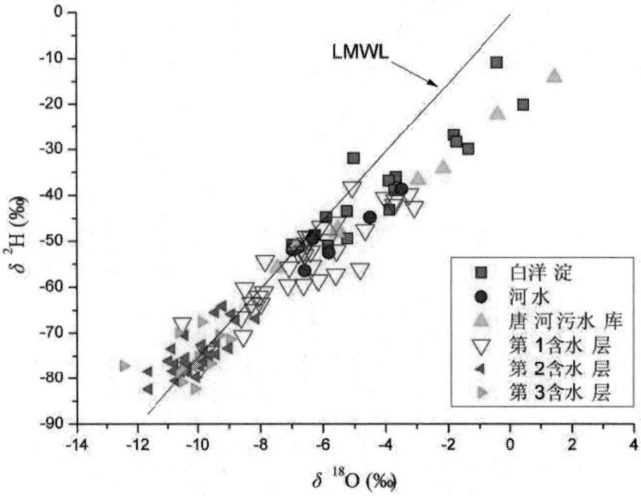

图7-7　白洋淀淀区地表水与地下水δD-$\delta^{18}O$关系图

白洋淀区域地下水氢氧稳定同位素组成主要分布在当地降水线（LMWL）两侧，表明地下水主要起源于大气降水。第2、3含水层（深层地下水）同位素平均组成与各水样同位素组成分布区间近乎一致，而且明显较浅层地下水（第1含水层）贫化重同位素（表7-2，图7-7）。这表明第2、3含水层地下水具有相同的补给区，并与浅层地下水补给区域不同。当仅考虑大气降水同位素组成的高程效应时，可以根据华北平原区域大气降水同位素$\delta^{18}O$高程效应梯度值0.2‰/100 m（Liu等，2010）大致判断深层地下水补给区域高程约为1700～1900 m，即太行山山区。而浅层地下水属于与大气接触密切的潜水类型，具有补给与赋存同区域的特性。此外，浅层地下水水样同位素组成分布区间广泛（表7-2），空间变化大，且具有类似地表水体经历蒸发作用后富集重同位素的组成（图7-7）。由于该区域浅层地下水埋深普遍处于潜水蒸发深度以下，所以浅层地下水富集重氢氧稳定同位素是由地表水渗漏补给到地下水造成的。

表 7-2　白洋淀淀区地表水与地下水氢氧稳定同位素组成统计结果

	样品数量	δD/‰			$δ^{18}O$/‰		
		最小值	最大值	平均值	最小值	最大值	平均值
白洋淀	16	−51.0	−10.9	-37	-6.99	0.43	-3.8
府河	6	−56.5	-44.8	-51	-6.98	-4.51	-6.2
唐河污水库	8	-55.9	-14.1	-39	-7.47	1.42	-3.7
第1含水层	38	-77.7	-38.3	-55	-10.51	-3.09	-6.6
第2含水层	29	-82.4	-64.1	-75	-11.67	-8.15	-10.1
第3含水层	13	-82.3	-67.5	-76	-12.46	-8.97	-10.2

地表水体同位素组成主要位于当地降水线右侧，且沿直线分布（图7-7），显示出蒸发分馏作用引起地表水重同位素富集的过程。排除明显偏离其他地表水水样分布直线的白洋淀采样点B127和B37，利用线性回归算法拟合其他地表水水样同位素组成，得到描述当地地表水蒸发分馏过程的$\delta^{18}O$～δD关系线：

$$\delta D = 4.6\delta^{18}O - 21.7\ (R^2=0.954,\ n=28) \tag{7-2}$$

该直线与当地大气降水线交点的同位素组成$\delta^{18}O$为−7.34‰，δD为−55.3‰。这个同位素组成在理论上代表受到蒸发分馏作用的水体最初的同位素组成（王恒纯，1990）。该值与当地大气降水平均组成十分接近。保定市用水主要依靠一亩泉地下水源区（位于界河洪积扇范围内）和西大洋水库提供。这部分水主要起源于当地降水。保定市排出的生活污水通过府河排入白洋淀，生产废水则排入唐河污水库。另外研究时段内，白洋淀分别于2008年和2009年两次接受“引黄”补水和2009年6月底进行的安各庄水库生态输水。同时白洋淀依靠宽广的水面面积可以获得数量可观的降水直接补给。因此，虽然不确定“黄河水”的同位素组成，但是仍然能初步判定当地水是目前支撑白洋淀存在的重要水源之一。

综上所述，白洋淀周边区域内各地表水体氢氧稳定同位素组成较地下水更加富集重同位素，显示出长期蒸发分馏作用的影响。各含水层地下水氢氧稳定同位素组成存在明显的差异。深层地下水（第2、3含水层）同位素组成接近且变化区间较小，显示出深层地下水具有相同的来源以及承压水所具有的较好的封闭性。浅层地下水（第1含水层）同位素组成变化区间较大，其标准偏差约为深层地下水的2倍，显示出浅层地下水同位素组成有较大的变幅，具有多源性。此外，部分靠近地表水体采集的浅层地下水具有类似地表水体的极富集重同位素的特征。这为地表水体渗漏补给浅层地下水提供了直接证据。

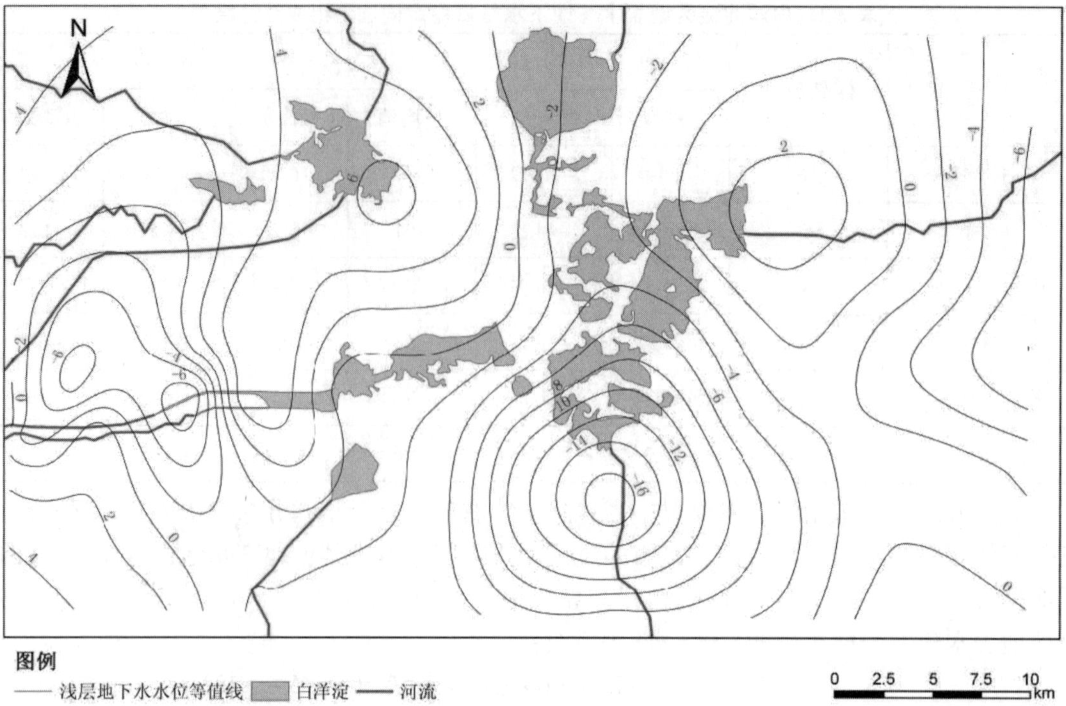

图 7-8　浅层地下水等水位线图(数据来自 2010 年 5 月野外调查实测值)

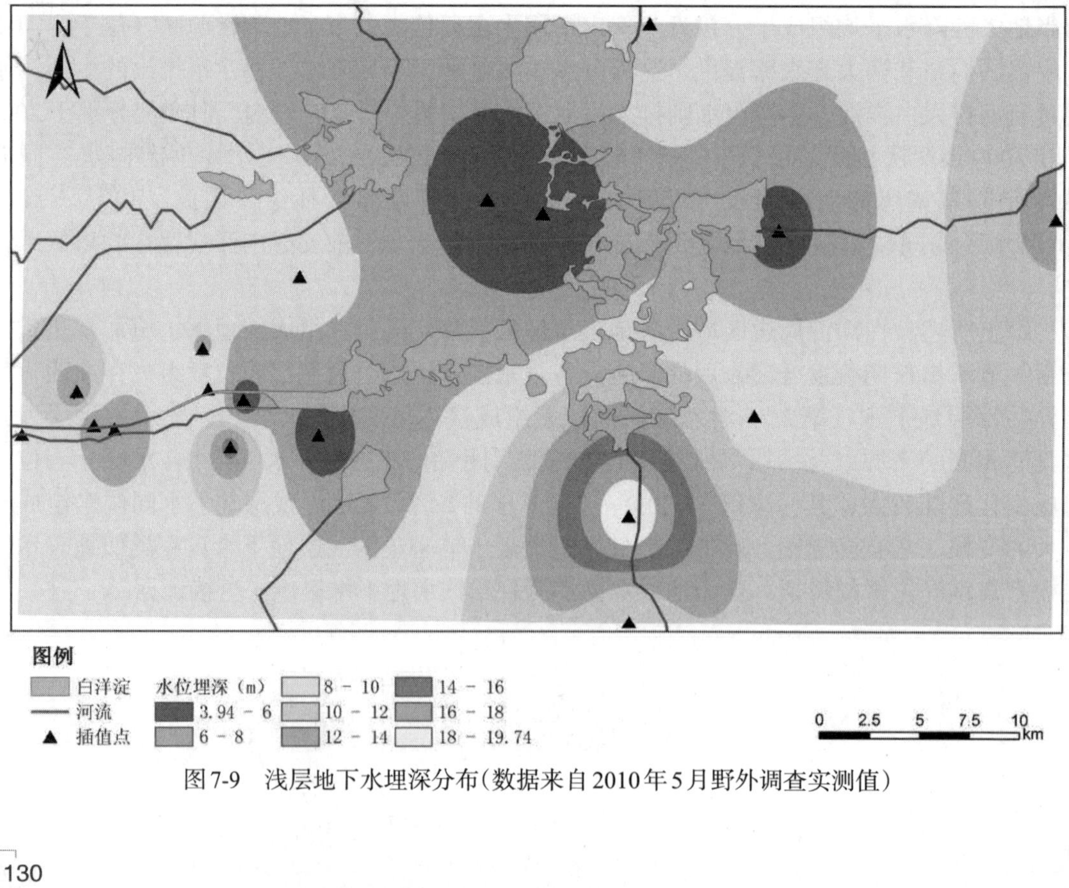

图 7-9　浅层地下水埋深分布(数据来自 2010 年 5 月野外调查实测值)

基于该区域地表水和地下水水化学和同位素特征的分析，可以初步判断地表水与第1含水层地下水之间存在密切的关系。而且，两者间相互作用的形式主要表现为地表水渗漏影响浅层地下水水质。本节从空间上详细分析地表水体对浅层地下水的影响。根据2010年5月实地调查得到的第1含水层水位值绘制研究区域浅层地下水等水位线图和水位埋深图（图7-8，图7-9）。尽管研究区位于平原，地表高程主要介于5～15 m，地形平坦，但是浅层地下水位却明显地呈现高值区和低值区相间分布的情况。浅层地下水位高值区主要位于白洋淀中轴北部，低值区主要位于白洋淀中轴南部，出现安新县沈家坯村—董庄村和任丘市青塔乡双塔村两个局部低值区。研究区域内，地下水主要的流动方向为由北向南流动。

白洋淀周边区域浅层地下水埋深较保定市平原区的平均埋深偏小。虽然该区域内地形平坦，但是浅层地下水位埋深空间变化较大，可以分为浅埋区和深埋区。浅层地下水浅埋区域对应于水位高值区，实测水位埋深一般介于4～8 m。浅埋区内府河常年有水注入淀内。此外，负责向白洋淀生态输水的安各庄水库也通过该区域的白沟引河向淀内输水。该区域地表水能够得到经常性的补充，较充足的地表水持续渗漏补给当地浅层地下水是造成该区域浅层地下水位偏高、埋深较小的原因。研究区内浅层地下水深埋区域对应于水位低值区，实测水位埋深一般介于10～20 m。其中以任丘市青塔乡双塔村为中心形成了一个规模较大的浅层地下水位降落漏斗，中心埋深达20 m。

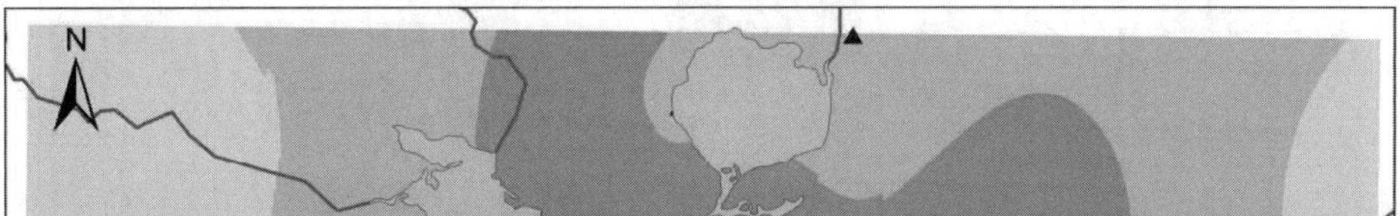

图7-10 浅层地下水$\delta^{18}O$值空间分布(数据来自2010年5月采集样品)

$\delta^{18}O$值空间分布标记出了地下水浅埋区白洋淀水渗漏影响浅层地下水的范围，并支持了根据浅层地下水埋深和水位对地表水和地下水相互作用所做的推断。上游（白洋淀流域山前平原）未受地表水影响的浅层地下水$\delta^{18}O$值主要以当地降水$\delta^{18}O$平均值−7.7‰为中心，分布在−9‰～−6‰区间内。根据报道，保定市平原区浅层地下水的平均埋深为22.6 m，可以推测浅层地下水在向下游流动的过程中几乎不会受到蒸发的影响。因此，在白洋淀周边区域浅层地下水出现的较高的$\delta^{18}O$值是由经历强烈蒸发影响的地表水渗漏造成的。此外，浅层地下水的$\delta^{18}O$值大于−6‰的区域分布在白洋淀范围内（图7-10），并与地下水的浅埋区域吻合。这一方面证明了较浅的地下水埋深是由地表水渗漏造成的，另一方面表明白洋淀是研究区内渗漏量最大的地表水体。浅层地下水的$\delta^{18}O$值介于−7‰～−6‰的区域以白洋淀为中心，分布在白洋淀周边，可以推断该区域内浅层地下水是由渗漏的白洋淀水和上游流入的地下水混合形成的。

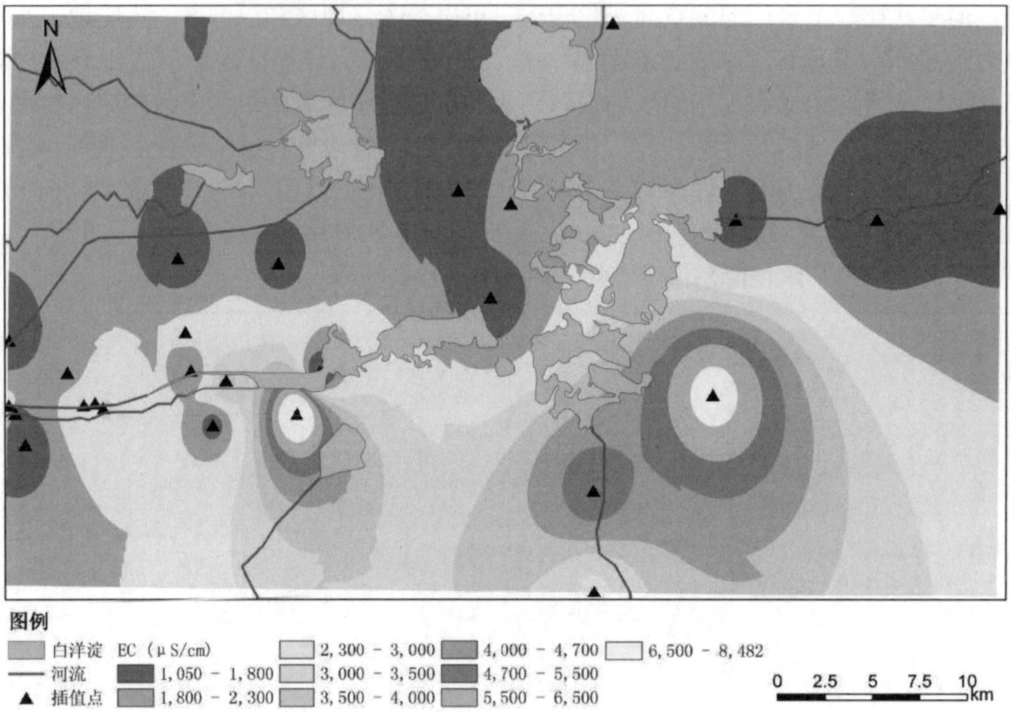

图7-11　浅层地下水EC值空间分布(数据来自2010年5月采集样品)

地表水渗漏对浅层地下水水质的影响可以通过EC值和典型离子的空间分布来识别。典型离子选唐河污水库污水中当量含量最高的SO_4^{2-}和性质最保守的Cl^-来进行研究。从浅层地下水EC值的空间分布来看，白洋淀中轴以北区域为浅层地下水EC值的低值区，地下水EC值介于1000～2000 μS/cm左右。地下水EC值的低值区对应于白洋淀渗漏补给浅层地下水的影响范围，其EC值与白洋淀水接近。白洋淀以南区域分布有浅层地下水EC值高值区。白洋淀东南的浅层地下水EC值大于3000 μS/cm，矿化度大于2 g/L。然而，该区域深层地下水全部为矿化度低于1 g/L的淡水，而且附近的白洋淀水矿化度约0.5 g/L。此外，根据苏林分类规则（1948）该处浅层地下水（B138）属于与海洋环境有关的$MgCl_2$型水；其$\gamma Na/\gamma Cl$为0.56表明该处浅层地下水水化学组分形成与变质海水有关（李学礼，

1986）。这与该研究区内其他地方的浅层地下水水化学特征截然不同。因此，白洋淀东南的浅层地下水属于在华北平原中、东部广泛分布的浅层咸水，水质结构为“咸—淡”类型（陈宗宇，2010）。

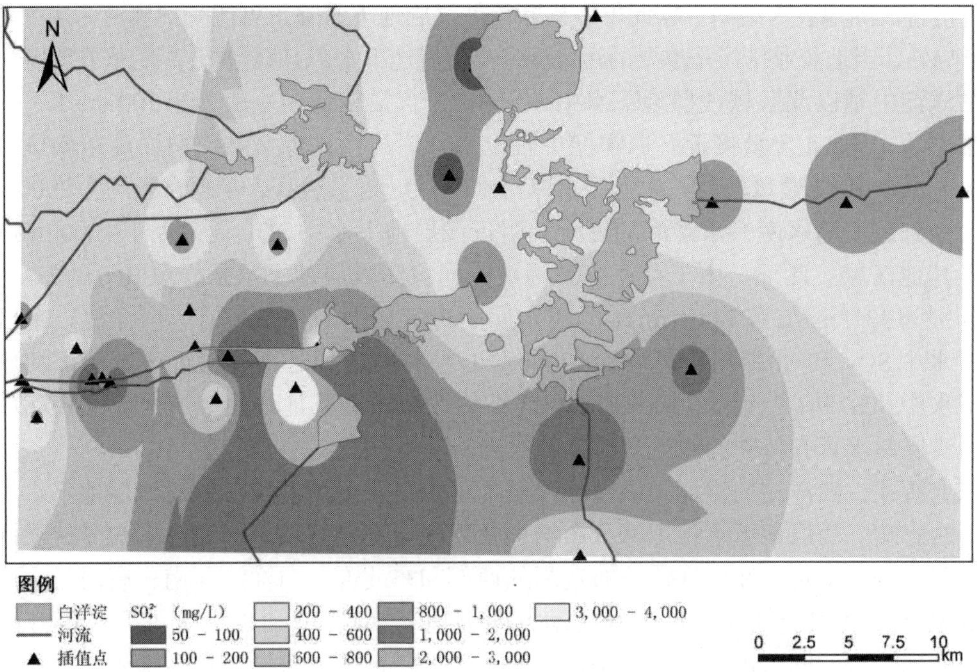

图7-12 浅层地下水SO_4^{2-}含量空间分布(数据来自2010年5月采集样品)

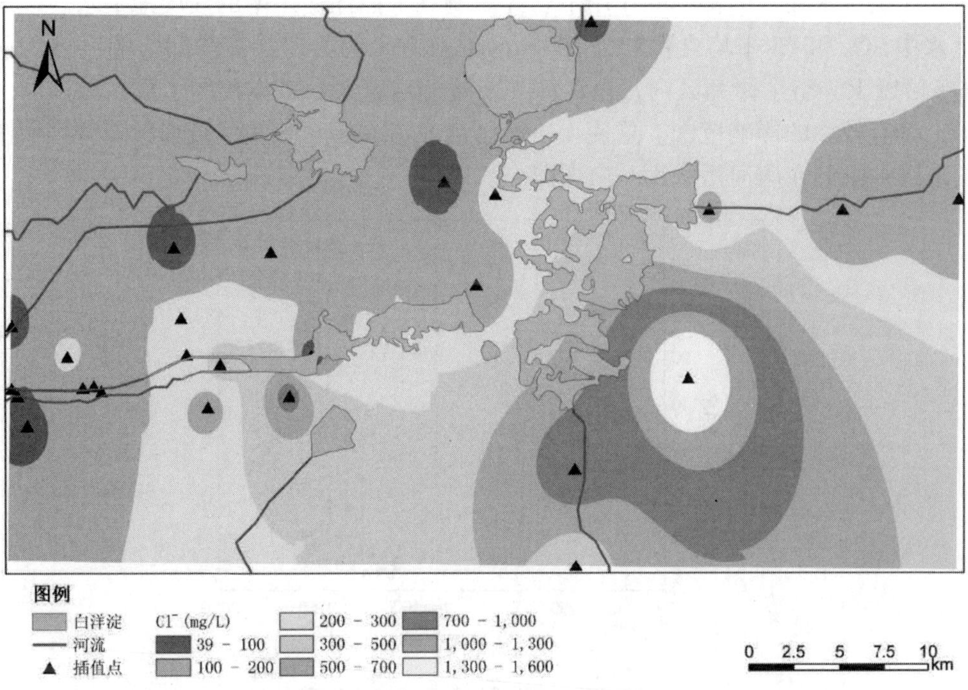

图7-13 浅层地下水Cl^-含量空间分布(数据来自2010年5月采集样品)

唐河污水库附近地下水EC值同样偏高，介于2000～4000 μS/cm之间，与唐河污水库污水EC值接近。在靠近唐河污水库的同口镇浅层地下水出现局部异常高EC值（B60），约为8000 μS/cm左右。据调查，该村内有毛毯厂和球拍厂等自办工厂，其中毛毯厂产生的污水量大且直接排放到地表沟渠内。据此可以推断该处浅层地下水除了可能受到唐河污水库渗漏污水的影响外，当地企业排污是重要的污染源，是造成地下水EC值异常升高的重要原因。

白洋淀中轴以北区域浅层地下水中SO_4^{2-}和Cl^-含量较低，一般低于200 mg/L。这与白洋淀水中SO_4^{2-}和Cl^-含量接近。白洋淀中轴以南，唐河污水库区域和白洋淀以南区域浅层地下水中SO_4^{2-}和Cl^-含量较高。唐河污水库污水中SO_4^{2-}含量很高，平均含量约为2000 mg/L。因此，受到唐河污水库污水渗漏的影响，附近浅层地下水中SO_4^{2-}含量大于1000 mg/L，显著高于其他区域。此外，由于存在点源污染，同口镇浅层地下水采样点B60的SO_4^{2-}和Cl^-含量分别为3218mg/L和744.6 mg/L为污水库附近区域内的异常高值。白洋淀以南区域浅层地下水中SO_4^{2-}和Cl^-平均含量均为1000 mg/L左右。这远远高于附近区域白洋淀水和深层地下水中SO_4^{2-}和Cl^-含量，并区别于白洋淀周边分布的其他浅层地下水。这表明白洋淀以南的浅层咸水具有特殊的水化学形成的机理。

综上所述，白洋淀的渗漏是该区域浅层地下水最主要的补给源，对浅层地下水的水质有重要的影响。浅层地下水位埋深分布结合氢氧稳定同位素信息标记出了白洋淀渗漏影响浅层地下水的范围集中在白洋淀分布范围的西部和东北部。白洋淀西南，唐河污水库内的污水渗漏使得其周边及浅层地下水流动方向上地下水EC值和SO_4^{2-}含量大幅度升高。同时，污水库附近的同口镇存在生产企业在地表沟渠排污的现象，工业污水渗漏加重了该区域浅层地下水受到的污染。由于白洋淀以南存在浅层地下水位降落漏斗区，白洋淀流域以外分布的浅层咸水在水力梯度的作用下已经影响到了白洋淀东南的浅层地下水。该区域浅层地下水中SO_4^{2-}和Cl^-平均含量均为1000 mg/L左右，约为白洋淀渗漏影响区域内浅层地下水的5倍以上。整个研究区内，白洋淀渗漏量相对较大，基本控制了该区域浅层地下水的流场，具有较大的影响范围。这使得唐河污水库渗漏污水和浅层咸水影响该区域浅层地下水的范围被限制在唐河污水库—白洋淀一线以南。

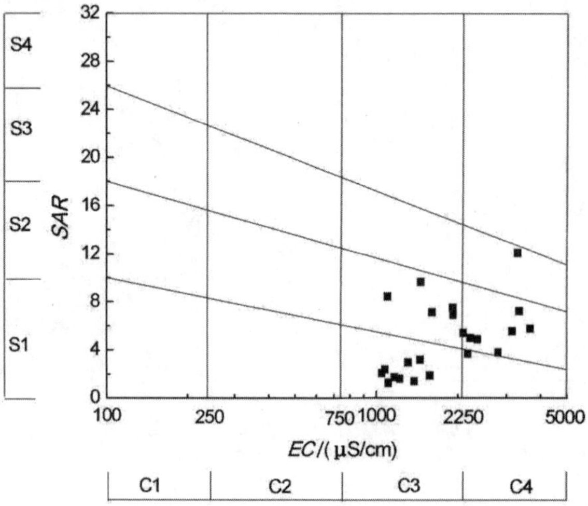

图7-14　灌溉水水质评价结果

当Na^+含量较高的水用于灌溉，会导致土壤碱化、导水能力降低。钠吸附比（Sodium Adsorption Ratio，R_{SA}）可以有效地指示这种风险。R_{SA}定义如下：

$$R_{SA} = \frac{c[Na^+]}{\sqrt{\{c[Ca^{2+}]+c[Mg^{2+}]\}/2}} \tag{7-3}$$

式中，离子浓度均取毫克当量浓度（meq/L）。高含盐量灌溉水不利于作物吸收水分。灌溉水含盐量高低可由EC值衡量。因此，可利用EC-SAR图综合评价农业灌溉水水质状况。结果表明，白洋淀周边浅层地下水大部分属于C3S1、C3S2和C4S2类型（图7-14）。浅层地下水含盐量较高，Na^+含量升高趋势明显。分布在唐河污水库周边和白洋淀西部的浅层地下水在C4区间不适宜用作灌溉水。

第三节　基于LDA统计方法分析白洋淀渗漏对地下水的影响

对白洋淀及周边区域水文、水化学数据的分析表明该区域浅层淡水主要受到白洋淀-府河以及唐河污水库等地表水体渗漏的影响，并在空间上显示出特定的影响范围。为了进一步分析验证这种定性分析的结果，采用线性判别分析（LDA）方法对最能反映各类水体水化学特征的变量进行统计分析，进一步揭示地表水渗漏对地下水的影响。用LDA方法得到的判别函数对浅层地下水进行判别，可以确定浅层地下水水质特征更接近哪类水体(某类别地表水或未受影响的地下水)。由于明显受某类别地表水体影响的地下水必然显示出与该地表水相同的水质特征。因此，将地表水渗漏对地下水产生影响的问题转化为地下水的分类问题。

根据不同的水化学特征设定三类水体：（1）白洋淀—府河水；（2）唐河污水库污水；（3）上游浅层地下水。白洋淀—府河水类别的水样包括：B36、B37、B46、B51r、B52r、B136、B34、B38和B78。唐河污水库污水类别包括：B54、B55、B56、B57、B58和B59。上游浅层地下水包括：B23、B29、B30和B144。主要反映相同流动系统内未受到白洋淀区域地表水体渗漏影响的浅层地下水。选取的水化学参数（判别变量）包括SO_4^{2-}、$\delta^{18}O$和EC。这些参数都能很好地区分上述三类水体，因此能够代表各类水体水化学特征。这将在具体的计算过程中得到验证。

利用选定的19个样本和3个水化学参数，在SPSS软件中进行LDA分析。建立Fisher线性判别函数，并对研究区内的浅层地下水样进行判别分类。若浅层地下水明显受到白洋淀-府河水的影响，其水质必然发生改变而具有白洋淀-府河水的水质特征。因此该地下水将被判为第1类。同理，若浅层地下水明显受到唐河污水库污水的影响，将被判为第2类。若浅层地下水没有明显受到地表水渗漏的影响，将被判为第3类，即与上游未受地表水渗漏影响的浅层地下水水质特征一致。分析的输出结果如下。

（1）对选定变量进行单变量方差分析的结果见表7-3。建立检验原假设：各类水样中相同变量的均值相等。如果假设成立，说明根据各判别变量所作的原始分类是没有实际意义的。其结果可能导致分类错误，或者是用作判别的变量不能充分显示分类特征。如果方差分析的结果表明有的变量对判别分析有意义，而有的无意义，则需要剔除对判别分析无意义的变量。如果检验结果拒绝原假设，说明判别变量能够表明分类特征。检验结果中，判别变量F检验的显著水平均低于0.01，说明各类水样中SO_4^{2-}、$\delta^{18}O$和EC均值的差异极显著。因此，选定的判别变量可以用于判别分析。

表7-3　判别变量方差分析结果

	Wilks'λ	F值	自由度1	自由度2	p值
SO_4^{2-}	0.070	106.456	2	16	5.7E—0
$\delta^{18}O$	0.538	6.876	2	16	0.007
EC	0.031	248.325	2	16	9E—13

（2）根据选定的判别变量求出两个典则变量。典则变量的累积方差贡献率达100%，表明典则变量完全提取了原变量的信息。典则变量形式为

$Y_1=0.0004\times[SO_4^{2-}]-0.0158\times\delta^{18}O+0.0034\times EC-7.2375$（方差贡献率97.2%）

$Y_2=-0.0036\times[SO_4^{2-}]+0.3302\times\delta^{18}O+0.0018\times EC+0.4659$（方差贡献率2.8%）

表7-4　各类中心典则变量值

类型	典则变量	
	Y_1	Y_2
白洋淀水	−2.54	0.81
唐河污水库污水	7.38	−0.27
上游浅层地下水	−5.37	−1.43

典则变量是原变量的投影。经过投影后各类水样形成各自的中心，将已知类别的水样较好地区分开来(图7-15)。各类中心典则变量值见表7-4。

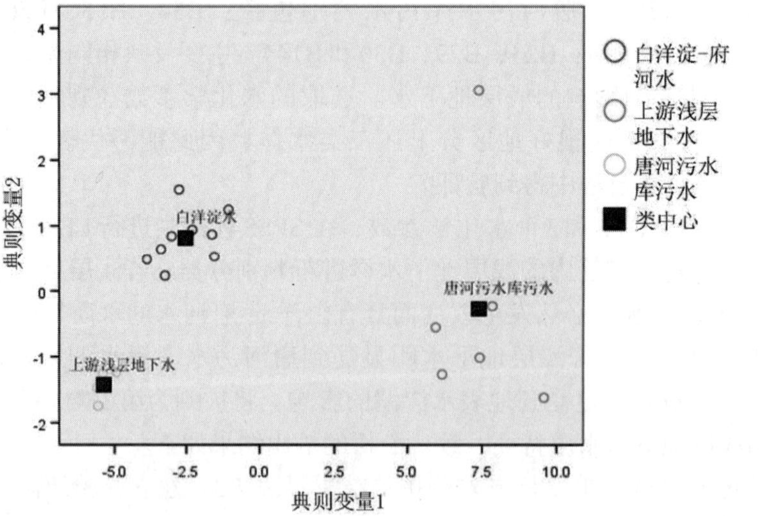

图7-15　典则变量散点图

（3）线性判别函数根据得到的函数参数来构建（表7-5）。将各类水样回代到判别函数计算判错率。结果表明回代结果100%判别正确。

表7-5 Fisher线性判别函数参数

判别变量	类型		
	白洋淀水	唐河污水库污水	上游浅层地下水
SO_4^{2-}系数	−0.012	−0.004	−0.005
$\delta^{18}O$系数	−1.247	−1.762	−1.942
EC系数	0.025	0.056	0.011
常数项	−19.737	−115.793	−12.162

将待分类的浅层地下水水样观测值代入判别方程中得到函数值，比较各类水样函数值的大小，待分类水样属于函数值最大的类别。在Matlab环境下编程计算，完成判别过程。计算得到的函数值与分类结果见表7-6。

表7-6 判别结果

编号	位置	判别函数值			分类结果
		1-白洋淀—府河水	2-唐河污水库污水	3-上游浅层地下水	
B35	安新县南刘庄	14	−44	11	1
B47	枣林庄	23	−20	13	1
B48	李郎村	37	13	23	1
B50	韩村	10	−49	6	1
B71	牛角村唐河河滩	25	−20	19	1
B75	沈家坯村	36	6	24	1
B76	沈家坯村	39	22	26	1
B77	膳马苗村	17	−38	14	1
B80	董庄村村西	42	29	27	1
B81	董庄村村南	28	0	18	1
B119	王家寨到端村	38	15	21	1
B121	安新县东堤码头	21	−28	14	1
B122	小望亭村	16	−41	15	1
B123	桥南村	23	−23	16	1
B126	安新县南六村	18	−36	13	1
B133	大苟各庄	19	−31	14	1
B135	文安县朱何庄村	29	−11	21	1
B43	何桥乡牛角村	47	50	27	2
B45	李良甫庄	48	66	27	2
B63	中青村	64	84	40	2
B65	北青村	66	98	36	2
B69	北边吴村	58	81	34	2
B70	牛角村	15	−42	16	3

应用LDA方法判别的结果显示白洋淀及周边区域浅层淡水水质主要受到白洋淀和府河渗漏影响。在唐河污水库附近及其南侧一定范围内，浅层淡水水质主要受到污水库内污水渗漏的影响，形成了以污水库为轴偏向污水库南侧的污染羽状体。此外，虽然采样点B70靠近污水库西端和污染羽状体，然而其水质更加接近上游浅层地下水。这是由于该处位于整个研究区内浅层地下水流动的上游部位，地下水水位相对较高。渗漏的污水在背离水力梯度的方向上不容易影响地下水水质。应用统计分析方法得到的结论与利用传统的水文、水化学分析得到的结论一致。同时，统计方法用定量分析的形式明确地指明地表水与浅层地下水之间的关系。

第四节　平原区河水和地下水的相互作用

府河承接保定市排放的污水并输入白洋淀。我们沿府河调查了河水和地下水的相互作用。于2018年的雨旱两季分别采集了府河、白洋淀和府河沿岸的地下水水样（图7-16）。在府河注入白洋淀前沿河设置6个河水样点（F1～F6）。在府河的每个采样点设置垂直于河道的采样剖面，沿剖面采集两岸不同距离的共32个地下水水样（G1～G32）。采集白洋淀设置4个淀水采样点（B1～B4）。对地下水取样之前，使用水位计（Model102，Solinst，Georgetown，ON，Canada）现场测量每口井的地下水埋深。同时，使用便携式测量仪（WM-22EP）（DKK，TOA公司，东京，日本）现场测量水温（T）、电导率（EC）和pH值。采样前排除井管积水，采集新鲜水样。样品带回实验室后，立即用0.01 N H_2SO_4滴定碳酸氢根。水样通过0.22 μm滤膜过滤后，使用离子色谱仪（ICS-600，Dionex，Sunnyvale，CA，USA）测定常量离子浓度，使用液态水同位素分析仪（Picarro-i2120，Picarro，Santa Clara，CA，USA）测定水的稳定同位素^2H（±0.5‰）和^{18}O（±0.2‰）。

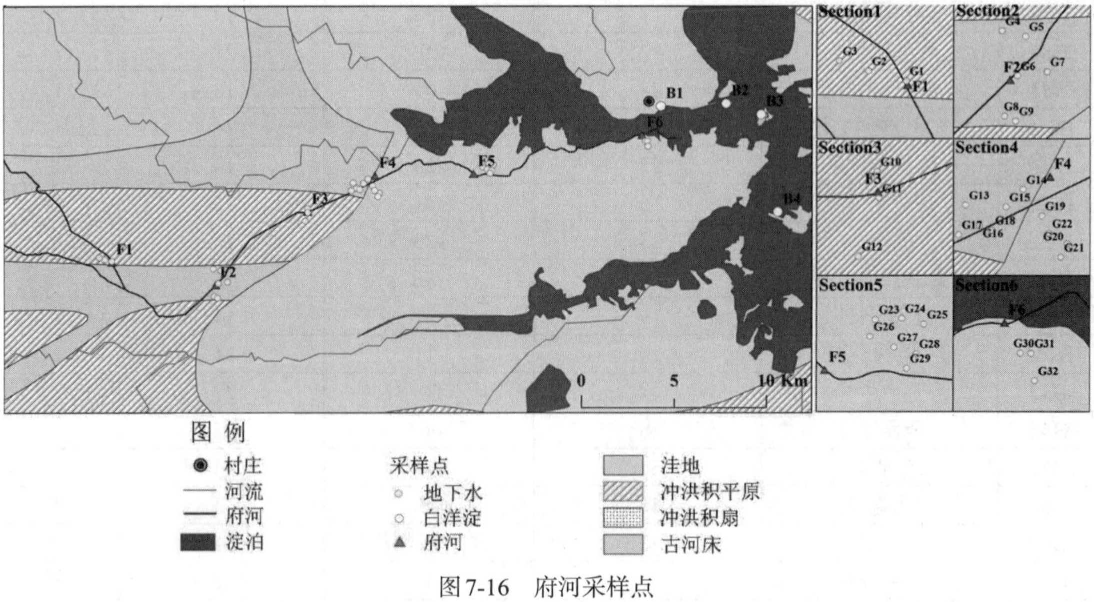

图7-16　府河采样点

每个断面的河流水位和地下水位如图7-17所示。河流水位高于F1～F5断面的地下水位，且靠近河道地下水水位明显升高，表明地表水向地下水渗漏。超采引起地下水位下降诱导地表水渗漏成为地下水的补给来源（Yuan等，2019）。此外，河流北侧的地下水位高于南侧，与流域内由西北向东南的区域地下水流向一致（Wang等，2013）。然而，府河出口（F6断面）处的河水水位接近或低于地下水位。地下水深度也显示出从西部（>10 m，F1～F3断面）到东部（<5 m，F4～F5断面）的下降趋势（图7-18a）。

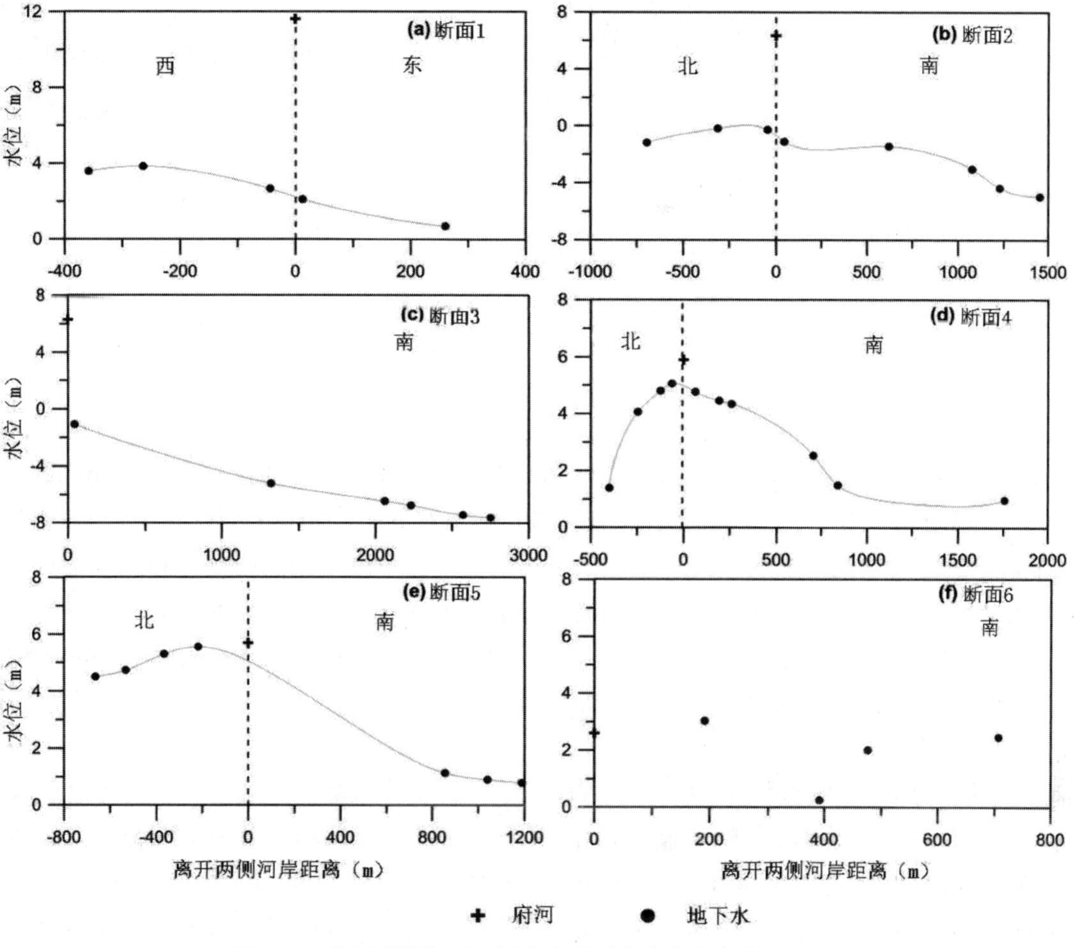

图7-17　府河观测断面上河水和地下水水位(Zhu等,2019)

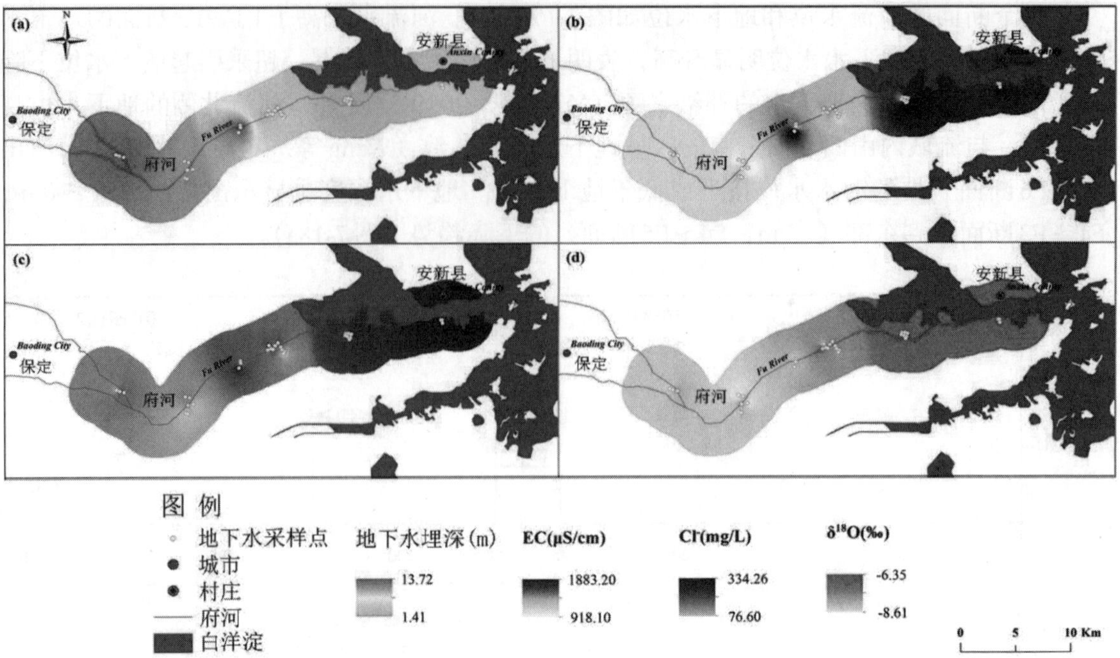

图7-18　府河沿岸地下水埋深(a)、EC　(b)、Cl^-　(c)和$\delta^{18}O$　(d)空间插值图(Zhu等,2019)

主要离子组成和离子比率可以作为水流过程中水—岩相互作用的记录（Edmunds等，2003；Möller等，2007）。白洋淀水、府河水和地下水的平均pH值分别为8.1、7.7和7.5。淀水由上游水库输送的水或黄河水组成，呈弱碱性。淀水相对较低的电导率值也反映了调水的影响，变化范围为676～1297 μS/cm，平均值为967 μS/cm。府河水（1286 μS/cm）和地下水（1356 μS/cm）的平均电导率值相似，暗示了河水和附近地下水之间密切的水量联系。府河水的电导率在1010～1682 μS/cm之间，变异系数为14.5%，这是保定市生活污水稳定排放的结果。

地下水的电导率最大范围为747～2600 μS/cm，变异系数为23.9%。这表明地表水补给对地下水的影响程度在空间上存在差异，如图7-18b所示。F1断面和F2断面的EC值低于1000 μS/cm，F3断面的EC值在1500 μS/cm～1800 μS/cm之间，F4断面的EC值在1200 μS/cm至1500 μS/cm之间，F5和F6断面的EC值高于1800 μS/cm。府河水、白洋淀水和地下水的总溶解固体（TDS）值具有与EC相似的趋势。氯化物被认为是生活污水中的指示离子之一。不同水体中氯离子的平均浓度顺序为：府河水>地下水>淀水。府河水的氯离子浓度最高为426 mg/L。氯离子浓度也由西向东增加。F1、F2和F4断面中的浓度低于150 mg/L，F5和F6断面中的浓度高于250 mg/L（图7-18c）。

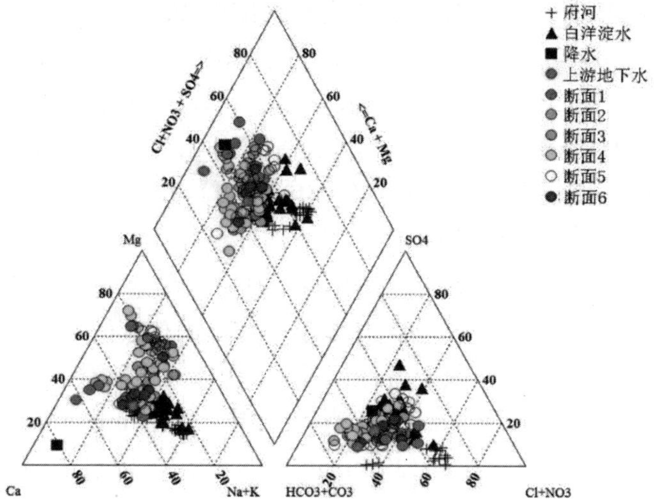

图7-19 不同水体水样Piper图

府河水样的水质类型主要为Na×Ca-C×HCO_3和Ca×Na×Mg-HCO_3×Cl。不同采样时期淀水的水化学类型主要包括Ca×Na×Mg-HCO_3×Cl，Na×Ca-Cl×HCO_3，Ca×Mg-Cl×HCO_3，Na×Ca×Mg-HCO_3×Cl，Na×Ca×Mg-HCO_3×Cl×SO_4，Na×Mg×Ca-HCO_3×Cl×SO_4。淀水水化学类型的多样性表明存在不同水源的影响，包括府河中的污废水、上游水库水和跨流域调水工程的调水。流域上游侧向补给的地下水和降水的水化学类型分别为Ca×Mg-HCO_3，Ca-HCO_3×SO_4（Wang等，2013）。在图7-19中，府河附近的地下水处于侧向补给的地下水和地表水之间，表明两个水体的混合。特别是F4～F6断面地下水的水化学类型（Mg×Na×Ca-HCO_3×Cl，Na×Mg×Ca-HCO_3×Cl，Ca×Mg×Na-HCO_3×Cl）与府河水和白洋淀水相似，表明此处地下水与地表水的密切关系。

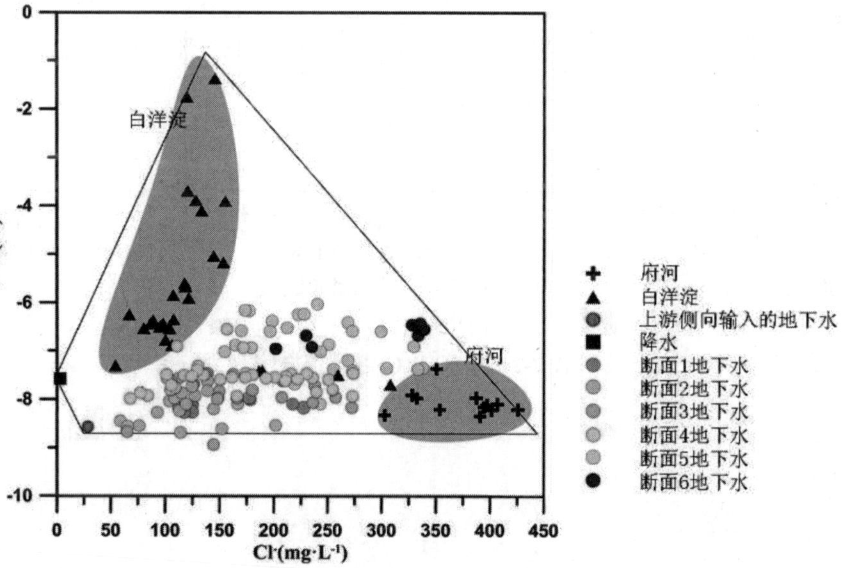

图7-20 不同水体混合端元图

端元混合模型（EMMA）被用来估计不同地下水来源的贡献。图7-20显示了所有水样的$\delta^{18}O$值与Cl^-浓度的关系。所有地下水样品均位于降水、府河水、淀水和侧向地下水包围的三角形区域。以石家庄市实验站（栾城农业生态系统实验站）2016年和2017年的降水中Cl^-的平均浓度作为降水来源。该站位于华北平原的山前平原地区，靠近研究区。以1985—2003年石家庄全球降水同位素网络（GNIP）站降水中$\delta^{18}O$的长期值作为端元值。白洋淀中氯离子浓度和稳定同位素的长期平均值被称为另一端元的值。府河接受了保定市的生活污水，在不受降水和调水影响的枯水期，府河水化学离子和稳定同位素是稳定的。因此，将2018年枯水期府河水中氯离子浓度和稳定同位素的平均值作为地下水补给的一个端元。另一个潜在端元为流域上游侧向地下水中氯离子浓度和稳定同位素的平均值（Wang等，2013）。各端元的特征值如下：府河水（氯，372.7 mg/L；$\delta^{18}O$，−8.08‰）、淀水（128.6 mg/L，−5.74‰）、侧向地下水（28.5 mg/L，−8.57‰）、降水（2.8 mg/L，−7.58‰）。

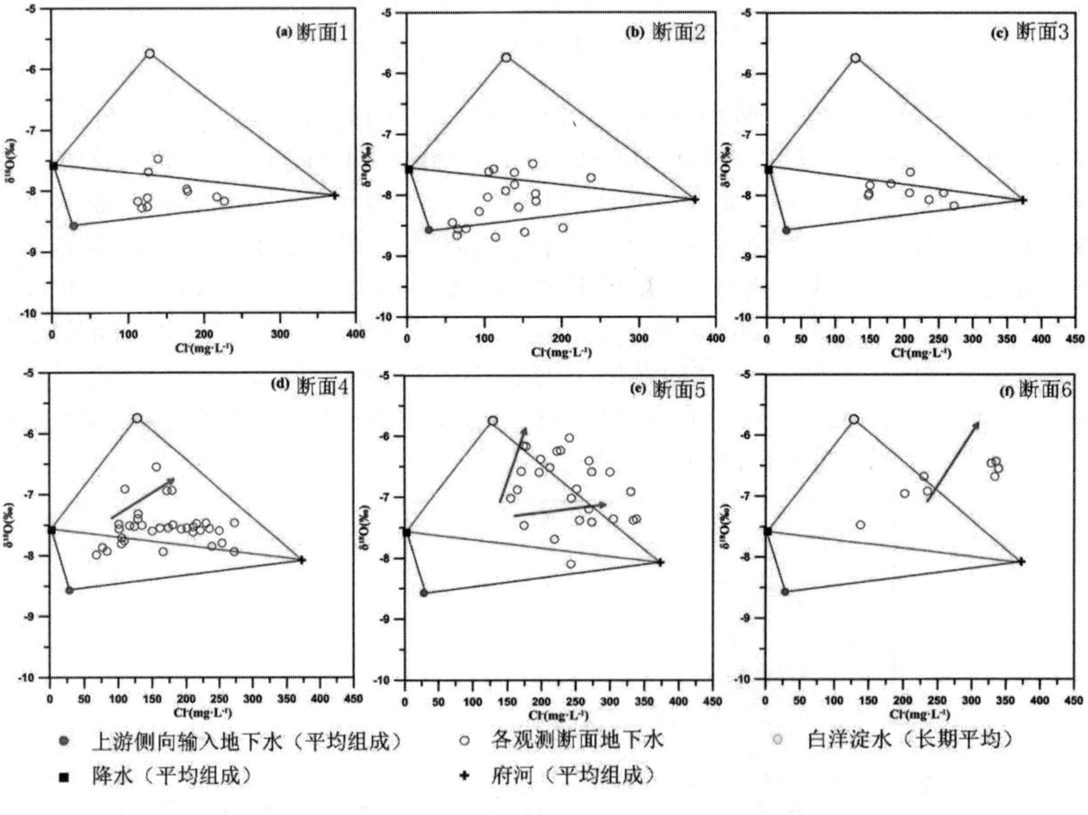

图7-21　$\delta^{18}O$和Cl^-端元混合图

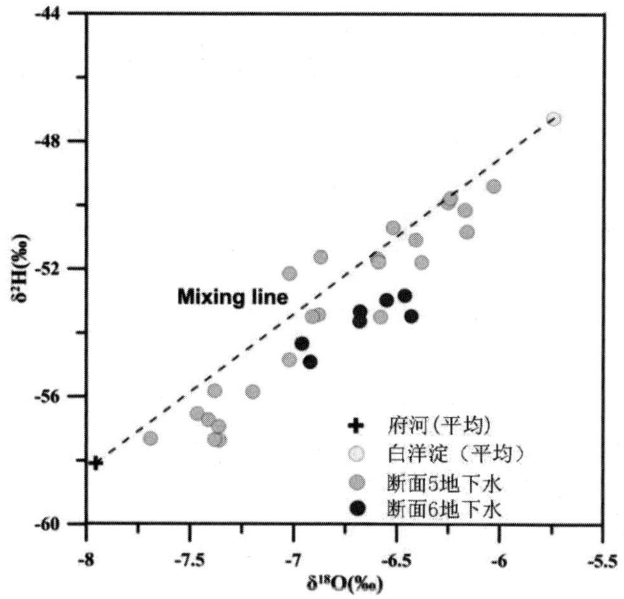

图7-22 δ^2H和δ^{18}O关系图（展示了F5和F6断面地下水的混合情况）

图7-21显示了不同断面收集的地下水的δ^{18}O值与氯离子浓度的关系。在F1～F3断面中，地下水样本位于三个端元所包围的区域内：侧向地下水、降水和府河水。然而，F4断面的地下水样品分布在由降水、府河水和淀水组成的三角形中，这表明相对于白洋淀的补给，侧向地下水补给的贡献估计可忽略不计。然而，F5、F6断面的地下水样品偏离了三端元三角形，表明降水的影响变弱。此外，大量样本落在红色三角形之右侧，考虑到地下水埋深小于5 m，这可能是肥料或农药中的氯离子进入含水层导致地下水中氯离子浓度增加造成的。在图7-22中，F5和F6断面地下水的稳定同位素介于府河水和淀水末端之间。这表明这两种来源的混合是地下水补给的主要水源。因此，可利用δ^2H和δ^{18}O值来估计府河水和淀水的贡献率（表7-7）。

表7-7 不同补给源对各断面地下水的贡献比率

Section	ID	Distance	PW/%	LGW/%	BYD/%	FR/%
Section1-3	G1	12.4	42	1.9	/	56.1
	G2	262.1	6.7	26.1	/	67.2
	G3	–358.1	14.2	49.6	/	36.3
	G4	–698.1	0	51.4	/	48.6
	G5	–20.8	16.2	32.4	/	51.4
	G6	46	47.3	0	/	52.7
	G7	357.2	3.4	78.2	/	18.4
	G9	619.8	42.8	17.5	/	39.7
	G11	44.6	34.7	13	/	52.3
	G12	493.9	0	13.5	/	86.5

续表

Section	ID	Distance	PW/%	LGW/%	BYD/%	FR/%
Section4	G15	−22.9	50.3	/	12.2	37.5
	G16	−51.6	24.5	/	13.3	62.2
	G18	64.3	19.6	/	16	64.4
	G19	194.4	34.5	/	7	58.5
	G20	706.1	57.9	/	7.2	35
	G21	840.7	71.9	/	0	28.1
	G22	462.7	41	/	10.2	48.8
Section5-6	G23	−535.5	/	/	63.9	36.1
	G25	−533.2	/	/	57.5	42.5
	G26	−367.2	/	/	48.3	51.7
	G27	−239.7	/	/	37.4	62.6
	G29	−51.2	/	/	20.3	79.7
	G30	191.9	/	/	60.6	39.4
	G31	179.9	/	/	41.5	58.5
	G32	476.4	/	/	61.1	38.9

注：PW——降水；FR——府河水；BYD——白洋淀水；LGW——侧向地下水补给；Distance ——离开府河的距离，m，（负值代表北岸或西岸，正值代表南岸或东岸）。

水样和端元特征物质浓度的不确定性可导致EMMA估算补给比率的不确定性，可通过误差传播分析进行评估（Phillips和Gregg，2001）。计算了所有端元，侧向地下水样品、府河水样、降水、白洋淀水样的$\delta^{18}O$值和Cl^-浓度的标准偏差，确定其不确定度。地下水的不确定度用同一采样点四次采样的$\delta^{18}O$和Cl^-浓度的标准差表示。估计的贡献率及其可能的误差结果表明，EMMA方法计算各采样点地下水混合比率的误差在2%～23%之间，说明EMMA的结果是可靠的。

本章介绍了白洋淀湿地水量和水质问题的基本情况，指明了白洋淀地表水与地下水相互作用研究的重要意义。根据自2008年至2010年对白洋淀及周边地下水进行的现场调查和采样测试，以及2018年对白洋淀上游重要的河流府河及其周边地下水进行调查和采样，对比分析了白洋淀淀水等地表水体与周边地下水水化学特征。运用同位素结合水化学的方法，以及线性判别法（LDA）和端元混合模型法（EMMA）分析了白洋淀地表水和地下水的相互作用。主要研究结果。

（1）地表水体对浅层地下水（第1含水层）水化学特征产生明显的影响。地表水中，白洋淀与府河水主要离子化学特征接近，并明显区别于唐河污水库污水；深层地下水（第2和3含水层）主要离子化学特征接近，与浅层地下水有较大差别。白洋淀周边区域内各地表水体氢氧稳定同位素组成较地下水更加富集重同位素，显示出长期蒸发分馏作用的影响。浅层地下水同位素组成变化区间较大，且靠近地表水体的浅层地下水类似地表水体富集重同位素。深层地下水同位素组成接近且变化区间较小。

（2）白洋淀水渗漏是该区域地表水和地下水相互作用的主要形式，是该区域浅层地下水最主要的补给来源，白洋淀影响浅层地下水的范围主要集中在白洋淀分布范围的西部和东北部。

（3）在唐河污水库附近及其南侧一定范围内，浅层淡水水质主要受到污水库内污水渗漏的影响，形成了以污水库为轴偏向污水库南侧的污染羽状体。

（4）白洋淀流域以东分布的浅层咸水已经影响到了白洋淀东南的浅层地下水。

（5）由于白洋淀内淀水大量渗漏使得唐河污水库渗漏污水和浅层咸水对该区域浅层地下水的影响范围被限制在唐河污水库-白洋淀一线以南。

（6）府河中的污废水渗漏大量补给沿线地下水。在府河上游，地下水过度开采导致上游侧向地下水补给的贡献率增加。特别是在地下水埋深相对较大的地区，河水侧向补给河岸两侧地下水的贡献率在12%～78%之间，平均值为30%。府河距离白洋淀16 km左右的中间河段，由于白洋淀渗漏，淀水对附近地下水的平均贡献率可达52%，侧向地下水的补给可以忽略不计。

第八章　人类活动对平原区地下水系统的影响

目前，人类活动对区域水循环和水环境的影响引起越来越多的关注（Park等，2015）。因我国水资源与水环境问题较为突出，而且人类活动的干预强烈，许多学者相继开展了有关研究。例如，河北平原大量开采地下水及污水违规排放导致区域性地下水降落漏斗的形成，使得地下水总硬度超标，环境污染物质大量进入含水层（毕二平等，2001）。河西走廊石羊河上游过度开发水资源导致下游地表水干涸，地下水矿化度以每年0.1 g/L的速度增长，出现了严重的生态退化（任建民等，2007）。灌溉等人类活动导致黑河流域湖泊水系逐渐从自然水系演化为人工水系，工、农业生产中人工合成物质的排放等导致流域水质持续恶化（肖生春和肖洪浪，2004）。苏锡常地区地表污染源引起了浅层地下水的水质污染，同时地下水开采加速了浅层地下水的循环交替，水质不断恶化（刘立才等，2009）。调水工程是直接对受水区域水资源与水环境产生重大影响的人类活动之一（Matete和Hassanr，2006；刘莹等，2008；Gupta和Van der zaag，2008；史淑娟等，2009；Gohari等，2013）。世界各国普遍采用调水工程来解决水资源分布不均的问题，但同时往往给受水区环境与生态带来一些负面影响（刘莹等，2008；史淑娟等，2009）。江阴市的调水工程对河流水环境有一定的改善效果，但是某些区域效果甚微（赵小兰和薛峰，2008）。引沁入汾工程向汾河下游调水后，汾河水的COD和NH_3-N水环境容量比调水前增大了，但是水质污染风险仍然较大（南朝等，2010）。调水的时间和水量对受水区水化学和水生态等有明显的影响（Fornarelli和Antenucci，2011）。调水可以在短期内减轻太湖富营养化问题，但是其效果还受到调水量和水质以及环境因素的影响（Huang等，2015）。由钱塘江向西湖调水的行为使得钱塘江成为西湖COD和TN的主要来源（Jin等，2015）。南水北调中线工程来水对密云水库水中N、P元素和叶绿素a等存在影响（Zeng和Li，2015）。太湖水体碱性磷酸酶催化效率受引江济太调水影响而钝化（路娜等，2010）。跨流域调水对受水区地下水水位（Kovacs等，2015；Ye等，2014）和水化学特征（Liu等，2014）也产生了明显的影响。引黄入晋南线工程实施后，调入的黄河水彻底改变了汾河受水区天然的水文动态变化规律，河水和地下水的相互作用规律，以及受水区微生物群落组成和功能，使受水区面临着环境风险（袁瑞强等，2018；Yuan等，2020；牛漾聃和袁瑞强，2020；Lv等，2021a；Lv等，2021b）。另一方面，也有研究表明并不是所有的调水工程对受水区都产生负面影响（Ilic和Stevanovic，2016），而且合理的调度方案也可以改善受水区的水质（曹玉升等，2017；万芳和周进，2016；赵世新等，2012）。已有研究表明，在一定时空尺度上能够直接改变或影响人类生存环境的具有一定规模的人类活动是产生水资源、水环境变化的一个重要因素（费宇红等，2007）。

第一节　白洋淀流域人类活动强烈

人类活动通过影响地下水循环过程的各个环节而影响整个地下水系统，很大程度上改变了水文循环的路径和水文循环模式。白洋淀流域水循环经受了人类活动（蓄水、引水和超采）的强烈干预，水文循环模式发生剧变。白洋淀流域内浅层地下水是支撑该区域井灌农业的主要水源，存在严重的超量开采现象。为了实现地下水资源高效利用和科学管理，必须提高对水循环机理的认识水平。然而，目前白洋淀流域内人类活动强烈影响下的浅层地下水循环机理尚不明确。这不利于合理开发和有效保护浅层地下水资源，更不利于科学地指导可持续井灌农业的发展。

白洋淀流域水循环经受了人类活动的强烈干预。主要表现在：（1）上游山区修建了大量水库蓄水，导致下游河道枯竭，失去对地下水的补给；（2）白洋淀常年不能得到地表水系补给，淀水不断通过渗漏和蒸发损失掉，近些年白洋淀主要通过流域内或者跨流域调水来维持不干淀，其环境和生态服务功能遭受重创；（3）研究区内井灌农业发达，浅层地下水被超量开采导致水位整体大幅度下降；（4）工业集中区，例如满城县造纸工业集中区，和地下水水源地集中大量开采地下水造成局部地区出现地下水漏斗；（5）保定市大量排放生活污水和工业废水，一方面造成地表水体污染，另一方面通过渗漏污废水补给并污染了局部浅层地下水。

白洋淀流域内人类活动对水循环的影响最突出、最集中的表现是白洋淀的萎缩和水质退化。历史上白洋淀“渔、苇、粮、航”四业兴旺，是华北平原最富庶的地区之一，被誉为“北国江南”。在20世纪50～60年代，由于水源充沛，白洋淀水域辽阔，水质清新。淀内上下，淀淀相连，为各种鱼类、虾、蟹、贝及水生植物的生长繁衍创造了良好环境。近年来，白洋淀蓄水量减少，而且废污水通过上游各河汇集于此，使淀区水质逐渐恶化，严重破坏了白洋淀的自然生态环境。山区修建水库，下游地面径流量减少，白洋淀不断萎缩，甚至出现干涸。从20世纪50年代以来40多年时间，淀区面积缩小了约35%。干淀次数逐渐增加，从1983年下半年至1988年8月连续5年干涸，出现“淀底打井、航道跑车”的奇观。90年代以来河北省政府采取了一系列措施，虽然基本没有出现全年干涸，但是由于蓄水量少，湖泊萎缩，且上游污水排放入淀，引起水质退化。

白洋淀的污染主要来自保定市城区、满城县、清苑县、涿州市、北京市房山区的排污以及淀区内自然村落生活污水及旅游业的发展带来的污染。1997年白洋淀综合评价为IV类水质，属于有机污染类型。污染最严重的区域为藻杂淀—漕河入淀口、安新桥—府河入淀口一带，水质最好的区域在白沟引河入淀口。淀区主要超标项目为非离子氨、高锰酸盐指数及总磷等。根据1997年监测结果分析，由于非离子氨超标白洋淀已不符合渔业用水标准，符合农业用水要求的占67%，33%的水面失去利用价值。白洋淀呈富营养化状态，造成藻类大量繁殖，水体缺氧，严重影响水产养殖。从年内水质变化看，白洋淀水质汛期劣于非汛期，主要原因是：汛期洪水挟带平时干涸的河道上沉积的污染物入淀，同时汛期气温普遍偏高，极易造成水体恶化；汛期过后，白洋淀蓄水量增加，经过淀区自净，水质逐渐好转。近年来，国家投巨资对白洋淀水环境进行综合治理，水环境严重恶化的趋势已基本得到控制。但要恢复白洋淀原有的水环境还任重而道远。

向白洋淀的生态补水对白洋淀流域水循环有直接影响，需要科学规划。保定地区总共有三大水库：安格庄水库、王快水库和西大洋水库。西大洋水库主要为保定市供水，而王快水库除了承担保定农业灌溉重任外，还肩负着沧州地区的农业灌溉及其生活用水储备水源的角色。除非是丰水年，水库储备充裕，否则白洋淀水位如果不接近或低于干淀界位6.5 m，最好暂缓生态补水。淀中水位如果是7 m，水域面积是100 km^2，如果水位上涨到8 m，水域面积将达到300 km^2。水域面积越大，蒸发量就越大，而保定水资源本来就很紧张，在干旱年保证白洋淀不干淀就是成功，无法靠上游水库补水来维持白洋淀的最佳状态。

第二节　人类活动引起局部深层地下水向上越流

随着城市经济发展和人口增加，保定市成为我国主要缺水城市之一。保定市人均水资源量2000年为282 m^3/a，2005年为273 m^3/a（《保定市第二次水资源评价报告》）。按照国际公认的人均500 m^3/a的极度缺水线标准评价，保定市属极度缺水地区。

为了缓解水资源供需矛盾，地下水资源被长期超量开采。全市每年超采地下水总量超过10亿立方米。长期持续超量开采地下水已经造成保定市各县（市）平原区浅层地下水水位均呈下降趋势。保定市区及周边地区368眼农田灌溉用井先后报废，占总数的6.7%(保定市水文水资源局)。目前，保定市区和周边地区已被河北省政府列为地下水严重超采区。该区域内原先分散分布的浅层开采型地下水位降落漏斗，如保定市区漏斗、保定市一亩泉漏斗和满城县大册营漏斗已经逐步合并成为复合型浅层地下水开采漏斗，即“大册营马厂漏斗”，如图8-1所示。

费宇红等（2009）认为影响华北平原地下水降落漏斗形成和发展的因素包括降水量减少，河道渗漏补给量减少，地下水开采量增加，其中人类开采地下水是造成地下水位下降的主导因素。保定市区漏斗形成于1974年低水期，起初季节性非常明显，但进入20世纪80年代以后，就转为常年性漏斗。20世纪80年代该漏斗迅速发展，平均水位下降速度达2.24 m/a。20世纪90年代该漏斗也逐渐稳定。漏斗中心地下水位埋深及影响面积从1980年的15.14 m和136.3 km^{2}发展到2000年的32.00 m和241.0 km^2，20年间最大埋深增加了16.86 m、影响面积增加了104.7 km^2。该漏斗形成发展的主要原因是保定市区自备井无序取水造成的（安波，宋中海，2004）。保定市一亩泉位于保定市西郊，界河洪积扇的泉水

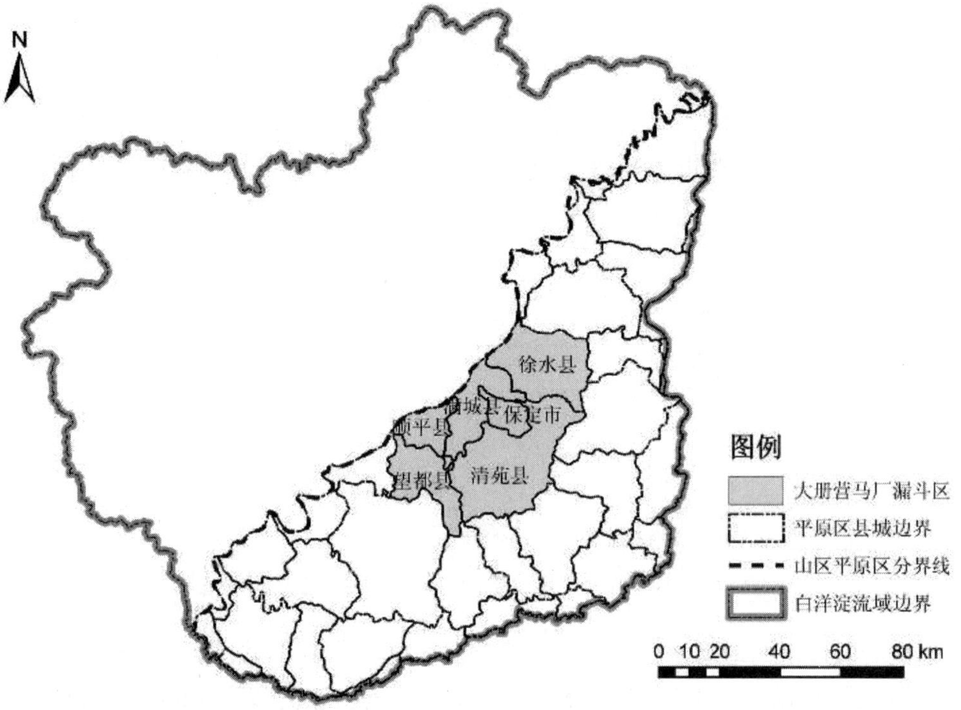

图 8-1　大册营马厂地下水漏斗分布位置图

溢出带上。一亩泉漏斗形成于1967年。20世纪80年代该漏斗迅速发展，平均水位以2 m/a的速度下降；到了90年代，漏斗发展趋缓并逐渐稳定。漏斗中心地下水位埋深及影响面积从1980年的12.18 m 和95.0km^{2}发展到2000年的33.32 m和178 km^2，20年间最大埋深增加了21.14 m、影响面积增加了83 km^2（安波，宋中海，2004）。20世纪60年代初，一亩泉区域成为保定市区的水源地。目前，该区域地下水年超采量0.72亿立方米（魏秀英等，2003）。满城县是保定市造纸行业最为集中的县，由于造纸行业对地下水资源的大量消耗，以大册营镇为中心已经形成了一个埋深近50 m的地下水漏斗区。目前大册营造纸工业区日采水量约为2万立方米。根据监测，保定市区及周边地下水漏斗合并成由保定市区、顺平、清苑、徐水局部围绕满城县的大册营马厂漏斗（图8-1），漏斗内最大埋深出现在满城县东佃庄站（保定市水文水资源局）。

大册营马厂漏斗区包括满城县和徐水、保定市区、顺平、清苑和望都县局部区域，漏斗中心位于满城县东佃庄村（图8-2）。根据保定市水文水资源局的观测数据（2008年8月—2010年10月的月观测数据，部分月份缺失），东佃庄浅层地下水水位的平均埋深为44.2 m，同时保定市平原区分布的61眼浅层地下水观测井的平均埋深为22.6 m。虽然地下水埋深相差较大，但是漏斗中心的地下水位动态变化与整个平原区地下水位的动态变化具有一致的趋势（图8-3）。

图8-2　大册营马厂地下水漏斗区地下水位观测井分布

为了查清漏斗区内地下水位动态变化的特征和规律，在漏斗区内不同位置分别安装地下水位自动监测装置（KADEC地下水位仪，日本）共3套，以30 min或60 min为观测间隔进行地下水位长期观测。各个观测井的基本情况和观测情况见表8-1，观测井位置分布如图8-2所示。大册营马厂地下水漏斗位于山前倾斜平原的冲洪积扇上。该区域第1、2含水层之间存在水力联系，因此通常将该区域的第1、2含水层统称为浅层地下水。地下水位观测井中有两个属于浅层地下水观测井，另一个为深层地下水观测井，便于比较浅层和深层地下水动态特征。为了方便表示，深层地下水测压水头离开地表的距离用“深层地下水头埋深”来表示（正值表示测压水头低于地表）。

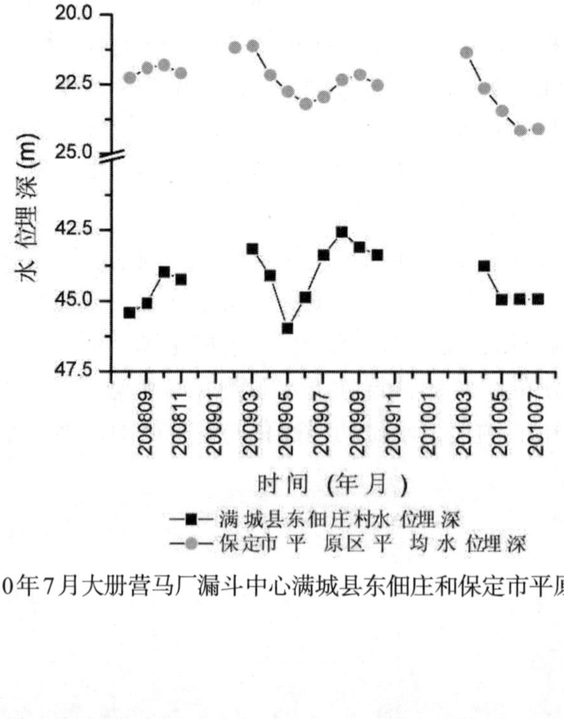

图8-3　2008年8月至2010年7月大册营马厂漏斗中心满城县东佃庄和保定市平原区浅层地下水位埋深动态

三个观测井中，DC01观测井（南奇乡）靠近漏斗中心和保定市供水水源地（一亩泉—北奇村）；DC02观测井（小西村）是村民自用井；DC03观测井（保定市区）是保定市内某制药公司已经停止使用的自备井。观测时段内，各观测井水位时间序列（观测时间间隔为60 min）的统计特征见表8-2。

表8-1 大册营马厂地下水漏斗区地下水观测情况

观测井编号	地点	高程	井深	类别	观测情况
		m	m		
DC01	南奇乡	28.3	80	浅层地下水观测井	2005/11—2009/8
DC02	清苑县小西村	24.9	40	浅层地下水观测井	2005/4—2009/9
DC03	保定市区	18.4	120	深层地下水观测井	2005/3—2009/10

表8-2 各观测井水位（水头）埋深序列（观测间隔60 min）统计特征

观测点	数据个数	埋深/m			
		最小值	最大值	平均值	标准偏差
DC01	32554	31.09	43.45	37.1	2.75
DC02	38482	27.12	36.09	29.9	1.20
DC03	39957	14.30	17.79	15.8	0.76

为了排除开采对地下水位的影响，以每日凌晨4时的水位埋深代表当日水位埋深，来研究漏斗区内各观测点地下水位动态特征。DC01观测井（南奇乡）多年平均（2005年11月29日至2009年8月17日）地下水位埋深为37.1 m（平均水位−8.8 m），地下水位埋深显示减小的趋势（图8-4）。DC02观测井（小西村）多年平均（2005年4月18日至2009年9月7日）地下水位埋深为29.9 m（平均水位−5.0 m），地下水位埋深显示出增大的趋势（图8-5）。DC03观测井（保定市区）多年平均（2005年11月29日至2009年8月17日）地下水位埋深为15.8 m（平均水位2.6 m）。特别地在2008年3—6月DC03观测井水头保持稳定而其他年份对应时段水头出现较大幅度下降。这一时期的地下水水头动态出现异常之后该观测点地下水水头埋深逐渐减小（图8-6）。

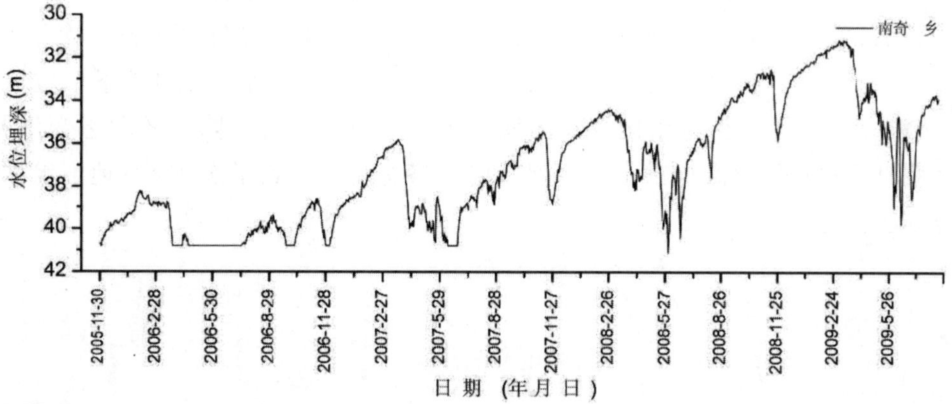

图8-4 2005年11月29日至2009年8月17日南奇乡观测井地下水位埋深动态(取每日早4时地下水位数据)

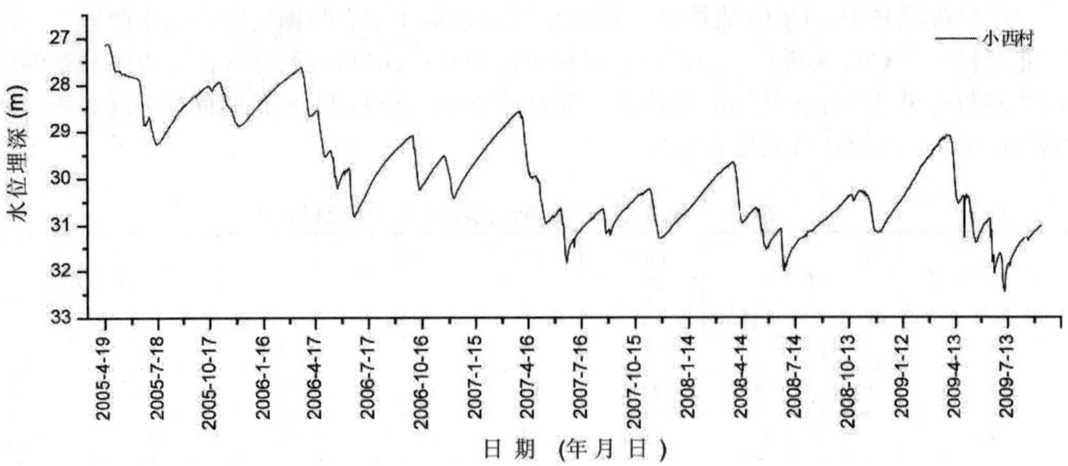

图8-5　2005年4月18日至2009年9月7日小西村观测井地下水位埋深动态(取每日早4时地下水位数据)

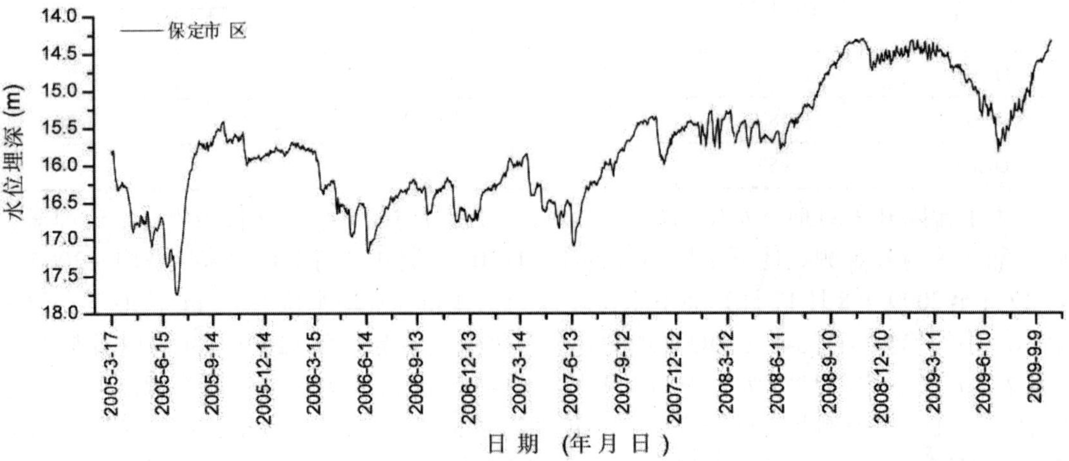

图8-6　2005年3月16日至2009年10月6日保定市区观测井地下水头深度动态(取每日早4时地下水位数据)

DC01观测井（南奇乡）和DC02观测井（小西村）年内地下水位动态相似，均显示出“两升两降”的动态变化规律：自12月开始地下水水位逐渐上升，次年4月开始地下水水位迅速下降，6月至10月地下水水位再次上升，到了11月地下水位再次快速下降。DC03观测井（保定市区）年内地下水显示出“一升一降”的动态变化规律：7月至8月地下水水位逐渐上升，之后保持稳定略有波动，到了次年3月地下水位逐渐下降直至6月。

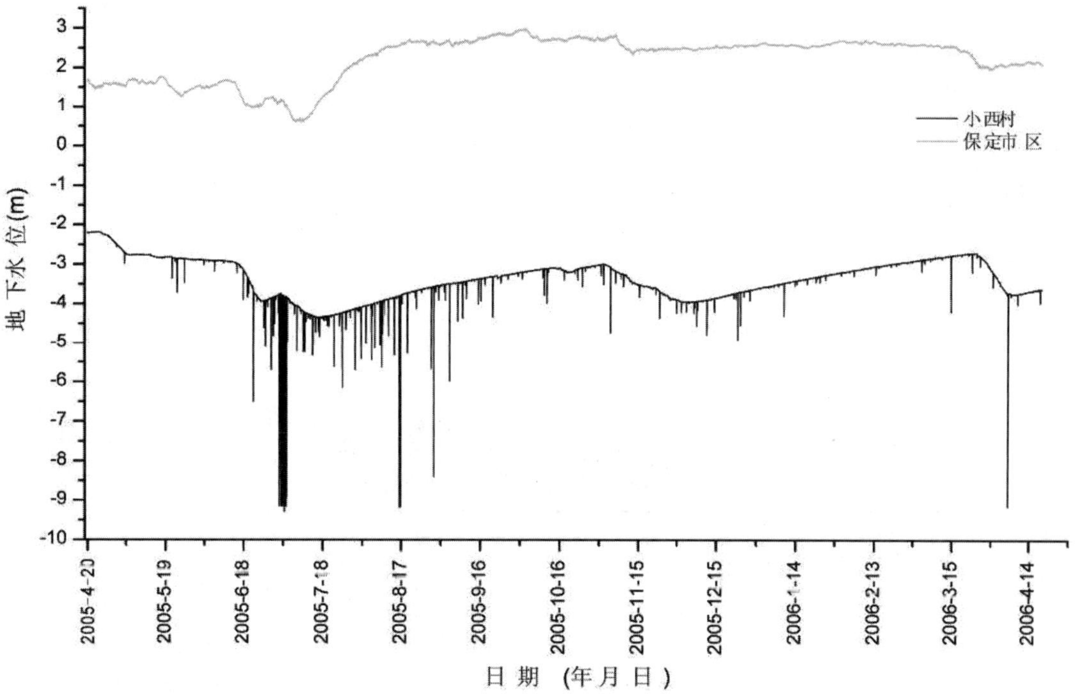

图8-7　2005年4月20日至2006年4月19日各观测井地下水位动态(采样间隔60 min)

为了对各观测点地下水动态进行比较，绘制各年各个观测点间隔60 min的地下水水位动态图。通过多年地下水动态的对比发现，DC01观测井（南奇乡）的地下水位动态受到附近水源地开采的影响，显示出明显的日变化规律：每日早8点左右水位出现大幅度下降，下降趋势通常持续到每日下午6点左右，19点至次日早7点为水位恢复的时段。DC01观测井地下水动态属于径流—开采型。DC02观测井（小西村）的地下水位日动态变化仅在每日下午8时左右出现极小值（尖峰），此外水位基本保持平稳。每日“定时”出现的水位降幅约4～5 m，据调查这主要是农户抽水造成的。DC02观测井的地下水位动态也属于径流-开采类型。DC03观测井（保定市区）的地下水头日动态变化曲线平滑，没有出现“尖峰”，水位日变幅小，属于径流型动态。

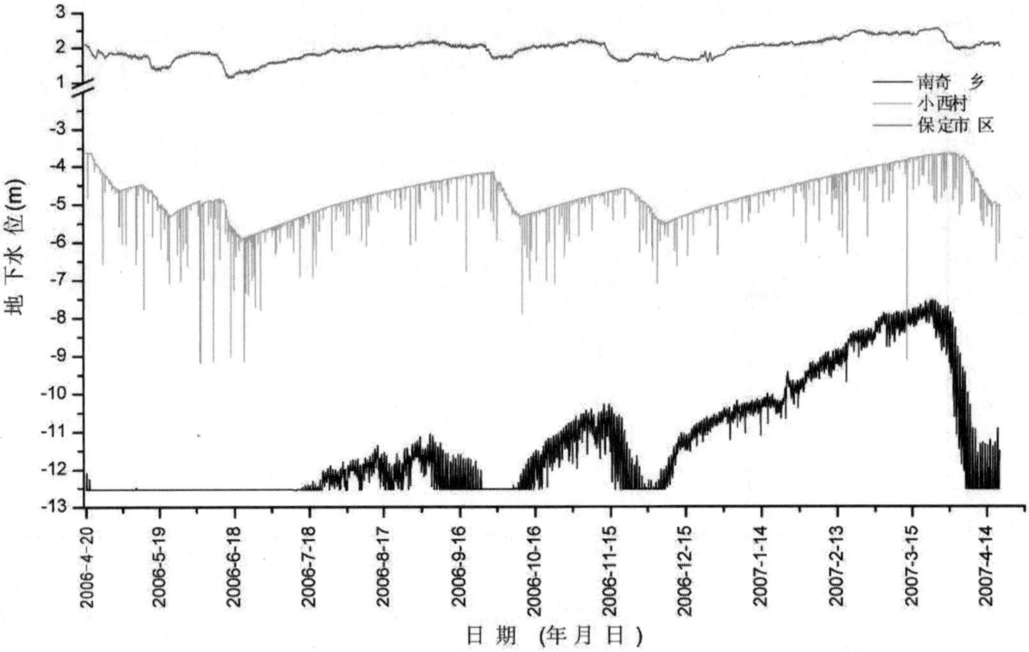

图8-8　2006年4月20日至2007年4月19日各观测井地下水位动态(采样间隔60 min)

虽然各观测点地下水位动态的年际变化趋势、年内变化规律和日变化特征存在差异，但是在年尺度内仍然存在近似相同的水位升降变化“极值点”。这表明存在同时影响各个观测点地下水位动态的某种机制。此外，这种近似相同的“极值点”在不同观测点出现的时间往往有不同程度的“滞后”现象。

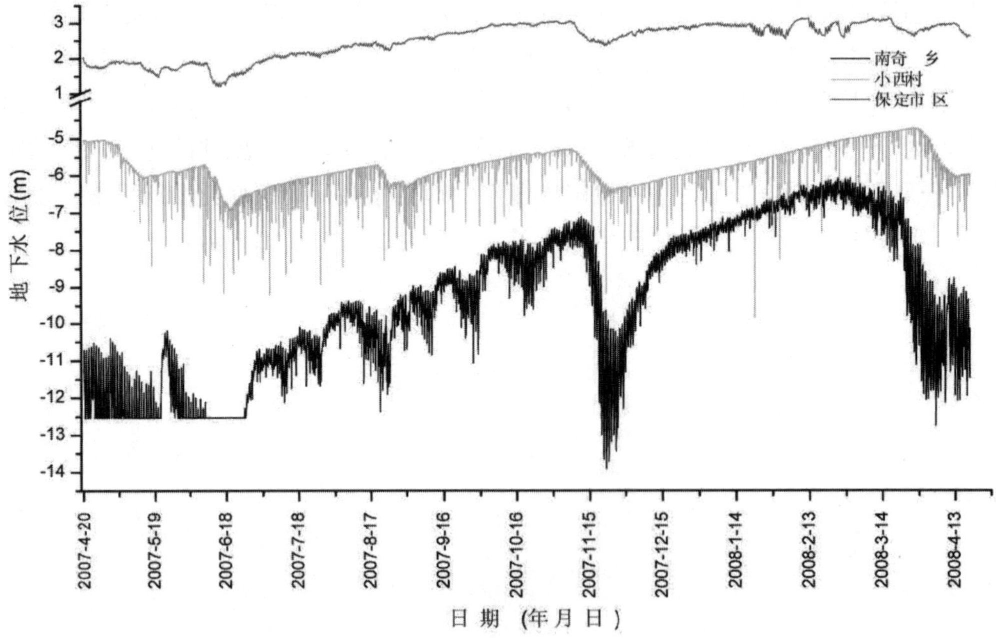

图8-9　2007年4月20日至2008年4月19日各观测井地下水位动态(采样间隔60 min)

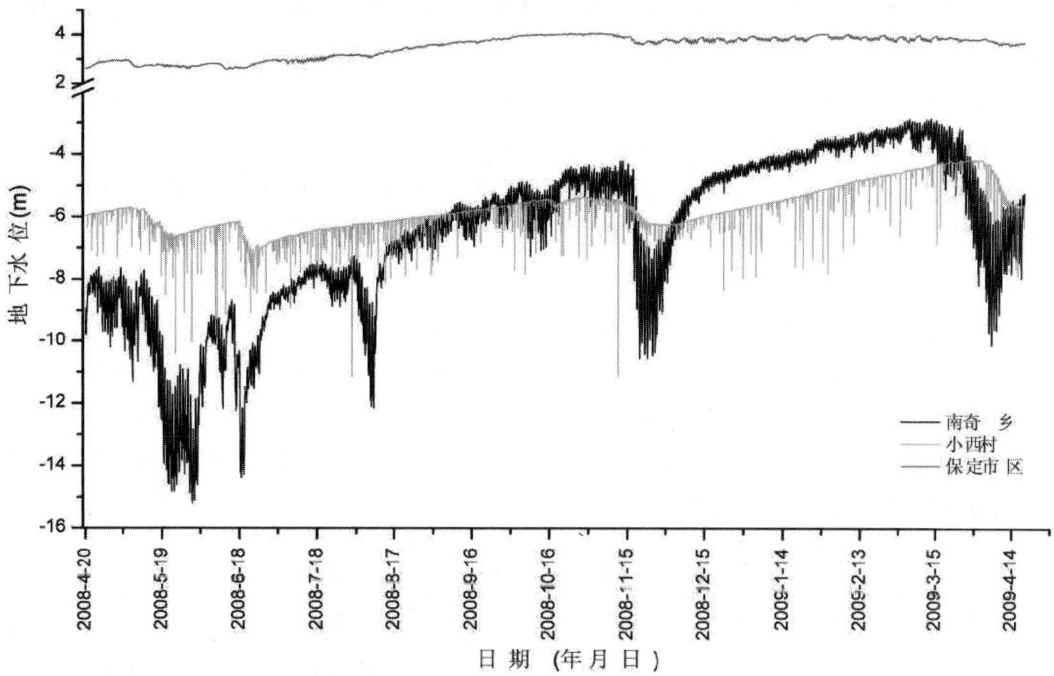

图8-10 2008年4月20日至2009年4月19日各观测井地下水位动态(采样间隔60 min)

观测时段内（2005—2009年），DC03观测井（保定市区）水头标高始终为正且高于另外两个观测点。这表明深层地下水具有向浅层地下水越流补给的稳定的水力条件。DC01观测井（南奇乡）和DC02观测井（小西村）在已有观测时段内出现水力梯度倒转。在2008年9月之前的观测期内DC01观测井由于更加靠近地下水位漏斗中心，所以水位低于DC02观测井。然而，在整个观测期内DC01观测井显示出递增的水位年际变化趋势，同时DC02观测井显示出递减的水位年际变化趋势。因此，在2008年9月以后，DC01观测井的水位除3月下旬至4月上旬和11月下旬至12月上旬外，其余时间高于DC02观测井。这种水力梯度倒转的现象一方面使得地下水位漏斗区地下水流动更加复杂，另一方面表明了漏斗区地下水的持续开采和漏斗的不断加深扩大有可能激发了漏斗中心附近深层地下水的越流补给。

Mann-Kendall（MK）统计检验法（Mann，1945；Kendall，1975）可以对各观测井地下水位埋深变化趋势进行显著性检验。MK检验法广泛地被用于水文气象序列单调趋势的显著性检验，例如，水质、流量、温度和降水量等（Yue等，2002a）。MK检验方法基于时间序列的时间次序和秩次（Hamed，2008），是一种非参数统计方法。与参数统计检验法相比，非参数检验法更适用于非正态分布或经过删减处理（删去低于或高于某水平的观测值）的资料，而这些情况在时间序列分析中常常会遇到。然而，MK检验方法却不能直接应用于地下水位序列。这是因为水位序列通常存在较为明显的自相关性。若序列存在正的自相关关系时会增加拒绝原假设（序列没有趋势）的概率，若序列存在负的自相关关系时会降低拒绝原假设（序列没有趋势）的概率（Yue 和 Hashino，2003； Yue 和 Wang，2004）。因此，本文运用Lettenmaier提出的MK检验修正算法进行分析（Tabari 和 Talaee，2010）。如果时间序列存在线性趋势，那么可以用Sen’s slope估计方法（Tabari 和 Talaee，2010）估算出线性趋势实际的变化速率。

MK趋势检验和Sen’s slope估算结果表明：地下水漏斗区内深层地下水头埋深和浅层地下水位埋深显示出不同的线性变化趋势。深层地下水头埋深在0.01的显著性水平上逐渐减小，表明保定市在治理深层水无序开采方面取得成效。与此同时，浅层地下水位埋深显示出不同的变化趋势。在地下水漏斗中心区附近，浅层地下水埋深在0.01的显著性水平上逐渐减小。在距离漏斗中心区较远的位置，浅层地下水埋深在0.01的显著性水平上逐渐增大。浅层地下水漏斗区内随着离开漏斗中心的距离增大，地下水埋深变化趋势逐渐由减小变为增大。最终使得漏斗区内浅层地下水水力梯度发生倒转，地下水流场由原先向漏斗中心汇流变为由漏斗中心向外部流动。

表8-3　水位埋深的MK检验和Sen’s slope估计结果

观测井	数据个数	MK检验Z统计量	Sen's slope	水位埋深变化趋势
DC01	1356	–34.75	–0.0060	减小
DC02	1603	31.73	0.0019	增大
DC03	1665	–33.10	–0.0012	减小

注：显著性水平均为0.01。

如果地下水漏斗区内浅层地下水水力梯度倒转的现象是由漏斗中心附近深层地下水越流补给浅层地下水造成的，那么漏斗中心附近浅层地下水埋深变化将受到深层地下水水头变化的影响。由此推断，漏斗中心附近浅层和深层地下水动态可能显示较好的相关性。假设地下水埋深近似为符合正态分布的随机变量，可以利用相关系数来衡量不同观测井水位（水头）埋深之间的共变趋势。两两求解水位（水头）埋深之间的互相关系数，结果表明：深层地下水观测井DC03和浅层地下水观测井DC01之间存在较好的线性相关关系，相关系数在时间延迟为0时达到最大值0.91；观测井DC01、DC03与DC02的水位（水头）埋深之间的互相关系数较小且为负数。当地下水埋深不能近似为满足正态分布的随机变量时，可以用Kendall秩相关系数来衡量不同观测井水位（水头）埋深之间的共变趋势。计算结果表明：DC03和DC01观测井水位（水头）埋深之间的Kendall秩相关系数为0.73；观测井DC01、DC03与DC02的水位（水头）埋深之间的Kendall秩相关系数较小且为负数。

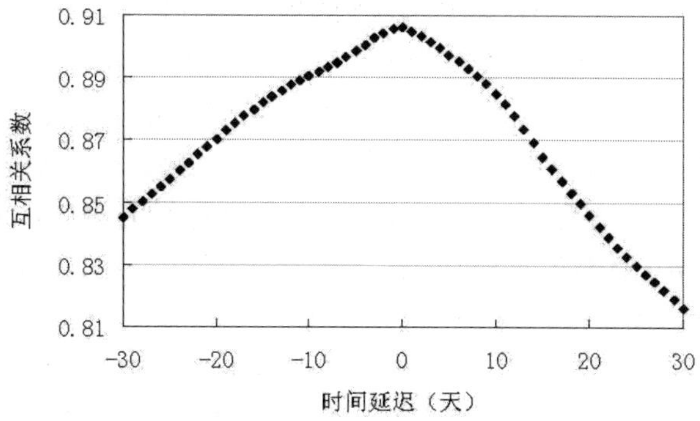

图8-11　DC03观测井与DC01观测井地下水埋深互相关系数

综上所述，深、浅层地下水头（水位）埋深之间的相关分析证明了漏斗中心附近的浅层地下水与深层地下水有密切的水力联系。深层地下水在浅层地下水开采漏斗中心一定范围内可能发生对浅层地下水的越流补给，使其水位逐渐升高，并最终改变了漏斗区内浅层地下水的流场。

2010年5月在地下水漏斗区沿着互相垂直的两条剖面（满城—清苑剖面和徐水—望都剖面）采集浅层和深层地下水水样。满城—清苑剖面基本平行于地下水流动方向，徐水—望都剖面垂直于地下水流动方向。共采集浅层地下水水样样15个，深层地下水水样11个。现场测量了地下水位以及水温、pH值和EC值（部分浅层地下水采样点和深层地下水采样点无法测定水位）。采集水样在实验室内分析常量离子含量和氢氧稳定同位素组成。采样点位置分布如图8-12所示。

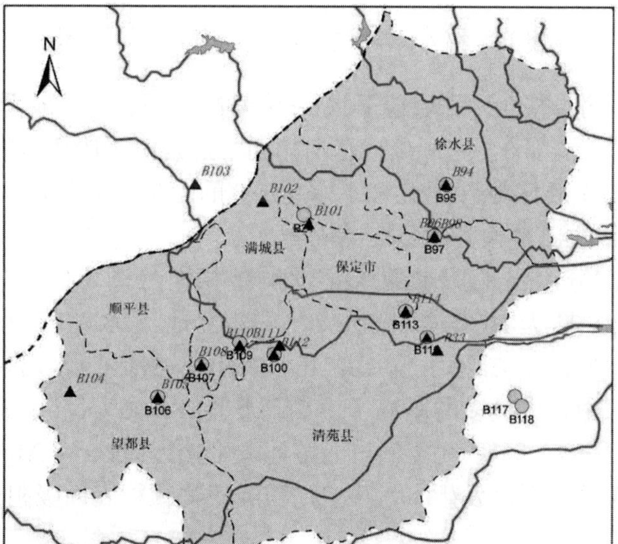

图8-12　地下水漏斗区地下水采样点分布

从浅层地下水位埋深来看，B104和B105的地下水位埋深分别为22 m和22.4 m，B33和B96采样点地下水位埋深分别为21.5 m和23.1 m，与保定市平原区平均水位埋深一致，表明采样点位于地下水位降落漏斗的边缘。由此，可以大致确定地下水位降落漏斗的边缘线大致沿B104-B105-B33-B96分布。B108、B110和B112采样点已位于漏斗区内，地下水位埋深分别为27 m、31.4 m和31.7 m。靠近漏斗中心的B101采样点地下水位埋深为39.5 m，接近漏斗中心水位埋深。从浅层地下水等水位线（图8-13）来看，漏斗中心地下水水位低于−15m，周边地下水向漏斗中心汇流。

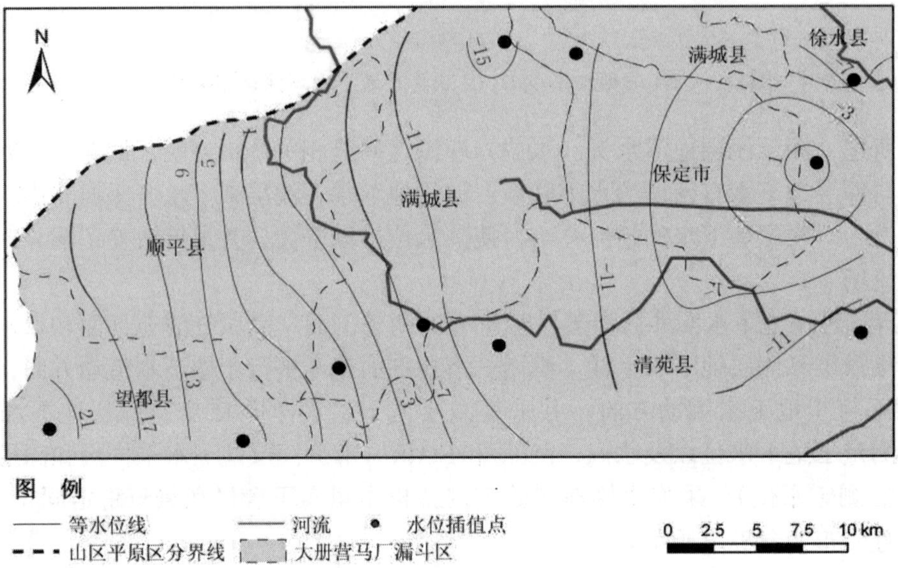

图8-13　地下水漏斗区浅层地下水水位等值线图

研究区内地下水偏弱碱性，深层地下水pH值略高。深、浅层地下水DO（溶解氧）值的取值区间和平均值（介于3～4 mg/L）基本相同。这是由于研究区靠近山前，是地下水经由大气降水补给的主要区域。因此地下水中DO的含量相对较高。地下水出现较高的DO值为第四系地下水主要是大气起源提供依据。

浅层地下水和部分深层地下水的水化学类型相同（图8-14）。浅层地下水主要为HCO_3-Mg×Ca水，少量为HCO_3-Ca×Mg水；深层地下水主要为HCO_3-Ca×Mg水、HCO_3-Mg×Ca水和HCO_3-Na×Ca水。深层地下水中HCO_3-Na×Ca水出现在地下水漏斗区的东部，该区域地下水中含量最多的阳离子由Ca^{2+}或者Mg^{2+}变为Na^{+}。鉴于这一区域地下水中γNa/γCl的平均值为7.2，同时Cl^{-}含量与上游地下水接近而Ca^{2+}、Mg^{2+}含量较上游地下水明显降低，推测该区域地下水发生了水中Ca^{2+}和沉积物颗粒表面吸附的Na^{+}之间的交替吸附作用。

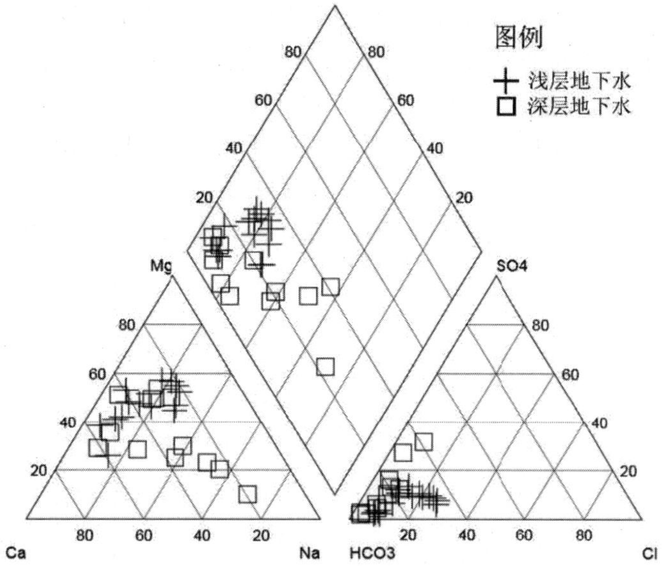

图8-14　地下水漏斗区浅层、深层地下水Piper图

深、浅地下水含盐量和同位素组成总体特征不同。浅层地下水的EC和TDS平均值明显高于深层地下水。同时，浅层地下水的EC值和TDS值具有较大的标准偏差，这表明浅层地下水系统的水化学特征受到各种外界因素的影响较深层地下水显著。浅层地下水较深层地下水富集重同位素组分。浅层地下水δD分布区间为（–67.1‰～–55.7‰），δ^{18}O分布区间为（–10.45‰～–6.93‰），对应的平均值分别为–62.6‰和–8.33‰。同时，深层地下水δD分布区间为（–80.61‰～–62.1‰），δ^{18}O分布区间为（–11.95‰～–8.15‰），对应的平均值分别为–69.9‰和–9.52‰。地下水氢氧稳定同位素组成的差异主要是由补给区域不同的自然地理条件等因素造成的。

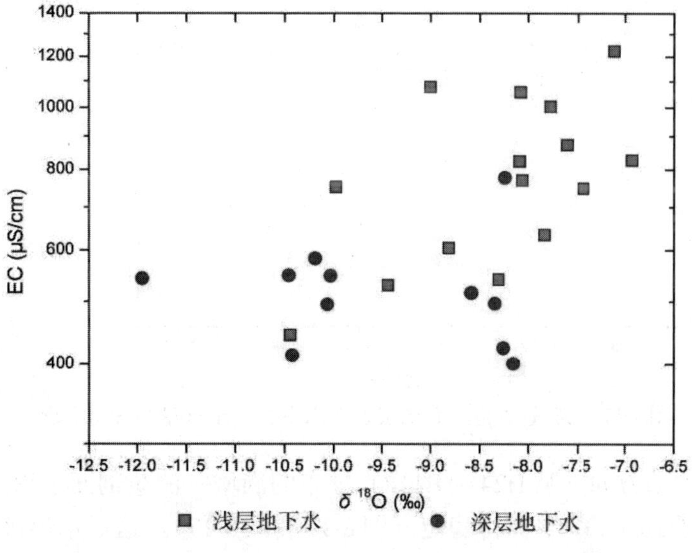

图8-15　地下水漏斗区浅层、深层地下水δ^{18}O-EC散点图

然而，浅层地下水水化学特征显示出受深层地下水的影响。深层地下水显示出低EC值和低$\delta^{18}O$值的特征（EC值低于600 μS/cm，$\delta^{18}O$值低于–8.0‰）。同时，浅层地下水主要显示高EC值和高$\delta^{18}O$值的特征（EC值高于700 μS/cm，$\delta^{18}O$值高于–8.0‰）。部分浅层地下水EC值和$\delta^{18}O$值特征更加接近深层地下水，这可能是由于受到深层地下水影响的结果（图8-15）。

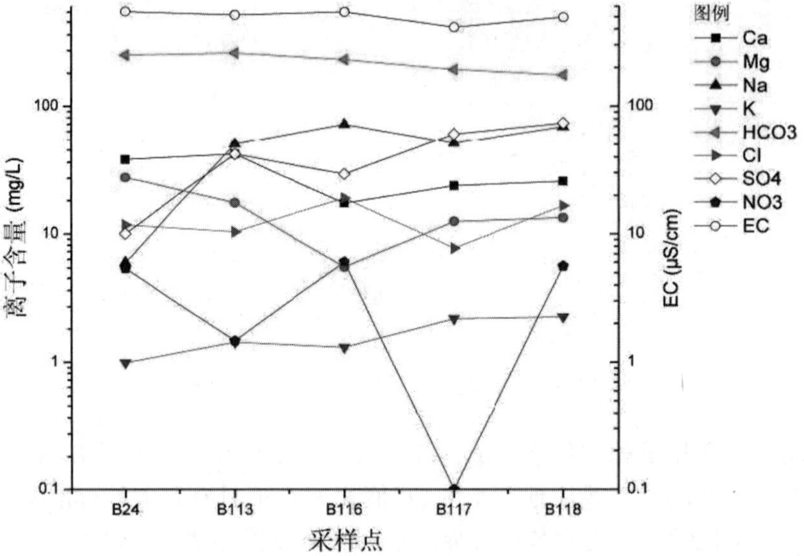

图8-16　满城—清苑剖面深层地下水主要离子含量与EC值变化

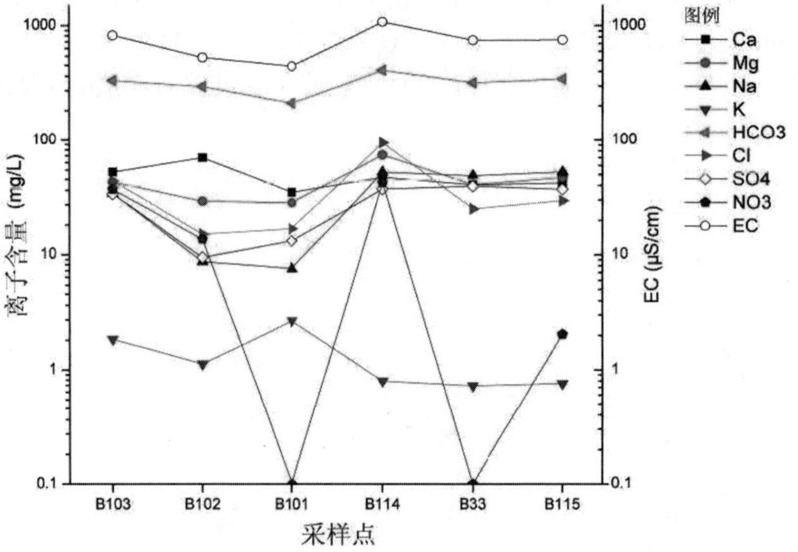

图8-17　满城-清苑剖面浅层地下水主要离子含量与EC值变化

在沿地下水流动方向（从B24到B118）分布的满城—清苑剖面上深层地下水EC值和含量最多的阴离子HCO_3^-基本保持稳定（图8-16和图8-17）。这显示出该方向上深层地下水受到外界环境影响较小。另一方面，Ca^{2+}和Mg^{2+}含量沿地下水流动方向先下降后保持稳定，Na^+则先上升后保持稳定，最终深层地下水中Na^+含量大于Ca^{2+}和Mg^{2+}含量。这种地下水中主要阳离子含量的交替是由该区域地下水中Ca^{2+}和沉积物颗粒表面吸附的Na^+之间的交替吸附作用造成的。

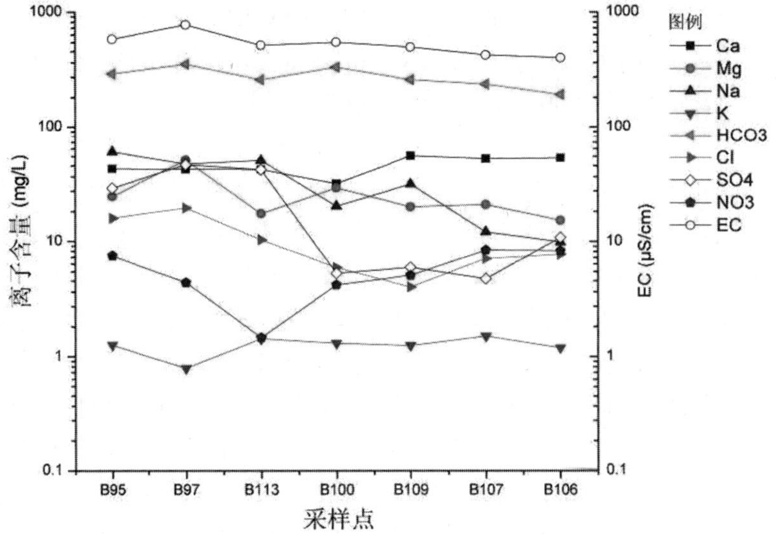

图8-18 徐水—望都剖面深层地下水主要离子含量与EC值变化

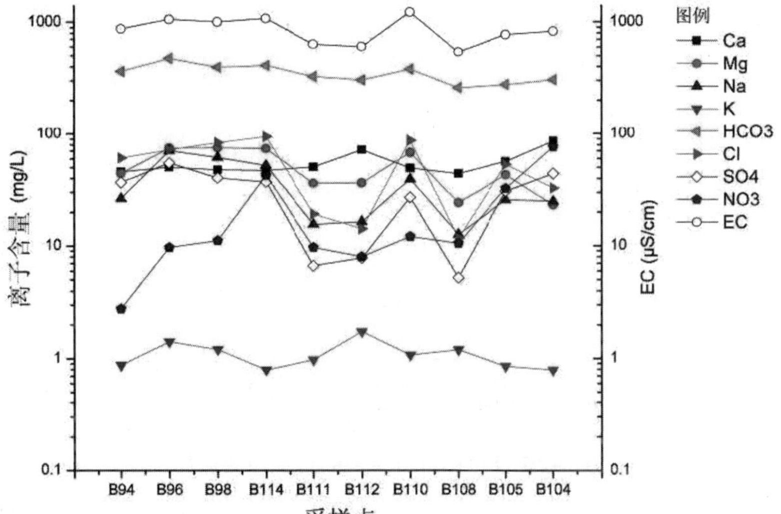

图8-19 徐水—望都剖面浅层地下水主要离子含量与EC值变化

满城—清苑剖面上沿地下水流动方向（从B103到B115），浅层地下水EC值和大部分主要离子沿剖面变化的趋势相同，且在距离漏斗中心较近的B102和B101采样点浅层地下水的EC值和主要离子含量明显降低，与附近的深层地下水B24接近。对于具有较大埋深的浅层地下水而言，这种现象极有可能是离子含量较低的深层地下水越流补给浅层地下水造成的。另一方面，在距离漏斗中心较远的B114采样点，浅层地下水的EC值最高，多数离子含量也达到最大值。特别是对人类活动（如，灌溉、排污）影响敏感的NO_3^-和Cl^-的含量明显增大。该区域位于保定市东南，分布有污灌大田。虽然推测该区域浅层地下水埋深达20 m以上，但是已有数据表明地下水已经受到人类活动（污灌）的影响。在垂直于地下水流动方向分布的徐水-望都剖面上深层地下水EC值和多数主要离子含量变化不大，基本稳定（图8-18和图8-19）。仅有SO_4^{2-}、Cl^-和Na^+显示出较大的变化：在B95到B113范围内深层地下水中含量高于B100到B106范围内的地下水。

与满城—清苑剖面上浅层地下水EC值和主要离子含量变化特点相似，徐水—望都剖面上处于地下水降落漏斗内的B111、B112和B108采样点处浅层地下水EC值和主要离子含量明显低于其他采样点，而与附近深层地下水（B100、B109、B107和B106）接近。该现象同样表明深层地下水可能通过越流补给浅层水，而改变了浅层地下水水化学特征。

基于地下水水化学参数主成分的模糊C均值聚类分析算法来研究地下水降落漏斗区地下水水质特点，分析深层地下水越流补给浅层地下水对地下水水质产生的影响。基本思路：将野外调查采样和室内分析实验得到的地下水水样pH、EC、TDS、$\delta^{18}O$、δD、Ca^{2+}、Mg^{2+}、Na^+、K^+、HCO_3^-、SO_4^{2-}、Cl^-和NO_3^-等指标作为反映地下水水化学特征的变量，利用PCA方法得到这些特征变量的第一主成分；当第一主成分的方差贡献率大于80%时，利用该主成分进行模糊C均值法聚类分析。通过聚类分析结果讨论大册营马厂地下水降落漏斗区地下水水质特点，分析深层地下水越流补给浅层地下水对地下水水质产生的影响。

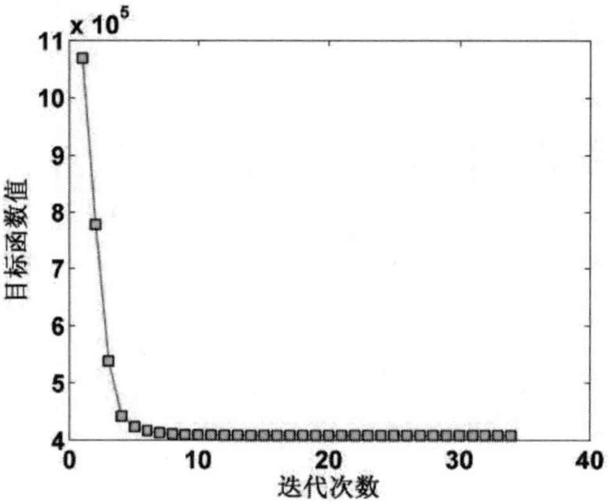

图8-20　对全部水样进行聚类的目标函数迭代过程

根据研究区域实际情况将全部地下水采样点分成2个大类，即“A类”（代表“深层地下水”）和“B类”（代表“浅层地下水”）。设定聚类运算的目标函数的最大迭代次数设为60次，设定目标函数最小改变量小于0.0005时达到收敛。经运算得到参与聚类的第一主成分的方差贡献率为92%，满足要求。目标函数的迭代次数为34次，迭代过程如图8-20所示。A类和B类水样的聚类中心分别为−616和−1133，各类包含的水样及隶属度（概率）见表8-4。

表8-4 隶属度矩阵

样品编号	B24	B33	B95	B97	B100	B101	B102	B106	B107
属于第A类的概率	0.9957	0.7227	0.9939	0.5355	0.9984	0.9835	0.9702	0.9640	0.9851
属于第B类的概率	0.0043	0.2773	0.0061	0.4645	0.0016	0.0165	0.0298	0.0360	0.0149

样品编号	B108	B109	B111	B112	B113	B115	B116	B117	B118
属于第A类的概率	0.9963	0.9996	0.7831	0.8607	0.9935	0.6259	0.9862	0.9411	0.9797
属于第B类的概率	0.0037	0.0004	0.2169	0.1393	0.0065	0.3741	0.0138	0.0589	0.0203

样品编号	B94	B96	B98	B103	B104	B105	B110	B114	
属于第A类的概率	0.2396	0.0194	0.0291	0.3282	0.0874	0.3201	0.0952	0.0681	
属于第B类的概率	0.7604	0.9806	0.9709	0.6718	0.9126	0.6799	0.9048	0.9319	

聚类结果表明：B类水样全部是浅层地下水，A类水样除了包括全部的深层地下水水样外，还包括了部分浅层地下水水样。从分类的概率上看（表8-4），浅层地下水采样点中除了B115分入A类的概率（0.6259）偏低外，其余采样点均以较高的概率（大于0.7，平均概率为0.886）分入A类。这表明地下水漏斗区内浅层地下水明显地受到深层地下水的影响，其水质更加接近深层地下水。该结论验证了由传统水化学分析方法得到的定性结论。深层地下水采样点B97分入A类的概率较低（0.5355），这可能是由于该井实际上混合开采了深层和浅层地下水造成的。本研究表明基于地下水水化学参数主成分的模糊C均值聚类分析算法可以从统计角度验证传统水化学分析的结论。

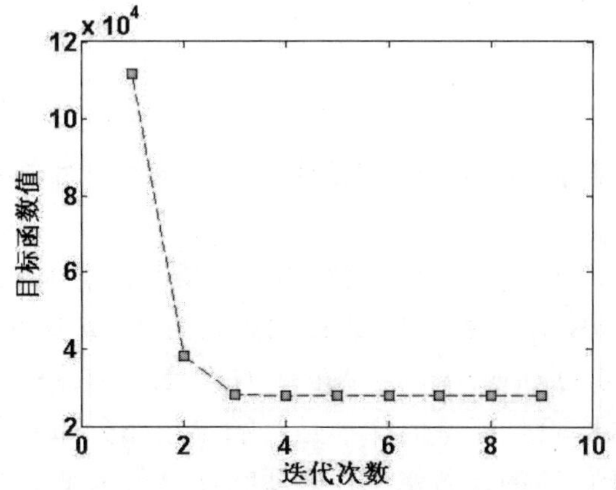

图8-21 对B组水样进行聚类的目标函数迭代过程

B类地下水采样点中，大部分分布在地下水漏斗的边缘地带，也有分布在漏斗区内部的采样点。利用相同方法对B组水样再次进行聚类。聚类的参数设置与上述过程一致，第一主成分的方差贡献率为83%，目标函数的迭代次数为9次，迭代过程如图8-21所示。结果得到B1类和B2类水样，其聚类中心分别为1278和938，各类包含的水样及隶属度（概率）见表8-5。

表8-5　隶属度矩阵

样品编号	B96	B98	B110	B114	B94	B103	B104	B105
属于第B1类的概率	0.8392	0.9757	0.9574	0.9909	0.0040	0.0104	0.0814	0.0012
属于第B2类的概率	0.1608	0.0243	0.0426	0.0091	0.9960	0.9896	0.9186	0.9988

B组聚类结果表明，B96、B98和位于漏斗区内部的B110、B114属于一类（记作B1）；B94、B103、B104和B105属于一类（记作B2），该类别采样点位于地下水漏斗区边缘，代表不受深层地下水影响的浅层地下水。B1类别浅层地下水具有最高的EC值和最大Cl^-含量。B1类浅层地下水的平均EC值为1091 μS/cm，Cl^-含量为84 mg/L，分别为B2类浅层地下水的1.6倍和2.9倍。考虑到B1类采样点附近存在生产企业排污的情况，将B1类浅层地下水划分为受到人类活动影响的浅层地下水。

聚类分析的结果将研究区内浅层地下水分成三类：（1）位于地下水漏斗边缘的不受深层地下水影响的浅层地下水；（2）位于地下水漏斗区内受到漏斗中心区域深层地下水越流补给影响的浅层地下水；（3）位于地下水漏斗区内主要受到人类活动影响的浅层地下水。由于受到深层地下水的影响，第2类浅层地下水的水质更加接近深层地下水，并以较大的概率与深层地下水归为一类。为了验证漏斗区内浅层地下水与深层地下水水质接近这一事件的统计学意义，使用配对t检验（paired t test）检验其水质差异的显著程度。

进行配对t检验前，首先应计算选定水化学指标各对数据间的差值，得到差值样本。将差值作为变量来计算均数。因此，可将该检验理解为差值样本均数与已知总体均数进行比较的单样本t检验。检验统计量为

$$t=\frac{\overline{d}}{S_d/\sqrt{n}} \tag{8-1}$$

式中，$\overline{d}$为差值样本的均数；S_d为差值样本的标准差；n为配对样本的对子数，自由度$v=n+1$。

对地下水降落漏斗区内采样点空间位置接近的浅层和深层地下水进行配对，共得到6对水样（B101/B24，B115/B116，B94/B95，B111/B100，B108/B107以及B105/B106）。选定参与检验的水化学参数$\delta^{18}O$、δD、Ca^{2+}、Mg^{2+}、Na^+、K^+、HCO_3^-、SO_4^{2-}、Cl^-和NO_3^-。求各参数的差值样本。K-S检验验证差值样本是否满足正态分布假设。K-S检验结果见表8-6。计算得到的p值大于设定的显著水平，表明在该显著水平上差值样本满足正态分布的假设。

表 8-6　Kolmogorov-Smirnov正态分布检验结果

	平均值	标准偏差	K-S Z统计量	p值(2-tailed)
d-δD	5.75	6.51	0.521	0.949
d-δ^{18}O	1.15	1.24	0.739	0.646
d-Ca	6.57	12.78	0.626	0.829
d-Mg	16.70	15.92	0.561	0.912
d-Na	−6.70	17.45	0.514	0.954
d-K	−0.02	0.84	1.138	0.150
d-HCO_3	40.83	58.36	0.488	0.971
d-Cl	20.70	19.30	0.774	0.587
d-SO_4	6.77	7.19	0.677	0.750
d-NO_3	2.98	11.31	0.601	0.863
d-TDS	122.75	132.78	0.552	0.921

建立配对t检验假设，设定检验水准（双侧检验）。

H_0：地下水漏斗区内浅层地下水和深层地下水水质差异不显著（零假设，null hypothesis）。

H_1：地下水漏斗区内浅层地下水和深层地下水水质差异显著（备择假设，alternative hypothesis）。

计算检验统计量t和相应的p值，见表8-7。

表 8-7　配对t检验结果

	配对样本差值		t统计量	p值(2-tailed)
	平均值	标准偏差		
d-Ca	6.57	12.74	1.262	0.263
d-Mg	16.70	15.92	2.569	0.050
d-Na	−6.68	17.44	−0.939	0.391
d-K	−0.02	0.84	−0.048	0.963
d-HCO_3	40.87	58.33	1.716	0.147
d-Cl	20.70	19.30	2.627	0.047
d-SO_4	6.77	7.19	2.304	0.069
d-NO_3	2.98	11.31	0.646	0.547
d-TDS	122.75	132.78	2.265	0.073
d-δD	5.77	6.49	2.177	0.081
d-δ^{18}O	1.14	1.24	2.246	0.075

注：自由度为5。t界值表：双侧检验，α=0.05，自由度为5时的t界值$t_{0.05/2,5}$=2.5710。

最后，得到的检验结果表明：除了Cl^-的检验结果外，其余水化学参数$p>0.05$，因此在水准上不拒绝H_0。因此，地下水漏斗区内浅层地下水和深层地下水水质差别无统计学意义。这可能是深层地下水向上越流补给浅层地下水的结果。

第三节　人类活动改变平原区浅层地下水流场和水化学特征

浅层地下水能够直接接受大气降水、地表水等垂向补给和山前地带山区的侧向径流补给，以人工开采、蒸发、侧向径流等为排泄方式，地下水水力性质属于潜水—微承压水。研究区内，山前平原冲洪积扇区域第1、2含水组具有较密切的水力联系同属于浅层地下水系统，中部平原的浅层地下水系统仅包括第1含水组中的地下水。受到流域内水库拦蓄、调水引水、地下水开采、农业灌溉等人类活动的影响，浅层地下水的流场、主要水文过程和水化学特征发生明显的改变。

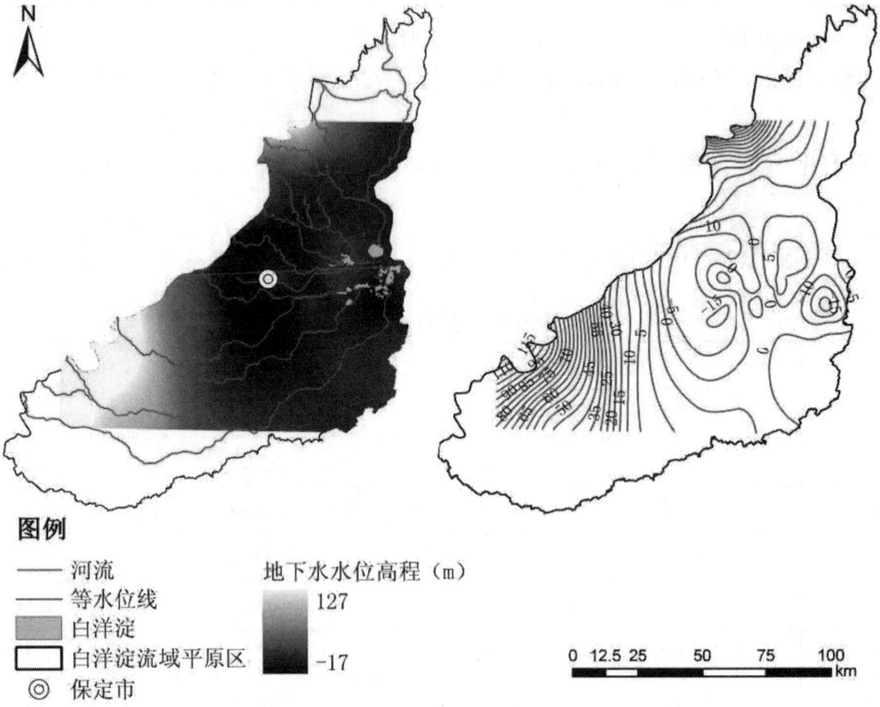

图8-22　白洋淀流域平原区浅层地下水水位高程插值图及等水位线图
（数据来自2010年5月野外调查实测值）

野外调查中测量了白洋淀流域平原区内分布的55眼浅井的水位数据，经过插值后得到浅层地下水水位高程分布图和等水位线图（图8-22）。总体来看，白洋淀流域平原区内浅层地下水的水位分布与地表高程分布一致。保定市区—白洋淀一线以北、以南区域地表分别向白洋淀倾斜。浅层地下水水位也由保定—白洋淀一线两侧的山前平原向中部降低。此外，保定市西部一亩泉地区浅层地下水被长期超采，以满足当地工业用水和城市供水需求。过度抽水导致该地区浅层地下水水位以平均0.5 m/a的速度下降（Liu等，2002；Nakayama等，2006），形成了一个巨大的浅层地下水降落漏斗——大册营马厂浅层地下水漏斗。漏斗中心的水位为−17 m左右，是整个研究区内水位最低的地方。同样，由于超采地下水，在白洋淀南部也形成了一个规模较小的浅层地下水位降落漏斗，中心水位约为−15 m左右。

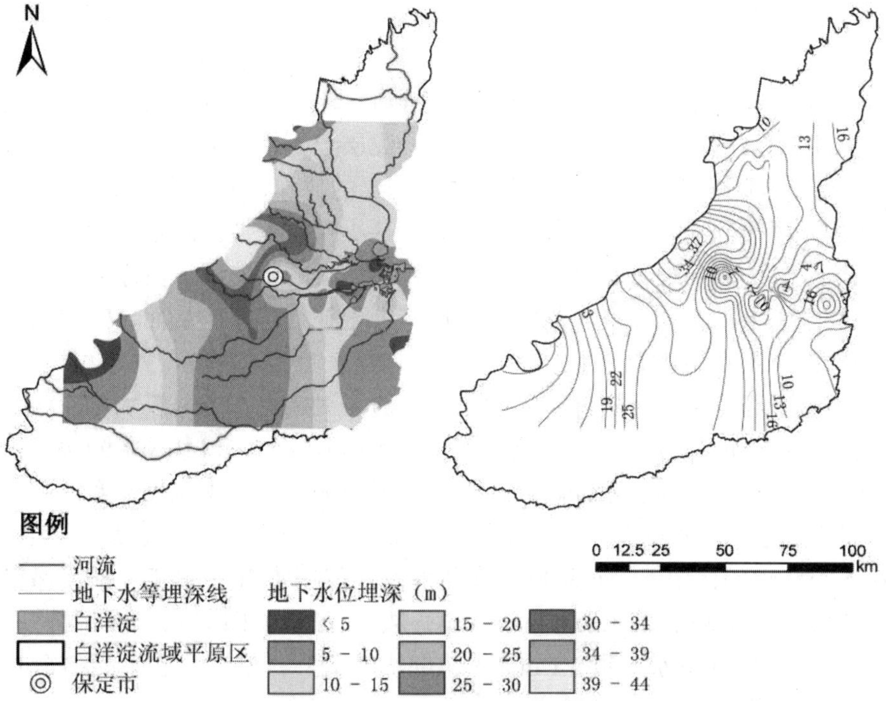

图8-23　白洋淀流域平原区浅层地下水埋深插值图及等埋深线图
（数据来自2010年5月野外调查实测值）

白洋淀流域平原区浅层地下水埋深分布与等埋深线图（图8-23）清晰地显示出区域内浅层地下水主要的补给区。白洋淀流域平原区平均地下水位埋深为23.2 m，而漏斗中心水位埋深为42.8 m。保定市区以西的大册营马厂地下水漏斗的分布范围大致可以由30 m等埋深线勾勒出来。该地下水水位降落漏斗区域以北、以南两侧的山前平原分别形成了易水河冲洪积扇和潴龙河—唐河冲洪积扇地下水浅埋区，主要接受大气降水的垂向入渗补给和山前侧向径流补给。由于上流截留，入白洋淀水量锐减，频繁通过调水维持白洋淀的生态水位。然而，白洋淀渗漏十分明显，在大册营马厂地下水漏斗以东的白洋淀区域形成了地下水水位浅埋区。上述三个地下水浅埋区在空间上呈“品”字形分布，构成了整个平原区浅层地下水的主要补给区域。

白洋淀流域平原区特殊的地形条件，超采造成的浅层地下水位降落漏斗，以及白洋淀地表水渗漏共同塑造了流域浅层地下水的流场。受地形控制，流域内浅层地下水由南、北两侧向中部汇流。受白洋淀地表水渗漏和大册营马厂浅层地下水位降落漏斗影响，由流域南北两侧汇流来的地下水逆地形梯度，向西部的地下水漏斗汇流。位于平原西部的大册营马厂地下水漏斗区成为整个区域浅层地下水的汇流区。浅层地下水流场受到人类活动引起的地下水超采和地表水渗漏的强烈影响，导致流域内浅层地下水很少能向流域外排泄水量，仅平原区北端和南端的部分浅层地下水向流域边界外排泄。相反，流域以外的浅层地下水在水力梯度作用下向流域内渗流。白洋淀东部属于华北平原的中部平原部分，该区域广泛分布着浅层咸水体（Zhang等，2009）。目前的状态下，原先在华北平原的中部平原分布的咸水体可逐步向西部扩展，使白洋淀流域内浅层淡水咸化，最终将使华北平原全淡水区的面积萎缩。

向地下水漏斗区汇流的地下水通过开采而排泄。流域平原区浅层地下水主要的开采区集中在保定市区的西部和南部。这里工业发达，浅层地下水被大量集中开采。此外，农业灌溉也是主要的排泄途径。白洋淀流域平原区主要的耕作模式为冬小麦-夏玉米轮种。夏玉米生长期内，雨热同期，灌溉量较小。然而，冬小麦生长期内降水偏少，为了维持冬小麦高产而抽取大量的浅层地下水进行灌溉。在人类活动的影响下，白洋淀流域浅层地下水的排泄几乎完全以人工方式排泄，同时排泄速率大于补给速率，从而导致浅层地下水水位整体下降和局部地下水漏斗的产生。

白洋淀流域曾经是一个水资源丰富的地方。白洋淀接受八条河流水量注入，冲洪积扇前有众多泉水喷涌。航运曾经是该区域最重要的运输方式。人口和经济的快速发展，使得情况完全改变了。目前，地表水稀缺，地下水逐渐枯竭。地下水流场改变，不但无法向下游的浅层地下水提供侧向补给，反而有利于华北平原含水层东侧发生海水入侵（Han等，2014）。在人类活动的作用下，这种巨大变化的发生仅用了50～80年。根据保定市水文水资源调查（http：//www.0312sw.com/index.asp）数据，2010年以后，大册营马厂浅层地下水位降落漏斗中心的地下水位以2.1 m/a的速度快速上升。然而，它不能在短时间内改变浅层地下水的流动模式。

地下水化学组成受到各种因素，包括降水的水化学组成、地质结构、含水介质的矿物组成，和不同水文地球化学过程的影响。降水中通常含有少量的SiO_2和其他矿物，并溶解有诸如CO_2、SO_2、N_2和O_2等气体。因此，多数降水的pH值低于7，具有侵蚀性。同时，当降水到达地表时，可以从腐殖质等类似物质中吸收有机酸，增强水的侵蚀性。当水渗流经过岩石时，一些矿物被酸性水侵蚀、溶解，形成水溶液中溶解的化学组分。溶解的盐类的数量和性质取决于地下水的化学成分及所遇到的岩石的矿物结构和物质结构，以及温度、压力和接触的持续时间等（美国内政部水力资源局，1989）。各种因素和过程相互作用往往造成地下水具有多样的水化学类型。可利用浅层地下水主要离子水化学组成来研究地下水流动系统水化学的形成作用。

白洋淀流域上游中山区主要分布有中太古界片麻岩、斜长角闪岩、大理岩等，构成岩石的主要矿物包括：长石、石英、云母、角闪石、辉石以及方解石和白云石等。低山丘陵区主要分布有蓟县系白云岩局部分布有少量灰岩，构成岩石的主要矿物包括：白云石和方解石。平原区主要分布厚层第四系陆源松散沉积物。第四系浅层地下水主要由低山丘陵区和山前冲洪积扇区域的大气降水入渗后补给形成。2008年至2009年崇陵小流域内采集的大气降水水样中主要离子的降水量加权平均含量见表8-8。降水平均TDS约为22 mg/L，属于SO_4-Ca水。

表8-8 大气降水中主要离子的降水量加权平均含量（meq/L）

Ca^{2+}	Na^{+}	Mg^{2+}	K^{+}	SO_4^{2+}	NO_3^{-}	Cl^{-}	F^{-}
0.118	0.026	0.019	0.012	0.220	0.074	0.069	0.042

浅层地下水经由补给区向下游流动，由于受到地形的控制和平原中部大册营马厂地下水位降落漏斗的影响，北部和南部的浅层地下水分别向中部的大册营马厂地下水漏斗区和白洋淀区域汇流。为了区分方便，将浅层地下水流动系统区分为北、南两部分，分别称为北部子系统和南部子系统。如图8-24布设采样点采样分析地下水水化学组成，从主要离子水化学出发探讨两个子系统内部浅层地下水水化学特征的形成与主要的控制机理。

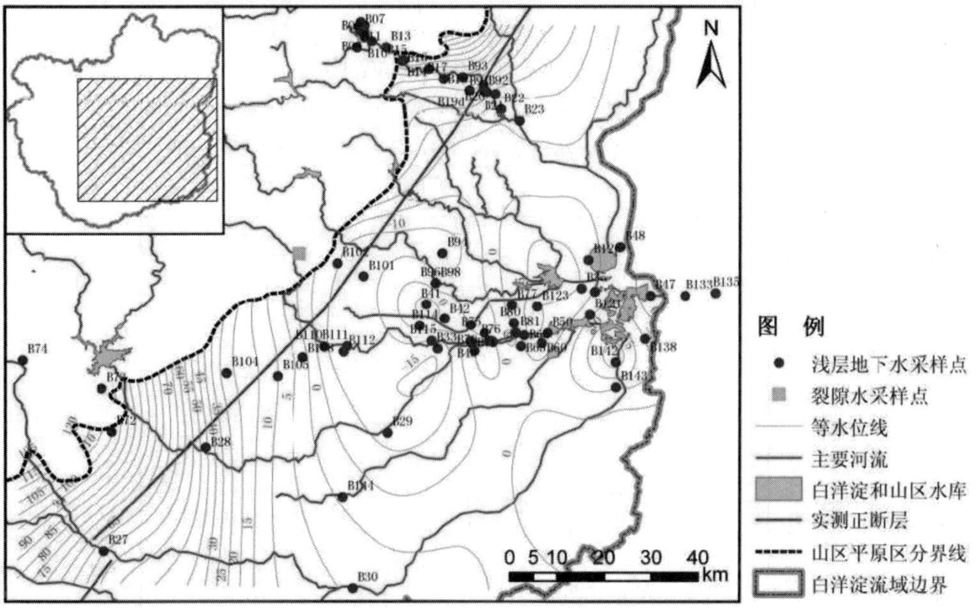

图8-24 白洋淀流域浅层地下水等水位线与采样点分布图

通常，Ca^{2+}和Mg^{2+}主要来源于碳酸盐，也可能来源于蒸发岩或硅酸盐的风化产物；Na^{+}和K^{+}主要来源于蒸发岩或硅酸盐的风化产物。HCO_3^{-}主要来源于碳酸盐岩溶解，Cl^{-}和SO_4^{2-}主要来源于蒸发岩的溶解。如（γCa+γMg）/（γNa+γK）与γHCO_3/（γSO_4+γCl）散点图所示（图8-25），北部浅层地下水子系统（γCa+γMg）/（γNa+γK）比值大于5.14，平均值为8.76；γHCO_3/（γSO_4+γCl）比值均大于1.16，平均值为5.79。同时，南部浅层地下水子系统（γCa+γMg）/（γNa+γK）比值大于3.58，平均值为6.76；γHCO_3/（γSO_4+γCl）比值均大于1.46，平均值为4.13。这表明碳酸盐岩风化是浅层地下水化学组分的主要来源。

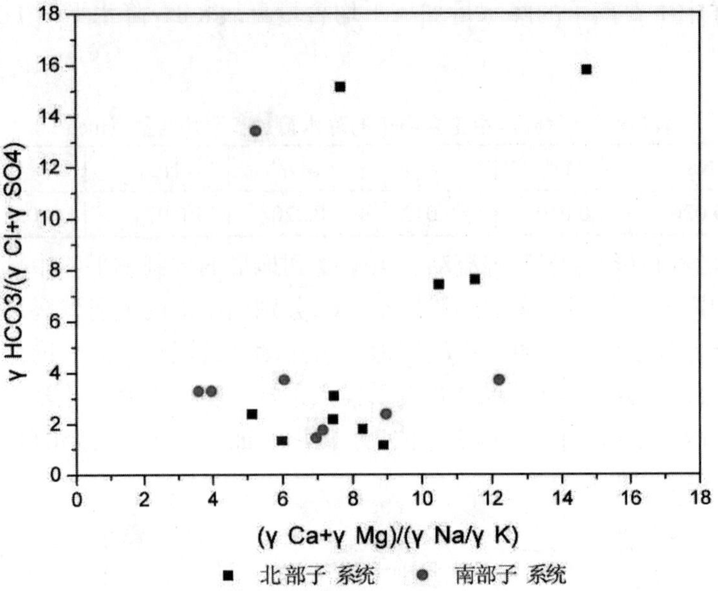

图8-25　浅层地下水(γCa+γMg)/(γNa+γK)与$\gamma HCO_3/(\gamma SO_4+\gamma Cl)$散点图

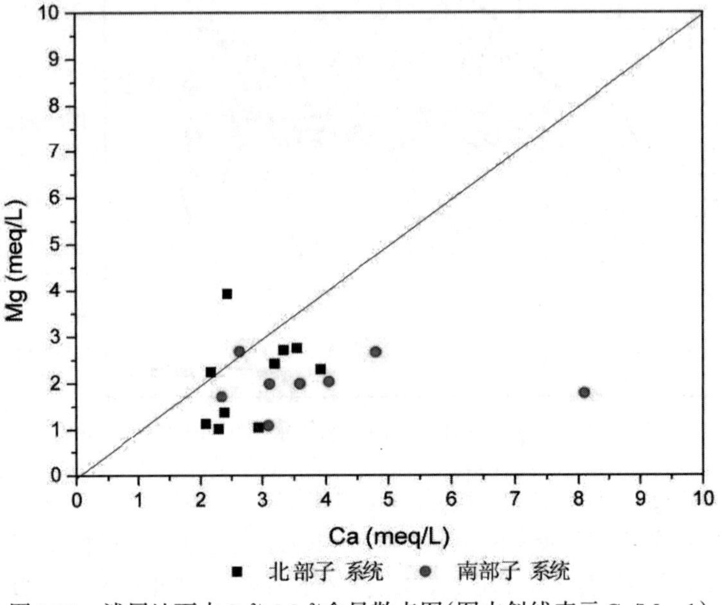

图8-26　浅层地下水Ca^{2+}、Mg^{2+}含量散点图(图内斜线表示Ca/Mg=1)

研究区内，白云石和方解石是最常见的碳酸盐矿物，易于遭受风化溶解于水中。大部分浅层地下水水样中Ca的毫克当量含量高于Mg，γCa/γMg介于1～3，这表明白云石和方解石同时存在于地下水含水介质中。部分水样落在图内斜线上（Ca/Mg=1），同时部分水样分布在斜线两侧十分靠近斜线，这表明对这部分水样而言，白云石是最重要的溶解矿物(图8-26)。

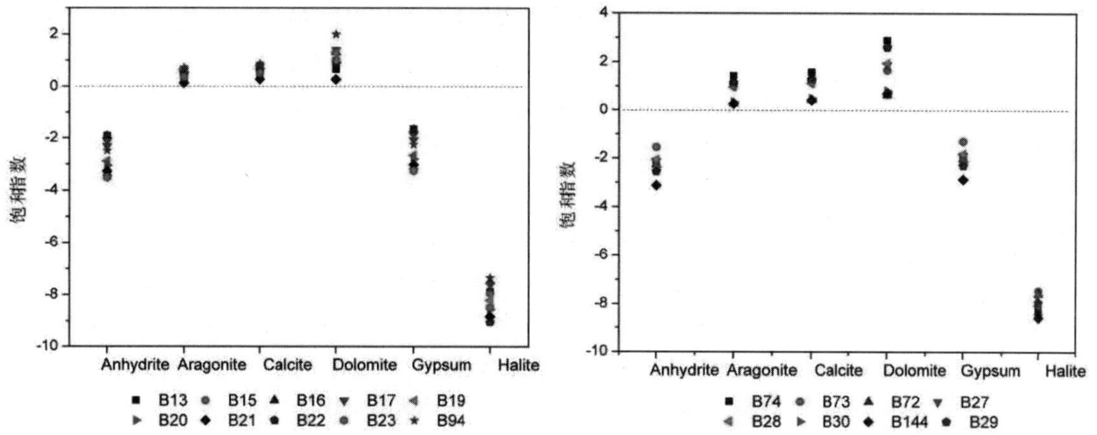

图8-27 浅层地下水溶解矿物的饱和指数(左-北部浅层地下水子系统,右-南部浅层地下水子系统)

利用PHREEQC软件计算了浅层地下水中溶解矿物的饱和指数(SI),结果见图8-27。结果表明,北部和南部浅层地下水含水介质中包含反应性矿物相同,主要是方解石、白云石,可能存在霰石($CaCO_3$,与方解石同质多象),不存在硬石膏、石膏和岩盐等反应性矿物。该结果与研究区第四系浅层含水系统的矿物组成一致。沿着地下水流动方向,北部和南部浅层地下水子系统自补给区开始就饱和了白云石和方解石等碳酸盐岩矿物,并出现一定程度的过饱和(图8-28)。同时,水溶液中达到饱和的白云石和方解石矿物限制了Ca^{2+}、Mg^{2+}和HCO_3^-等离子含量继续增大。因此,浅层地下水中主要离子来自补给区碳酸盐岩的风化。

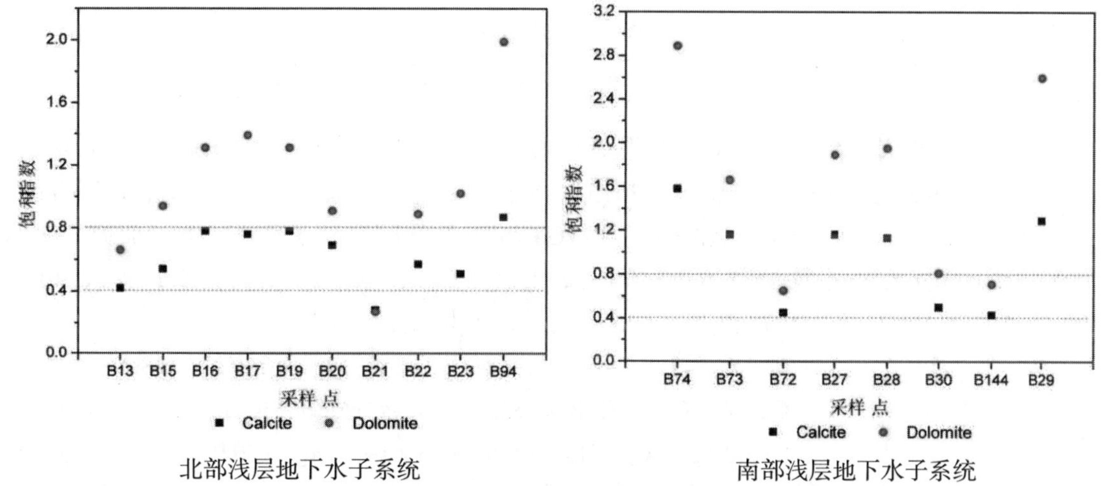

北部浅层地下水子系统　　南部浅层地下水子系统

图8-28 沿浅层地下水流动方向(图中由左至右)溶解矿物的饱和指数的变化

除了自然来源外,化石燃料(如煤和石油)的燃烧也会排放大量的SO_x和NO_x。由于大气中的氧化作用,这些污染物主要是SO_2和NO_2。在云的内部和下面,雨滴的水与SO_2和NO_2反应如下:

$$2SO_2 + 2H_2O + O_2 = 2H_2SO_4 \quad (8\text{-}2)$$

$$4NO_2 + 2H_2O + O_2 = 4HNO_3 \quad (8\text{-}3)$$

同时，大气中的CO_2可溶解到降水中，最终产生H_2CO_3。它包含两个过程，且反应可双向进行，直到反应达到平衡。

$$CO_2(g)= CO_2(aq) \quad (8\text{-}4)$$

$$CO_2(aq)+ H_2O = H_2CO_3 \quad (8\text{-}5)$$

与生成H_2CO_3的反应相比，第一个反应相当缓慢。然而，通常地下水溶液接触到的土壤空气中的CO_2分压高于大气。因此，H_2CO_3也很重要。

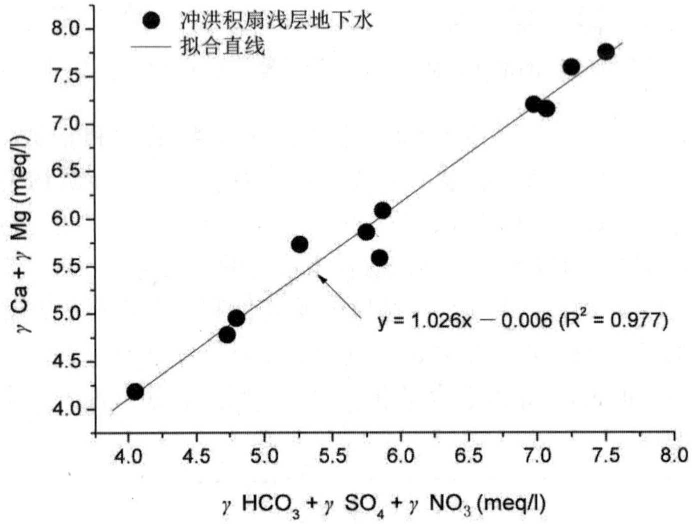

图8-29　($\gamma HCO_3+\gamma SO_4+\gamma NO_3$)和阳离子($\gamma Ca+\gamma Mg$)散点图(Yuan等,2017)

冲洪积扇被认为是浅层地下水获得降水入渗补给的主要补给区（Chen等，2004；Li等，2008；Yuan等，2011；Cao等，2013）。从图8-29中可以看出，该区域大部分样品在阴离子（$\gamma HCO_3 +\gamma SO_4 +\gamma NO_3$）和阳离子（$\gamma Ca +\gamma Mg$）之间达到了离子平衡。研究区雨水中$SO_4^{2-}$和$NO_3^-$的浓度平均分别为0.2±0.1 meq/L和0.1±0.1 meq/L。由此推断，大气SO_x和NO_x的排放在主要矿物白云石和方解石的风化过程中起着重要作用。

$$2Ca_xMg_{1-x}CO_3 + H_2SO_4 = 2xCa^{2+} + 2(1-x)Mg^{2+} + 2HCO_3^- + SO_4^{2-} \quad (8\text{-}6)$$

$$Ca_xMg_{1-x}CO_3 + HNO_3 = xCa^{2+} + (1-x)Mg^{2+} + HCO_3^- + NO_3^- \quad (8\text{-}7)$$

$$Ca_xMg_{1-x}CO_3 + H_2CO_3 = xCa^{2+} + (1-x)Mg^{2+} + 2HCO_3^- \quad (8\text{-}8)$$

降水中的硫酸、硝酸、碳酸与该区域主要反应性矿物反应方程如式（8-6 ~ 8-8）。降水中的硫酸、硝酸、碳酸和碳酸盐矿物反应后分别产生SO_4^{2-}或NO_3^-与HCO_3^-，而碳酸盐矿物溶释放HCO_3^-。上述降水中的酸根离子与碳酸盐释放的HCO_3^-的当量比分别为1∶2，1∶1和1∶1。因此，大气SO_x和NO_x排放降最终导致碳酸盐矿物溶解释放大约0.5meq/L的HCO_3^-。补给区浅层地下水中γHCO_3的平均含量为4.3 meq/L。根据上述化学计量关系可以计算出大气CO_2溶解碳酸盐矿物而释放HCO_3^-为1.9 meq/L。可得到碳酸盐矿物溶解释放

HCO_3的总量为2.4 meq/L。因此，人类向大气排放SO_x和NO_x对碳酸盐矿物风化的平均贡献可达约21%。

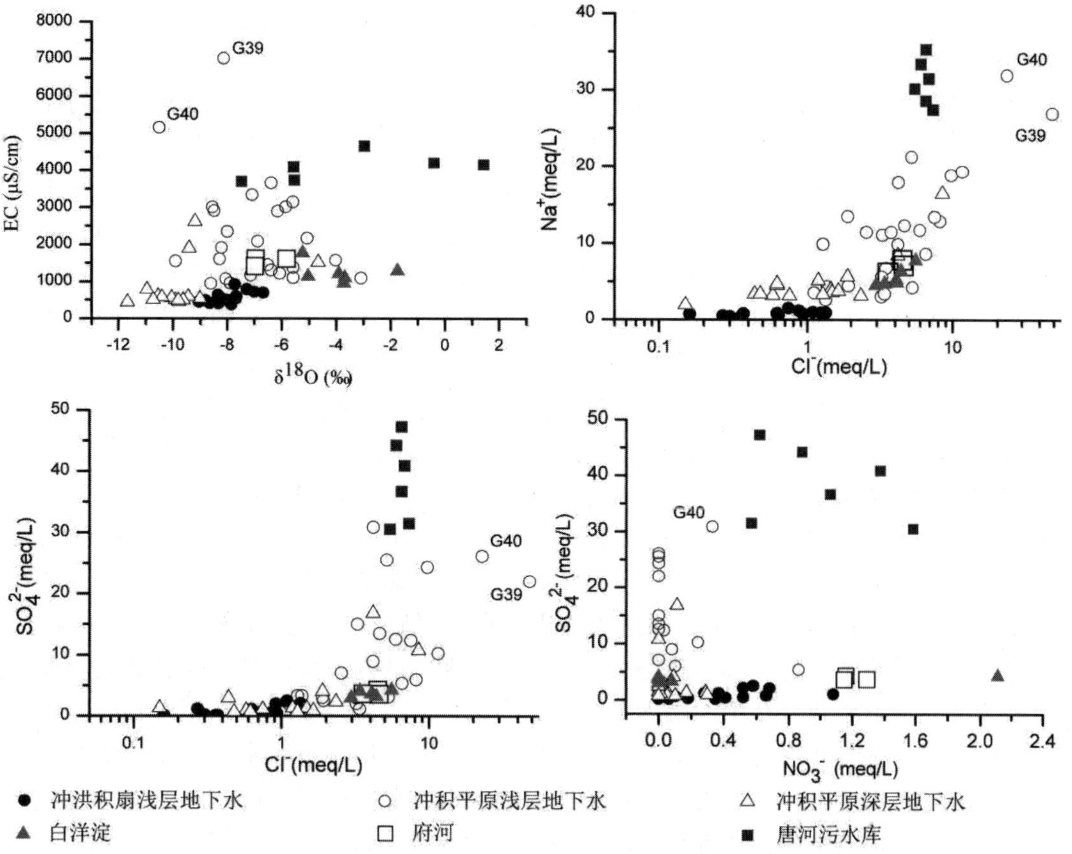

图8-30　白洋淀流域平原区不同水体水化学特征（Yuan等，2017）

由于白洋淀等地表水体渗漏，平原区浅层地下水的水文地球化学特征发生改变，更接近于地表水（图8-30）。平原区主要地表水中，府河和白洋淀水体水化学类型为Na-Ca-HCO_3-Cl，唐河污水库水体水化学类型为Na-SO_4型。下游冲积平原浅层地下水的水化学特征与上游冲洪积扇浅层地下水有显著差异，其EC值、Na^+、SO_4^{2-}和$\delta^{18}O$显著升高，Eh值显著降低，指示了水质退化趋势。混合作用是下游冲积平原浅层地下水水文地球化学演化的关键作用。地表水是冲积平原浅层地下水最重要的水源和溶质来源。

硝酸盐是最常见的与人类活动相关的水污染指标之一。据估计，华北平原每年的化学氮肥投入高达400～600 kg/hm^2（Hu等，2005）。肥料在土壤中释放了大量的NO_3^-，通过淋滤进入浅层地下水（Koh等，2007，2010）。因此，过量施肥对浅层地下水的影响可以是显著的。白洋淀流域冲洪积扇地下水中NO_3^-浓度明显偏高，平均浓度高达0.5 meq/L，最大值为1.1 meq/L。冲洪积扇上部平均地下水位为6 m左右，最小地下水位为3.1 m。较浅的水位埋深有利于灌溉水淋滤硝酸盐，将其从非饱和带转移到含水层中。虽然空气中NO_x排放向浅层地下水贡献了一部分NO_3^-，但是过量的肥料投入仍然是浅层地下水中NO_3^-

的主要来源（Wang等，2016）。白洋淀流域的冲积平原地下水水位埋深远高于冲洪积扇区域，不利于NO_3^-由非饱和带向含水层运移。同时，几乎不含硝酸盐的深层地下水通过山前隐伏正断层向上补给浅层地下水（Yuan等，2011），使得来自上游侧向流入的NO_3^-浓度在下游冲积平原区域被大大稀释。

水库蓄水、调水、地下水超采和地表水渗漏等彻底改变了白洋淀流域平原区的地下水流场。过度抽取地下水导致研究区域地下水水位整体显著下降，并在局部形成地下水水位降落漏斗。北部易水河冲洪积扇和南部潴龙河-唐河冲洪积扇，以及东部的白洋淀地区是地下水浅埋区和浅层地下水的主要补给区，在空间上呈“品”字形分布。中部的大册营马场地下水漏斗区是流域浅层地下水的汇流区域。抽取地下水几乎是地下水排泄的唯一方法。浅层地下水不能流出流域外，而流域外分布的咸地下水可向流域内渗流，威胁流域内地下水水质。

水文地球化学数据和水稳定同位素组成显示，地下水水位下降促使地表水渗入地下水，引起地下水水质改变。一方面，平原区地表水渗漏引起地下水水质退化，地下水中Na^+和SO_4^{2-}浓度升高。浅层地下水地球化学类型由Ca×Mg-HCO_3转变为Na×Mg-SO_4×HCO_3。冲积平原地区被认为是受地表水强烈影响的地区。浅层地下水主要受白洋淀和府河的影响。唐河污水库周边浅层地下水受水库污水入渗影响较大。另一方面，大气排放的SO_x和NO_x气体溶解进入降水中，通过入渗进入含水层后参与主要反应性矿物的溶解，平均贡献了矿物总溶解量的21%。此外，由于地下水漏斗区内持续超量开采浅层地下水，造成有利于深层地下水越流补给浅层地下水的水力条件。深层地下水自漏斗中心区域越流补给浅层地下水，并与浅层地下水混合。混合作用改变了浅层地下水水质特征，使得地下水漏斗区中心的浅层地下水水质更加接近于深层地下水，水质略有好转。

各种人类活动的共同作用导致局地水循环由侧向过程为主（地表和地下径流）转变为垂直过程为主（抽水和入渗），并导致浅层地下水的快速矿化和退化。近几十年来，人类活动已使该流域从一个地表水和地下水资源丰富的地区变成了一个水资源匮乏的地区。我们的研究表明，地下水，特别是浅层地下水，可以敏感地响应和记录环境变化。

参 考 文 献

[1] 安波，宋中海. 浅析保定市平原区地下水动态及其变化原因[J]. 海河水利，2004（3）：13-14.

[2] 保定市地方志办公室保定年鉴编辑部. 保定年鉴2007～2008[M]. 北京：新华出版社，2009.

[3]卞跃跃，赵丹，韩永. 兖州煤田奥陶系灰岩地下水水化学特征及其形成机理[J]. 地球学报，2017，38（02）：236-242.

[4] 毕二平，母海东，陈宗宇. 人类活动对河北平原地下水水质演化的影响[J]. 地球学报，2001，22（4）：365-368.

[5] 曹玉升，畅建霞，黄强，等.南水北调中线输水调度实时控制策略[J]. 水科学进展，2017，28（1）：133-139.

[6] 晁念英，王佩仪，刘存富，万军伟. 河北平原地下水氚过量参数特征[J]. 中国岩溶，2004，23（4）：335-338.

[7] 陈葆仁，陈俊长，钱昂. 地下水化学组分聚类分析在河南密县水资源评价中的应用[J]. 中国岩溶，1989，8（1）：9-17.

[8] 陈伏兵. 小样本情况下Fisher线性鉴别分析的理论及其验证[J]. 中国图象图形学报，2005，10（8）：984-991.

[9] 陈建生，凡哲超，汪集旸等. 巴丹吉林沙漠湖泊及其下游地下水同位素分析[J]. 地球学报，2003，24（6）：497-504.

[10] 陈建生等. 用同位素方法研究额济纳盆地承压含水层地下水的补给[J]. 地质论评，2004，50（6）：649-658.

[11] 陈茂山. 海河流域水环境变迁与水资源承载力的历史研究[D]. 北京：中国水利水电科学研究院，2005.

[12] 陈盟等. 旌阳区平原区浅层地下水水化学演化及影响因素分析[J]. 科学技术与工程，2020，20（14）：5506-5513.

[13] 陈梦熊，马凤山. 中国地下水资源与环境[M]. 北京：地震出版社，2002.

[14] 陈淑峰，胡克林，刘仲兰等. 华北平原桓台县地下水硝态氮含量的空间变异规律及其成因分析[J]. 水科学进展，2008，19（4）：581-586.

[15] 陈望和，倪明云. 河北第四纪地质[M]. 北京：地质出版社，1987.

[16] 陈植华，徐恒力. 确定干旱-半干旱地区降水入渗补给量的新方法—氯离子示踪法[J]. 地质科技情报，1996，15（3）：87-92.

[17] 陈宗宇，张光辉，徐家明. 华北地下水古环境意义及古气候变化对地下水形成的影响[J]. 地球学报，1998，18（4）：338-345.
[18] 陈宗宇，毕二平，聂振龙等. 包气带剖面中古水文-气候信息的初步研究[J]. 地球学报，2001，22（4）：335-339.
[19] 陈宗宇，陈京生，费宇红等. 利用氚估算太行山前地下水更新速率[J]. 核技术，2006，29（6）：426-431.
[20] 陈宗宇，万力，聂振龙，申建梅，陈京生. 利用稳定同位素识别黑河流域地下水的补给来源[J]. 水文地质工程地质，2006a，（6）：9-14.
[21] 陈宗宇，齐继祥，张兆吉等. 北方典型盆地同位素水文地质学方法应用[M]. 北京：科学出版社，2010.
[22] 邓林. 地下水补给历史及其对气候变化的响应[D]. 西安：长安大学，2010.
[23] 董黎明，刘冠男. 白洋淀柱状沉积物磷形态及其分布特征研究[J]. 农业环境科学学报，2011，30（4）：711-719.
[24] 杜朝阳，钟华平. 地下水系统风险分析研究进展[J]. 水科学进展，2011，22（3）：437-444.
[25] 费宇红，张兆吉，张凤娥等. 气候变化和人类活动对华北平原水资源影响分析[J]. 地球学报，2007，28（6）：567-571.
[26] 费宇红等. 华北平原地下水降落漏斗演变及主导因素分析[J]. 资源科学，2009，31（3）：394-399.
[27] 高晶，郝爱兵，魏亚杰，张顺宝. 河套平原中东部地下水的环境同位素特征分析[J]. 水文地质工程地质，2009，（3）：55-58.
[28] 古小治，张雷，柏祥等. 湿地沉积物-水界面营养盐交换的定量估算[J]. 水科学进展，2011，22（1）：75-83.
[29] 顾慰祖. 阿拉善高原地下水的稳定同位素异常[J]. 水科学进展，1998，9（4）：333-337.
[30] 顾慰祖，陆家驹，谢民，张汝智. 乌兰布和沙漠北部地下水资源的环境同位素探讨[J]. 水科学进展，2002，13（3）：326-332.
[31] 胡国成，郭建阳，罗孝俊，等. 白洋淀表层沉积物中多环芳烃的含量、分布、来源及生态风险评价[J]. 环境科学研究，2009，22（3）：321-326.
[32] 胡国成，许木启，许振成，等. 府河-白洋淀沉积物中重金属污染特征及潜在风险评价[J]. 农业环境科学学报，2011，30（1）：146-153.
[33] 胡堃. 华北石质山区典型流域坡面水文过程试验与模拟[D]. 北京：中国科学院地理科学与资源研究所，2006.
[34] 胡珊珊. 华北石质山区坡面森林水文效应试验研究[D]. 北京：中国科学院地理科学与资源研究所，2009.
[35] 胡珊珊，张涛. 白洋淀流域潜在蒸散量与实际蒸散量变化分析[J]. 南水北调与水利科技，2016，14（1）：59-66.
[36] 侯光才等. 鄂尔多斯白垩系地下水盆地天然水体环境同位素组成及其水循环意义[J]. 吉

林大学学报（地球科学版），2007，37（2）：255-260.
[37] 侯士彬，宋献方，于静洁，刘鑫，张广英. 太行山区典型植被下降水入渗的稳定同位素特征分析[J]. 资源科学，2008，30（1）：86-92.
[38] 黄冠星等. 鄂尔多斯地下水同位素组成与气候变化关系[J]. 地球学报，2007，28（6）：550-554.
[39] 贾艳琨，张洪平，等. 我国大气降水氚分布特征[J]. 勘察科学技术，1989，（4）：9-12.
[40] 贾艳琨等. 利用环境同位素识别酒泉-张掖盆地地下水补给和水流系统[J]. 地球学报，2008，29（6）：740-744.
[41] 郎赟超，刘丛强，韩贵琳等. 贵阳市区地表/地下水化学与锶同位素研究[J]. 第四纪研究，2005，25（5）：655-662.
[42] 李健，王辉，魏丽琼. 格尔木河流域平原区地下水同位素及水化学特征[J]. 西北地质，2007，40（4）：94-100.
[43] 李向全，张发旺，毕二平，韩占涛. 宁夏南部“南北古脊梁"岩溶裂隙水流系统分析[J]. 地球学报，2004，5（5）：571-574.
[44] 李潇瀚等. 呼和浩特盆地地下水化学特征及成因[J]. 南水北调与水利科技，2018，16（04）：136-145.
[45] 李学礼. 水文地球化学[M]. 北京：原子能出版社，1986.
[46] 连炎清. 大气降水氚含量恢复的多元统计学方法[J]. 中国岩溶，1990，9（2）：157-166.
[47] 令军帅. 德江县露青坝地区岩溶地下水水化学特征及其形成机制研究[D]. 成都：成都理工大学，2017.
[48] 刘越. 白洋淀周边地下水数量分析及水位预测[D]. 河北：河北农业大学，2010.
[49] 刘昌明，魏忠义. 华北平原农业水文及水资源[M]. 北京：科学出版社，1989.
[50] 刘锋，李延河，林建. 北京永定河流域地下水氢氧同位素研究及环境意义[J]. 地球学报，2008，29（2）：161-166.
[51] 刘国子，杨凤根，许斌. 基于SPSS的广西水库地下水化学特征及其形成原因分析[J]. 湖北农业科学，2020，59（05）：49-53.
[52] 刘进达. 近十年来中国大气降水氚浓度变化趋势研究[J]. 勘察科学技术，2001，（4）：11-13.
[53] 刘克岩，张橹，张光辉，刘佳，严明疆. 人类活动对华北白洋淀流域径流影响的识别研究[J]. 水文，2007，27（6）：6-10.
[54] 刘立才，陈鸿汉，杨仪等. 沉积环境和人类活动对苏锡常地区浅层地下水的水质效应[J]. 中国地质，2009，36（4）：915-919.
[55] 刘晓艳，陈建生，谭红利，等. 利用稳定同位素$\delta^{18}O$估算湖泊渗漏量[J]. 核技术，2010，33（10）：775-778.
[56] 刘晓艳，陈建生，孙晓旭. 采用氯离子示踪法计算沙漠降雨入渗量[J]. 农业工程学报，2010，26：146-149.

[57] 刘莹，王冬梅，刘孝盈，等. 国外调水工程对生态与环境影响的研究与对策[J]. 中国水利，2008，(8)：64-68.

[58] 龙文华，陈鸿汉，等. 人工神经网络方法在大气降水氚浓度恢复中的应用[J]. 地质与资源，2008，17（3）：208-212.

[59] 卢纹岱. SPSS for Windows统计分析[M]. 北京：电子工业出版社，2006.

[60] 路娜，胡维平，邓建才，等. 引江济太对太湖水体碱性磷酸酶动力学参数的影响[J]. 水科学进展，2010，21（3）：413-420.

[61] 马金珠，陈发虎，赵华. 1000年以来巴丹吉林沙漠地下水补给与气候变化的包气带地球化学记录[J]. 科学通报，2004，49（1）：22-26.

[62] 马金珠，李相虎，黄天明，等. 石羊河流域水化学演化与地下水补给特征[J]. 资源科学，2005，27（3）：117-122.

[63] 马致远，牛光亮，党学亚，何渊. 鄂尔多斯盆地渭北东部奥陶系岩溶地下水的补给环境[J]. 地球科学进展，2004，19（增刊）：161-165.

[64] 马致远等. 陕西渭北东部岩溶地下水强径流带的环境同位素证据及其可更新性评价[J]. 地质通报，2006，25（6）：756-761.

[65] 美国内政部水力资源局. 地下水手册（李顺昌，戴鸿麟译）[M]. 北京：地质出版社，1989.

[66] 南朝，冯民权，闫慧荣. 调水对汾河下游水环境的影响[J]. 华北水利水电学院学报. 2010，31（1）：21-25.

[67] 聂振龙. 黑河干流中游盆地地下水循环及更新性研究[J]. 石家庄：中国地质科学院，2004.

[68] 牛漾聃，袁瑞强. 调水和季节变化对河流沉积物古菌群落的影响[J]. 中国环境科学，2020，40（3）：1294-1304.

[69] 努纳（邓东升，姜志群译）. 水文地质学引论[M]. 北京：中国科学技术大学出版社，2005.

[70] 庞西磊，尹辉. 阿拉善高原盐湖水化学特征的主成分分析研究[J]. 地质学报，2009，29（2）：199-203.

[71] 钱云平，Andrew LH，张春岚等. 应用^{222}Rn研究黑河流域地表水与地下水转换关系[J]. 人民黄河，2005，27（12）：58-59.

[72] 钱云平，秦大军，庞忠和，王玲. 黑河下游额济纳盆地深层地下水来源的探讨[J]. 水文地质工程地质，2006，(3)：25-29.

[73] Richard A. Johnson，Dean W. Wichern （陆璇，叶俊译）. Applied Multivariate Statistical Analysis （Sixth Edition） [M]. 北京：清华大学出版社，2008.

[74] 任建民，忤彦卿，贡力. 人类活动对内陆河石羊河流域水资源转化的影响[J]. 干旱区资源与环境，2007，21（8）：7-11.

[75] 任文君，田在锋，宁国辉，等. 4种沉水植物对白洋淀富营养化水体净化效果的研究[J]. 生态环境学报，2011，20（2）：345-352.

[76] 沈照理主编. 水文地质学[M]. 北京：地质出版社，1985.
[77] 沈照理. 水文地球化学基础[M]. 北京：地质出版社，1993.
[78] 史淑娟，李怀恩，林启才等. 跨流域调水生态补偿量分担方法研究[J]. 水利学报，2009，40（3）：268-273.
[79] 宋献方等. 基于氢氧同位素与水化学的潮白河流域地下水水循环特征[J]. 地理研究，2007a，26（1）：11-21.
[80] 宋献方，刘相超，夏军，于静洁，唐常源. 基于环境同位素技术的怀沙河流域地表水和地下水转化关系研究[J]. 中国科学，2007b，37（1）：102-110.
[81] 宋献方，刘鑫，夏军. 基于氢氧同位素的岔巴沟流域地表水-地下水转化关系研究[J]. 应用基础与工程科学学报，2009，17（1）：8-20.
[82] 苏春田等. 湖南新田富锶地下水水化学特征与成因分析[J]. 现代地质，2018，32（03）：554-564.
[83] 苏小四，林学钰. 包头平原地下水水循环模式及其可更新能力的同位素研究[J]. 吉林大学学报（地球科学版），2003，33（4）：503-508.
[84] 苏小四，林学钰. 银川平原地下水循环及其可更新能力评价的同位素证据[J]. 资源科学，2004，26（2）：29-35.
[85] 苏小四，林学钰，廖资生等. 黄河水$\delta^{18}O$、δD和^{3}H的沿程变化特征及其影响因素研究[J]. 地球化学，2003，32（4）：349-357.
[86] 苏小四，万玉玉，董维红等. 马莲河河水与地下水的相互关系水化学和同位素证据[J]. 吉林大学学报（地球科学版），2009，39（6）：1087-1094.
[87] 孙厚云等. 哈密盆地地下水系统水化学特征及形成演化[J]. 中国地质，2018，45（06）：1128-1141.
[88] 谭徐明. 海河流域水环境的历史演变及其主要影响因素研究[J]. 水利发展研究，2002，2（012）：15-20.
[89] 滕彦国，左锐，王金生等. 区域地下水演化的地球化学研究进展[J]. 水科学进展，2010，21（1）：127-136.
[90] 万芳，周进，原文林. 大规模跨流域水库群供水优化调度规[J]. 水科学进展，2016，27（3）:448-457.
[91] 汪丙国，靳孟贵，王文峰等. 氯离子示踪法在河北平原地下水垂向入渗补给量评价中的应用[J]. 节水灌溉，2006，（3）：16-20.
[92] 汪子涛，刘启蒙，刘瑜. 淮南煤田地下水水化学空间分布及其形成作用[J]. 煤田地质与勘探，2019，47（05）：40-47.
[93] 王彩路，管景峰. 保定城市污水治理与白洋淀水环境保护[J]. 化工环保，1999，19（4）：248-249.
[94] 王凤生. 吉林省大气降水氚浓度恢复的区域模型探讨[J]. 吉林地质，1998，17（3）：75-81.
[95] 王恒纯. 同位素水文地质学[M]. 北京：地质出版社，1990.

[96] 王焕榜，刘克岩. 气候变化和人类活动对白洋淀蓄水的影响[J]. 水文，1991，（6）：25-27.
[97] 王会昌. 一万年来白洋淀的扩张与收缩[J]. 地理研究，1983，2（3）：8-18.
[98] 王景明等. 冀京津区自然灾害及其防治[M]. 北京：地震出版社，1994.
[99] 王立明，戴乙. 引黄济淀生态调水环境影响评价[J]. 海河水利，2007，（5）：12-14.
[100] 王磊，章光新. 扎龙湿地地表水与浅层地下水的水文化学联系研究[J]. 湿地科学，2007，5（2）：166-173.
[101] 王攀，靳孟贵，路东臣. 河南省永城市浅层地下水化学特征及形成机制[J]. 地球科学，2020，45（06）：2232-2244.
[102] 王茜，沈彦俊，裴宏伟，等. 华北山前平原灌溉农田深层土壤水分动态特征及渗漏量估算[J]. 南水北调与水利科技，2013，（1）：155-160.
[103] 王瑞久. 山西娘子关泉的地下水储量估算[J]. 水文地质工程地质，1984，（6）：34-38.
[104] 王仕琴，宋献方，王勤学，肖国强，刘昌明. 华北平原浅层地下水水位动态变化[J]. 地理学报，2008，63（5）：462-472.
[105] 王仕琴等. 基于氢氧同位素的华北平原降水入渗过程[J]. 水科学进展，2009，20（4）：495-501.
[106] 王言思. 内蒙孪井灌区地下水补给的研究[D]. 青岛：中国海洋大学，2009.
[107] 魏秀英，张慧军，王欣安，吕世争. 保定市一亩泉水源区地下水回补可行性分析[J]. 河北水利水电技术，2003，（2）：15-17.
[108] 卫克勤，林瑞芬，王志祥，等. 我国天然水中氚含量的分布特征[J]. 科学通报，1980，（10）：467-470.
[109] 吴秉钧. 我国大气降水中氚的数值推算[J]. 水文地质工程地质，1986，13（4）：38-41.
[110] 吴初等. 内蒙古杭锦旗气田区地下水化学特征及其形成机制[J]. 现代地质，2017，31（03）：629-636.
[111] 吴文业，王恩德，胡成，尼庆伟，朱志锋. 利用环境同位素技术研究沈阳浑河与地下水的水力联系[J]. 气象与环境学报，2007，23（3）：19-22.
[112] 吴忱主编. 华北平原四万年来自然环境演变[M]. 北京：中国科学技术出版社，1992.
[113] 肖生春，肖洪浪. 近百年来人类活动对黑河流域水环境的影响[J]. 干旱区资源与环境，2004，18（3）：57-62.
[114] 夏军. 华北地区水循环与水资源安全:问题与挑战[J]. 地理科学进展，2002，21（6）：517-526.
[115] 徐杰，洪汉净，赵国泽. 华北平原新生代裂谷盆地的演化及运动学特征.现代地壳运动研究[M]. 北京：地震出版社，1985.
[116] 杨丽芝，张光辉，胡乃松，刘春华，刘中业. 利用环境同位素信息识别鲁北平原地下水的补给特征[J]. 地质通报，2009，28（4）：515-522.
[117] 于静洁等. 基于δD和δ^{18}O及水化学的永定河流域地下水循环特征解析[J]. 自然资源学

报，2007，22（3）：415-423.
[118] 余冰. 利用标准化LDA进行人脸识别[J]. 计算机辅助设计与图形学学报，2003，15（3）:302-306.
[119] 袁瑞强，宋献方，王鹏，张应华，王仕琴，唐常源. 白洋淀渗漏对周边地下水的影响[J]. 水科学进展，2012，23（6）：751-756.
[120] 袁瑞强，龙西亭，王鹏，宋献方. 氯离子质量平衡法应用问题刍议[J]. 水文，2015，35（4）：7-13.
[121] 袁瑞强，宋献方. 白洋淀流域界线数据——全球变化数据大百科辞条[DB]. 全球变化数据仓储，2020. DOI:10.3974/geodb.2020.05.18.V1.
[122] 袁瑞强，张文新，王鹏，王仕琴. 引黄调水对汾河受水区水环境的影响[J]. 自然资源学报，2018，33（8）：1416-1426.
[123] 章程. 模糊聚类分析在岩溶水化学分类中的应用[J]. 中国岩溶，1995，14（1）：9-17.
[124] 章申，唐以剑. 水陆交错带水环境特征与调控机理[J]. 北京：科学出版社，1995.
[125] 张超等. 肥城市岩溶水水化学特征及形成机制[J]. 中国岩溶，2018，37（05）：698-707.
[126] 张翠云，张胜，李政红，殷密英，马琳娜. 滹沱河上游区地表水和地下水同位素特征[J]. 干旱区资源与环境，2008，22（5）：160-164.
[127] 张光辉，费宇红，王金哲等. 300年以来太行山前平原地下水补给演化特征与趋势[J]. 地球学报，2003，24（3）：261-266.
[128] 张光辉等. 黑河流域地下水循环演化规律研究[J]. 中国地质，2004，31（3）：289-293.
[129] 张琳，王莹，刘福亮. 近二十年我国大气降水氚浓度及其变化[J]. 南水北调与水利科技，2008，6（6）：94-96.
[130] 张明阳等. 白洋淀流域景观空间格局随高程分异研究[J]. 干旱区资源与环境，2005，19（4）：75-81.
[131] 张应华，仵彦卿，丁建强，温小虎. 运用氧稳定同位素研究黑河中游盆地地下水与河水转化[J]. 冰川冻土，2005，27（1）：106-110.
[132] 张应华，仵彦卿，苏建平，温小虎. 额济纳盆地地下水补给机理研究[J]. 中国沙漠，2006，26（1）：96-102.
[133] 张宗祜. 华北大平原地下水的历史和现状[J]. 自然杂志，2005，27（6）：311-315.
[134] 张宗祜，李烈荣. 中国地下水资源. 河北卷[M]. 北京：中国地图出版社，2005.
[135] 张宗祜，张光辉，任福弘，费瑾. 区域地下水演化过程及其与相邻层圈的相互作用[M]. 北京：地质出版社，2006.
[136] 张宗祜，施德鸿，沈照理等. 人类活动影响下华北平原地下水环境的演化与发展[J]. 地球学报，1997，18（4）：337-344.
[137] 张兆吉等著. 中国地质调查局成果报告：华北平原地下水可持续利用调查评价[M]. 中国地质调查局，北京：地质出版社，2009.
[138] 张振国等. 衡水地区深层地下水水化学特征及其演化过程[J]. 现代地质，2018，32

（03）：565-573.

[139] 张智雄等. 绵阳红层地区浅层地下水水化学特征、成因及水质分析[J].科学技术与工程，2018，18（03）：168-173.

[140] 赵成华，谭会平. 旺隆水库双层橡胶坝设计总结[J]. 河北水利水电技术，1997，（2）：8-10.

[141] 赵世新，张晨，高学平等. 南水北调东线调度对南四湖水质的影响[J]. 湖泊科学，2012，24（6）：923-931.

[142] 赵小兰，薛峰. 水利工程调水对江阴市水环境改善研究[J]. 水资源保护，2008，24（5）：20-23.

[143] 赵翔，崔保山，杨志峰. 白洋淀最低生态水位研究[J]. 生态学报，2005，25（5）：1033-1040.

[144] 赵云章，邵景力，刘坤书，闫振鹏，李彩霞. 黄河水对地下水补给深度的初步研究[J]. 水文地质工程地质，2005，（4）：48-50.

[145] Abdalla, O.A.E. Groundwater recharge/discharge in semi-arid regions interpreted from isotope and chloride concentrations in north White Nile Rift, Sudan [J]. Hydrogeol J, 2009, 17 (3): 679-692.

[146] Allison GB, Hughes MW. Use of Environmental Chloride and Tritium to Estimate Total Recharge to an Unconfined Aquifer [J]. Australian Journal of Soil Research, 1978, 16(2): 181-195.

[147] Allison GB. The Relationship between O-18 and Deuterium in Water in Sand Columns Undergoing Evaporation [J]. Journal of Hydrology, 1982, 55(1-4): 163-169.

[148] Allison GB, Barnes CJ, Hughes MW. The Distribution of Deuterium and O-18 in Dry Soils .2. Experimental [J]. Journal of Hydrology, 1983, 64(1-4): 377-397.

[149] Allison GB, Gee GW, Tyler SW. Vadose-Zone Techniques for Estimating Groundwater Recharge in Arid and Semiarid Regions [J]. Soil Science Society of America Journal, 1994, 58(1): 6-14.

[150] Aishlin, P, McNamara, J P. Bedrock infiltration and mountain block recharge accounting using chloride mass balance [J]. Hydrol. Process, 2011, 25(12): 1934-1948.

[151] Ajami, H. Troch, P. A. Maddock, T. Meixner, T., Eastoe, C. Quantifying mountain block recharge by means of catchment-scale storage-discharge relationships [J]. Water Resour. Res., 2011, 47(4): 309-314.

[152] Aji, K., Tang, C., Song, X., Kondoh, A., Sakura, Y., Yu, J., Kaneko, S. Characteristics of chemistry and stable isotopes in groundwater of Chaobai and Yongding River basin, North China Plain [J]. Hydrological Processes, 2008, 22: 63-72.

[153] Apaydin, A. Relation of tectonic structure to groundwater flow in the Beypazari region, NW Anatolia, Turkey [J]. Hydrogeology Journal, 2010, 18(6): 1343-1356.

[154] Andreu, J. M. Alcalá, F. J. Vallejos, Á., Pulido-Bosch, A. Recharge to mountainous carbon-

ated aquifers in SE Spain: Different approaches and new challenges [J]. J. Arid Environ., 2012, 75(12): 1262-1270.

[155] Angermann, L., S. Krause, et al. Application of heat pulse injections for investigating shallow hyporheic flow in a lowland river [J]. Water Resour. Res., 2012, 48: W00P02.

[156] Atkinson, A. P., Cartwright, I., Gilfedder, B. S., Hofmann, H., Unland, N. P., Cendon, D. I., Chisari, R. A multi-tracer approach to quantifying groundwater inflows to an upland river; assessing the influence of variable groundwater chemistry [J]. Hydrological Processes, 2015, 29(1): 1-12.

[157] Ayenew, T., Kebede, S., Alemyahu, T. Environmental isotopes and hydrochemical study applied to surface water and groundwater interaction in the Awash River basin [J]. Hydrological Processes, 2008, 22(10): 1548-1563.

[158] Bajjali, W. Recharge mechanism and hydrochemistry evaluation of groundwater in the Nuaimeh area, Jordan, using environmental isotope techniques [J]. Hydrogeol J, 2006, 14 (1-2): 180-191.

[159] Banks E. Surface water-groundwater interactions in the Rocky River Catchment, Kangaroo Island, South Australia. DFW Technical Report 2010/16 [R]. Adelaide: Adelaide Government of South Australia, 2010.

[160] Banks, E., Simmons, C., Love, A., Shand, P. Assessing spatial and temporal connectivity between surface water and groundwater in aregional catchment: Implications for regional scale water quantity and quality [J]. Journal of Hydrology, 2011, 404, 30-49.

[161] Barbieri, M., Boschetti, T., Petitta, M., Tallini, M. Stable isotope (H-2, O-18 and Sr-87/Sr-86) and hydrochemistry monitoring for groundwater hydrodynamics analysis in a karst aquifer (Gran Sasso, Central Italy) [J]. Appl Geochem, 2005, 20(11): 2063-2081.

[162] Becker, M.W., Georgian, T., Ambrose, H., Siniscalchi, J. and Fredrick, K. Estimating flow and flux of ground water discharge using water temperature and velocity [J]. Journal of Hydrology, 2004, 296(1-4): 221-233.

[163] Bense, V.F., Person, M.A. Faults as conduit-barrier systems to fluid flow in siliciclastic sedimentary aquifers [J]. Water Resources Research, 2006, 42(5): W05421.

[164] Boronina, A., Renard, P., Balderer, W., Stichler, W. Application of tritium in precipitation and in groundwater of the Kouris catchment (Cyprus) for description of the regional groundwater flow [J]. Applied Geochemistry, 2005, 20(7): 1292-1308.

[165] Bresciani, E. Cranswick, R. H. Banks, E. W. Batlle-Aguilar, J. Cook, P. G., Batelaan, O. Using hydraulic head, chloride and electrical conductivity data to distinguish between mountain-front and mountain-block recharge to basin aquifers [J]. Hydrol. Earth Syst. Sci., 2018, 22(2): 1629-1648.

[166] Briggs, M. A., L. K. Lautz, et al. A comparison of fibre-optic distributed temperature sensing to traditional methods of evaluating groundwater inflow to streams [J]. Hydrological

Processes,2012,26(9):1277-1290.

[167] Broxton, P. D., Troch, P. A., Lyon, S. W. On the role of aspect to quantify water transit times in small mountainous catchments [J]. Water Resources Research,2009,45,1-15.

[168] Bu,X.,Warner,M. J. Solubility of chlorofluorocarbon 113 in water and seawater [J]. Deep Sea Research Part I:Oceanographic Research Papers,1995,42,1151-1161.

[169] Burnett,W.C.,Dulaiova,H.,Stringer,C.,Peterson,R. Submarine groundwater discharge: its measurement and influence on the coastal zone [J]. J Coastal Res.,2006,1:35-38.

[170] Burnett, W. C., Peterson, R. N., Santos, I. R., Hicks, R. W. Use of automated radon measurements for rapid assessment of groundwater flow into Florida streams [J]. Journal of Hydrology,2010,380(3-4):298-304.

[171] Busenberg, E., Plummer, L. N. Use of chlorofluorocarbons (CCl_3F and CCl_2F_2) as hydrologic tracers andage-dating tools: The alluvium and terrace system of Central Oklahoma [J]. Water Resources Research,1992,28,2257-2283.

[172] Caine,J.S.,Evans,J.P.,Forster,C.B. Fault zone architecture and permeability structure [J]. Geology,1996,24(11):1025-1028.

[173] Cao,G.,Zheng,C.,Scanlon,B.R.,Liu,J.,Li,W. Use of flow modeling to assess sustainability of groundwater resources in the North China Plain [J]. Water Resources Research, 2013,49(1):159-175.

[174] Cao,G.,Han,D.,Currell,M. J.,Zheng,C. Revised conceptualization of the North China Basin groundwater flow system: Groundwater age, heat and flow simulations [J]. Journal of Asian Earth Sciences,2016,127,119-136.

[175] Cartwright,I.,Hofmann,H.,Sirianos,M. A.,Weaver,T. R.,Simmons,C. T. Geochemical and 222 Rn constraints on baseflow to the Murray River, Australia, and timescales for the decay of low-salinity groundwater lenses [J]. Journal of Hydrology,2011,405,333-343.

[176] Carling,G. T. Mayo,A. L. Tingey,D.,Bruthans,J. Mechanisms,timing,and rates of arid region mountain front recharge [J]. J. Hydrol.,2012,428-429:15-31.

[177] Cartwright I, Gilfedder B, et al. Transient hydrological conditions implied by chloride mass balance in southeast Australian rivers [J]. Chemical Geology,2013,357(0):29-40.

[178] Cey,E.E.,Rudolph,D.L.,Parkin,G.W. Aravena,R. Quantifying groundwater discharge to a small perennial stream in southern Ontario,Canada [J]. Journal of Hydrology,1998,210 (1-4):21-37.

[179] Chapman, S. W., Parker, B. L., Cherry, J. A., et al. Groundwater-surface water interaction and its role on TCE groundwater plume attenuation [J]. Journal of Contaminant Hydrology,2007,65(91):203-232.

[180] Chen, Z. et al. Paleoclimatic interpretation of the past 30 ka from isotopic studies of the deep confined aquifer of the North China plain [J]. Applied Geochemistry,2003a,23(18): 997-1009.

[181] Chen, J.Y., Tang, C.Y., Shen, Y.J., Sakura, Y., Kondoh, A., Shimada, J. Use of water balance calculation and tritium to examine the dropdown of groundwater table in the piedmont of the North China Plain (NCP) [J]. Environmental Geology, 2003b, 44:564-571.

[182] Chen, J., Tang, C., Sakura, Y., Kondoh, A., Yu, J., Shimada, J., Tanaka, T. Spatial geochemical and isotopic characteristics associated with groundwater flow in the North China Plain [J]. Hydrological Processes, 2004, 18, 3133-3146.

[183] Chen, Z., Nie, Z., Zhaoji, Z., Jixiang, Q., Yunju, N. Isotopes and Sustainability of Ground Water Resources, North China Plain [J]. Ground Water, 2005, 43(4):485-493.

[184] Chiogna, G. Santoni, E. Camin, F. Tonon, A. Majone, B. Trenti, A. Bellin, A. Stable isotope characterization of the Vermigliana catchment [J]. J. Hydrol., 2014, 509, 295-305.

[185] Chowdhury, A.H., Uliana, M., Wade, S. Ground water recharge and flow characterization using multiple isotopes [J]. Ground Water, 2008, 46(3):426-436.

[186] Clark, I.D., Fritz, P. Environmental isotopes in Hydrogeology [M]. Lewis: Boca Raton, 1997.

[187] Cook P G, Edmunds W M, Gaye C B. Estimating paleorecharge and paleoclimate from unsaturated zone profiles [J]. Water Resources Research, 1992, 28(10):2721-2731.

[188] Cook, P. G., Solomon, D. K., Plummer, L. N., Busenberg, E., Schiff, S. L. Chlorofluorocarbons as tracers of groundwater transport processes in a shallow, silty sand aquifer [J]. Water Resources Research, 1995, 31(3):425-434.

[189] Cook, P.G., Herczeg, A.L. Environmental tracers in subsurface hydrology [M]. Boston: Kluwer Academic Publishers, 2000.

[190] Cook, P.G., Favreau, G., Dighton, J.C. and Tickell, S. Determining natural groundwater influx to a tropical river using radon, chlorofluorocarbons and ionic environmental tracers [J]. Journal of Hydrology, 2003, 277(1-2):74-88.

[191] Cook, P.G., Lamontagne, S., Berhane, D. and Clark, J.F. Quantifying groundwater discharge to Cockburn River, southeastern Australia, using dissolved gas tracers 222Rn and SF6 [J]. Water Resour. Res., 2006, 42(10):W10411.

[192] Cook, P. G. Estimating groundwater discharge to rivers from river chemistry surveys [J]. Hydrological Processes, 2013, 27, 3694-3707.

[193] Costa, A. C., S. Foerster, et al. Analysis of channel transmission losses in a dryland river reach in north-eastern Brazil using streamflow series, groundwater level series and multi-temporal satellite data [J]. Hydrological Processes, 2013, 27(7):1046-1060.

[194] Covino, T, Mcglynn, B, Mallard, J. Stream-groundwater exchange and hydrologic turnover at the network scale [J]. Water Resources Research, 2011, 47, W12521, 1-11.

[195] Craig H. Isotopic variation in meteoric waters [J]. Science, 1961, 133:1702-1703.

[196] Currell, M.J., Cartwright, i., Bradley, D.C., Han, D. Recharge history and controls on groundwater quality in the Yuncheng Basin, north China [J]. J Hydrol, 2010, 385(1-4): 216-229.

[197] Currell, M. J., Han, D., Chen, Z., Cartwright, I. Sustainability of groundwater usage in northern China: Dependence on palaeowaters and effects on water quality, quantity and ecosystem health [J]. Hydrological Processes, 2012, 26, 4050-4066.

[198] Dansgaard, W. Stable isotopes in Precipitation [J]. Tellus, 1964, 16(4): 436-468.

[199] Darling, W.G., Gooddy, D.C., Riches, J. and Wallis, I. Using environmental tracers to assess the extent of river-groundwater interaction in a quarried area of the English Chalk [J]. Applied Geochemistry, 2010, 25(7): 923-932.

[200] Darling, W. G., Gooddy, D. C., MacDonald, A. M., Morris, B. L. The practicalities of using CFCs and SF6 for groundwater dating and tracting [J]. Applied Geochemistry, 2012, 27, 1688-1697.

[201] Demlie, M., Wohnlich, S., Ayenew, T. Major ion hydrochemistry and environmental isotope signatures as a tool in assessing groundwater occurrence and its dynamics in a fractured volcanic aquifer system located within a heavily urbanized catchment, central Ethiopia [J]. J Hydrol, 2008, 353(1-2): 175-188.

[202] Deng Z, Priestley S C, et al. Canopy enhanced chloride deposition in coastal South Australia and its application for the chloride mass balance method [J]. Journal of Hydrology, 2013, 497(0): 62-70.

[203] Dettinger MD. Reconnaissance Estimates of Natural Recharge to Desert Basins in Nevada, USA, by Using Chloride-Balance Calculations [J]. Journal of Hydrology, 1989, 106(1-2): 55-78.

[204] Doyle, J. M. Gleeson, T. Manning, A. H. Mayer, K. U. Using noble gas tracers to constrain a groundwater flow model with recharge elevations: A novel approach for mountainous terrain [J]. Water Resour. Res., 2015, 51(10): 8094-8113.

[205] Edmunds, W.M., Walton, N.R.G. A geochemical and isotopic approach to recharge evaluation in semi-arid zones, past and present. //Arid zone hydrology, investigations with isotope techniques [M]. Vienna: International Atomic Energy Agency, 1980.

[206] Edmunds, W M, Fellman E, Goni I B, Prudhomme C. Spatial and temporal distribution of groundwater recharge in northern Nigeria [J]. Hydrogeology Journal, 2002, 10 (1): 205-215.

[207] Edmunds, W M, Tyler S W. Unsaturated zones as archives of past climates: toward a new proxy for continental regions [J]. Hydrogeology Journal, 2002, 10(1): 216-228.

[208] Edmunds, W M, Ma J Z, Aeschbach-Hertig W, Kipfer R, Darbyshire D P F. Groundwater recharge history and hydrogeochemical evolution in the Minqin Basin, North West China [J]. Applied Geochemistry, 2006, 21(12): 2148-2170.

[209] Edmunds, W.M., Guendouz, A.H., Mamou, A., Moulla, A., Shand, P., Zouari, K. Groundwater evolution in the Continential Intercalaire aquifer of southern Algeria and Tunisia: Trace element and isotopic indicators [J]. Appl. Geochem, 2013, 18, 805-822.

[210] Ehleringer, J.R., Osmond, C.B. Stable isotopes [M]. //Pearcy, R.W., Ehleringer, J.R., Mooney, H.A., Rundel, P.W. (Eds.): Plant Physiological Ecology: Field Methods and Instrumentation. London: Chapman and Hall Ltd, 1989.

[211] Eriksson, E, Khunakasem V. Chloride concentration in groundwater, recharge rate and rate of deposition of chloride in the Israel coastal plain [J]. Journal of Hydrology, 1969, 7: 178-197.

[212] Fei, J. Groundwater resources in the North China Plain [J]. Environmental Geology and Water Sciences, 1988, 12(1): 63-67.

[213] Flechenstein, J H, Krause, S, Hannah D M, et al. Groundwater-surface water interactions: New methods and models to improve understanding of processes and dynamics [J]. Advances in Water Resources, 2010, 33(11): 1291-1295.

[214] Folch, A., Mas-Pla, J. Hydrogeological interactions between fault zones and alluvial aquifers in regional flow systems [J]. Hydrological Processes, 2008, 22(17): 3476-3487.

[215] Fornarellir, Antenucci, J P. The impact of transfers on water quality and the disturbance regime in a reservoir [J]. Water Research, 2011, 45(18): 5873-5885.

[216] Foster. S., Garduno, H., Evans, R., Olson, D., Tian, Y., Zhang, W., Han, Z. Quaternary Aquifer of the North China Plain-assessing and achieving groundwater resource sustainability [J]. Hydrogeology Journal, 2004, 12: 81-93.

[217] Fragalà F, Parkin G. Local recharge processes in glacial and alluvial deposits of a temperate catchment [J]. Journal of Hydrology, 2010, 389: 90-100.

[218] Freeze, R. A., Cheery, J. A. Groundwater [M]. New Jersey: Prentice-Hall Inc, 1979.

[219] Gao, X.B., Wang, Y.X., Wu, P.L. and Guo, Q.H. Trace elements and environmental isotopes as tracers of surface water-groundwater interaction: a case study at Xin'an karst water system, Shanxi Province, Northern China [J]. Environmental Earth Sciences, 2010, 59 (6): 1223-1234.

[220] Gates JB. et al. Conceptual model of recharge to southeastern Badain Jaran Desert groundwater and lakes from environmental tracers [J]. Applied Geochemistry, 2008a, 23(12): 3519-3534.

[221] Gates JB, Edmunds WM, Ma JZ, Scanlon BR. Estimating groundwater recharge in a cold desert environment in northern China using chloride [J]. Hydrogeology Journal, 2008b, 16 (5): 893-910.

[222] Gates JB, Edmunds WM, Ma JZ, Sheppard PR. A 700-year history of groundwater recharge in the drylands of NW China [J]. Holocene, 2008c, 18(7): 1045-1054.

[223] Gleeson, T., Manning, A. H. Regional groundwater flow in mountainous terrain: Three-dimensional simulations of topographic and hydrogeologic controls [J]. Water Resour. Res., 2008, 44(10): W10403.

[224] Gohari, A, Eslamian, S, Mirchi, A, et al. Water transfer as a solution to water shortage: A fix that can Backfire [J]. Journal of Hydrology, 2013, 491: 23-39.

[225] Goni, I.B. Tracing stable isotope values from meteoric water to groundwater in the southwestern part of the Chad basin [J]. Hydrogeol J, 2006, 14(5): 742-752.

[226] Guan H, Love A, Simmons C, et al. Catchment conceptualization for examining applicability of chloride mass balance method in an area with historical forest clearance [J]. Hydrology and Earth System Sciences, 2010, 14: 1233-1245.

[227] Guan H, Love A, Simmons C, et al. Factors influencing chloride deposition in a coastal hilly area and application to chloride deposition mapping [J]. Hydrology and Earth System Sciences, 2010, 14: 801-813.

[228] Guo, L. Chen, J., Lin, H. Subsurface lateral preferential flow network revealed by time-lapse ground-penetrating radar in a hillslope [J]. Water Resour. Res., 2014, 50(12): 9127-9147.

[229] Gupta, J, Van Der Zaag P. Interbasin water transfers and integrated water resources management: Where engineering, science and politics interlock [J]. Physics and Chemistry of the Earth, 2008, 33(1-2): 28-40.

[230] Hamed, K.H. Trend detection in hydrologic data: The Mann-Kendall trend test under the scaling hypothesis [J]. J Hydrol, 2008, 349(3-4): 350-363.

[231] Han, L., Hacker, P., Gröning, M. Residence times and age distributions of spring waters at the Semmering catchment area, eastern Austria, as inferred from tritium, CFCs and stable isotopes [J]. Isotopes in Environmental and Health Studies, 2007, 43, 31-50.

[232] Han, D., Song, X., Currell, M. J., Tsujimura, M. Using chlorofluorocarbons (CFCs) and tritium to improve conceptual model of groundwater flow in the south coast aquifers of Laizhou Bay, China [J]. Hydrological Processes, 2012, 26, 3614-3629.

[233] Han, D.M., Song, X.F., Currell, M.J., Yang, J.L., Xiao, G.Q. Chemical and isotopic constraints on evolution of groundwater salinization in the coastal plain aquifer of Laizhou Bay, China [J]. Journal of Hydrology, 2014, 508(0): 12-27.

[234] Hatch, C. E., Fisher, A. T., Revenaugh, J. S., Constantz, J., Ruehl, C. Quantifying surface water-groundwater interactions using time series analysis of streambed thermal records: Method development [J]. Water Resources Research, 2006, 42: W10410.

[235] Harvey, F.E., Lee, D.R., Rudolph, D.L. Frape, S.K. Locating groundwater discharge in large lakes using bottom sediment electrical conductivity mapping [J]. Water Resour. Res., 1997, 33(11): 2609-2615.

[236] Holman, I.P., Tascone, D., Hess, T.M. A comparison of stochastic and deterministic downscaling methods for modelling potential groundwater recharge under climate change in East Anglia, UK: implications for groundwater resource management [J]. Hydrogeology Journal, 2009, 17(7): 1629-1641.

[237] Houston J, et al. Recharge to groundwater in the Turi Basin, Northern Chile: an evaluation based on tritium and chloride mass balance techniques [J]. Journal of Hydrology, 2007, 334(3-4): 534-544.

[238] Hrachowitz, M., Soulsby, C., Tetzlaff, D., Dawson, J. J. C., Malcolm, I. A. Regionalization of transit time estimates in montane catchments by integrating landscape controls [J]. Water Resources Research, 2009, 45, W05421.

[239] Hu, K. et al. Spatial variability of shallow groundwater level, electrical conductivity and nitrate concentration, and risk assessment of nitrate contaminationin North China Plain [J]. Environment International, 2005, 31, 896-903.

[240] Hu, G C. Luo, X J, Li, F C, et al. Organochlorine compounds and polycyclic aromatic hydrocarbons in surface sediment from Baiyangdian Lake, North China: Concentrations, sources profiles and potential risk [J]. Journal of Environmental Sciences-China, 2010, 22 (2): 176-183.

[241] Huang, J C, Gao, J F, Zhang, Y J, et al. Modeling impacts of water transfers on alleviation of phytoplankton aggregation in Lake Taihu [J]. Journal of Hydroinformatics, 2015, 17 (1): 149-162.

[242] Huang T M, Pang Z H, Edmunds W M. Soil profile evolution following land-use change: implications for groundwater quantity and quality [J]. Hydrological Processes, 2013, 27 (8): 1238-1252.

[243] Hunt, R.J., Krabbenhoft, D.P. and Anderson, M.P. Groundwater inflow measurements in wetland systems [J]. Water Resources Research, 1996, 32(3): 495-507.

[244] Hunt, R.J., Coplen, T.B., Haas, N.L., Saad, D.A. and Borchardt, M.A. Investigating surface water-well interaction using stable isotope ratios of water [J]. Journal of Hydrology, 2005, 302(1-4): 154-172.

[245] ICAO. Manual of the ICAO standard atmosphere [R]. Montreal: ICAO, 1964.

[246] Ilic, M C, Stevanovic, Z, Vakanjac, V R. Environmental aspects and potential impacts of proposed water transfer scheme on sustainable water management in eastern Herzegovina [J]. Environmental Earth Science, 2016, 75(6): 1-13.

[247] Inamdar, S. Dhillon, G. Singh, S. Dutta, S. Levia, D. Scott, D. Mitchell, M. Van Stan, J., McHale, P. Temporal variation in end-member chemistry and its influence on runoff mixing patterns in a forested, piedmont catchment [J]. Water Resour. Res., 2013. 49, 1828-1844.

[248] Jiang, J., Zhang, Y., Wegehenkel, M., Yu, Q., Xia, J. Estimation of soil water content and evapotranspiration from irrigated cropland on the North China Plain [J]. J. Plant Nutr. Soil Sci., 2008, 171: 751-761.

[249] Jiang, Y. China's water scarcity [J]. Journal of Environmental Management, 2009, 90, 3185-3196.

[250] Jin, Z F, Chen, L X, Li, F L, et al. Effects of water transfer on water quality and estimation of the pollutant fluxes from different sources into West Lake, Hangzhou City, China [J]. Environmental Earth Science, 2015, 73(3): 1091-1101.

[251] Johnson, T. C., L. D. Slater, et al. Monitoring groundwater-surface water interaction using time-series and time-frequency analysis of transient three-dimensional electrical resistivity changes [J]. Water Resour. Res., 2012, 48(7): W07506.

[252] Jurgens, B. C., Böhlke, J. K., Eberts, S. M. TracerLPM (version 1): An excel workbook for interpreting groundwater age distributions from environmental tracer data (no. 4-F3) [R]. Washington, DC: US Geological Survey, 2012.

[253] Kao, Y., Liu, H., Wang, C. W., Lee, S. W. Estimating mountain block recharge to downstream alluvial aquifers from standard methods [J]. J. Hydrol., 2012, 426-427, 93-102.

[254] Kaufman, S., Libby, W.F. The Natural Distribution of Tritium [J]. Phys Rev, 1954, 93(6): 1337-1344.

[255] Katz, B.G. and Bullen, T.D. The combined use of Sr-87/Sr-86 and carbon and water isotopes to study the hydrochemical interaction between groundwater and lakewater in mantled karst [J]. Geochimica Et Cosmochimica Acta, 1996, 60(24): 5075-5087.

[256] Katz, B.G., Catches, J.S., Bullen, T.D. and Michel, R.L. Changes in the isotopic and chemical composition of ground water resulting from a recharge pulse from a sinking stream [J]. Journal of Hydrology, 1998, 211(1-4): 178-207.

[257] Kendall, C., McDonnell, J. Isotope Tracers in Catchment Hydrology [M]. Amsterdam: Elsevier Science BV, 1998.

[258] Kendall M G. Rank correlation methods [M]. London: Griffin, 1975.

[259] Kendy, E., G′erard-Marchant, P., Walter, M.T., Zhang, Y., Liu, C., Steenhuis, T.S. A soil-water-balance approach to quantify groundwater recharge from irrigated cropland in the North China Plain [J]. Hydrological Processes, 2003, 17, 2011-2031.

[260] Kendy, E., Zhang, Y., Liu, C., Wang, J., Steenhuis, T. Groundwater recharge from irrigated cropland in the North China Plain: case study of Luancheng County, Hebei Province, 1949-2000 [J]. Hydrol. Process., 2004, 18: 2289-2302.

[261] Khazaei, E. Spink, A. E. F., Warner, J. W. A catchment water balance model for estimating groundwater recharge in arid and semiarid regions of south-east Iran [J]. Hydrogeol. J., 2003, 11, 333-342.

[262] Koeniger, P., Wittmann, S., Leibundgut, C., Krause, W.J. Tritium balance modelling in a macroscale catchment [J]. Hydrol Process, 2005, 19(17): 3313-3320.

[263] Koeniger, P., Schwientek, M., Uhlenbrook, S., Leibundgut, C., Krause, W.J. Tritium balance in macro-scale river basins analysed through distributed hydrological modelling [J]. Hydrol Process, 2008, 22(5): 567-576.

[264] Koh, D C, Ko, K S, Kim, Y, Lee, S G, Chang, H W. Effect of agricultural land use on the chemistry of groundwater from basaltic aquifers, Jeju Island, South Korea [J]. Hydrogeology Journal, 2007, 15(4): 727-743.

[265] Koh, D C, Mayer, B, Lee, K S, Ko, K S. Land-use controls on sources and fate of nitrate in

shallow groundwater of an agricultural area revealed by multiple environmental tracers [J]. Journal of Contaminant Hydrology, 2010, 118(1-2): 62-78.
[266] Kohfahl, C. et al. Characterising flow regime and interrelation between surface-water and ground-water in the Fuente de Piedra salt lake basin by means of stable isotopes, hydrogeochemical and hydraulic data [J]. Journal of Hydrology, 2008, 351: 170-187.
[267] Kormos, P. R. McNamaraa, J. P. Seyfriedb, M. S. Marshalla, H. P. Marksb, D. Floresa, A. N. Bedrock infiltration estimates from a catchment water storage-based modeling approach in the rain snow transition zone [J]. J. Hydrol., 2015, 525, 231-248.
[268] Kovacs, J, Markus, L, Szalai, J, et al. Detection and evaluation of changes induced by the diversion of River Danube in the territorial appearance of latent effects governing shallow-groundwater fluctuations [J]. Journal of Hydrology, 2015, 520(0): 314-325.
[269] Kreuzer, A.M. et al. A record of temperature and monsoon intensity over the past 40 kyr from groundwater in the North China Plain [J]. Chem. Geol., 2009, 259: 168-180.
[270] Kumar, M., Ramanathan, A. and Keshari, A.K. Understanding the extent of interactions between groundwater and surface water through major ion chemistry and multivariate statistical techniques [J]. Hydrological Processes, 2009, 23(2): 297-310.
[271] La Salle, C L, Marlin, C, Leduc, C, et al. Renewal rate estimation of groundwater based on radioactive tracers (3H, 14C) in an unconfined aquifer in a semi-arid area, Iullemeden Basin, Niger [J]. Journal of Hydrology, 2001, 254(1-4): 145-156.
[272] Lambs, L. Interactions between groundwater and surface water at river banks and the confluence of rivers [J]. Journal of Hydrology, 2004, 288(3-4): 312-326.
[273] Land, L., Timmons, S. Evaluation of groundwater residence time in a high mountain aquifer system (Sacramento Mountains, USA): Insights gained from use of multiple environmental tracers [J]. Hydrogeology Journal, 2016, 24(4): 787-804.
[274] Laine-Kaulio, H. Backnäs, S. Karvonen, T. Koivusalo, H., McDonnell, J. J. Lateral subsurface stormflow and solute transport in a forested hillslope: A combined measurement and modeling approach [J]. Water Resour. Res., 2014, 50(10): 8159-8178.
[275] Li, F., Pan, G., Tang, C., Zhang, Q., Yu, J. Recharge source and hydrogeochemical evolution of shallow groundwater in a complex alluvial fan system, southwest of North China Plain [J]. Environ. Geol., 2008, 55: 1109-1122.
[276] Lin, R.F., Wei, K.Q. Tritium profiles of pore water in the Chinese loess unsaturated zone: implications for estimation of groundwater recharge [J]. J Hydrol, 2006, 328 (1-2): 192-199.
[277] Liu CM, Yu JJ, Kendy E. Groundwater exploitation and its impact on the environment in the North China Plain [J]. Water International, 2001, 26(2): 265-272.
[278] Liu CM, Zhang XY, Zhang YQ. Determination of daily evaporation and evapotranspiration of winter wheat and maize by large-scale weighing lysimeter and micro-lysimeter [J]. Agric. Forest Meteorl., 2002, 111: 109-120.

[279] Liu, C., Xie, G., Huang, H. Shrinking and drying up of Baiyangdian Lake wetland: A natural or human cause? [J]. Chinese Geographical Science, 2006, 16, 314-319.

[280] Liu, J., Song, X., Yuan, G., Sun, X., Liu, X., Wang, S. Characteristics of $\delta^{18}O$ in precipitation over Eastern Monsoon China and the water vapor sources [J]. Chinese Science Bulletin, 2010, 55, 200-211.

[281] Liu, J., Song, X., Yuan, G., Sun, X., Yang, L. Stable isotopic compositions of precipitation in China [J]. Tellus B: Chemical and Physical Meteorology, 2014, 66, 22567.

[282] Liu, Q, Li F, Zhang Q, et al. Impact of water diversion on the hydrogeochemical characterization of surface water and groundwater in the Yellow River Delta [J]. Applied Geochemistry, 2014, 48: 83-92.

[283] Liu, Y., Yamanaka, T. Tracing groundwater recharge sources in a mountain-plain transitional area using stable isotopes and hydrochemistry [J]. J. Hydrol., 2012, 464-465, 116-126.

[284] Londono, O.M.Q., Martinez, D.E., Dapena, C., Massone, H. Hydrogeochemistry and isotope analyses used to determine groundwater recharge and flow in low-gradient catchments of the province of Buenos Aires, Argentina [J]. Hydrogeol J, 2008, 16 (6): 1113-1127.

[285] Lovley, D. R., Woodward, J. C. Consumption of freons CFC-11 and CFC-12 by anaerobic sediments and soil [J]. Environmental Science & Technology, 1992, 26(5): 925-929.

[286] Lu, Y., Tang, C., Chen, J., Song, X., Li, F., Sakura, Y. Spatial characteristics of water quality, stable isotopes and tritium associated with groundwater flow in the Hutuo River alluvial fan plain of the North China Plain [J]. Hydrogeology Journal, 2008, 16, 1003-1015.

[287] Lv, Jiali, Ruiqiang Yuan, Shiqin Wang. Water diversion induces more changes in bacterial and archaeal communities of river sediments in a mid-latitude area than seasonality [J]. Journal of Environmental Management, 2021a, 293, 112876.

[288] Lv, Jiali, Yangdan Niu, Ruiqiang Yuan, Shiqin Wang. Different Responses of Bacterial and Archaeal Communities in River Sediments to Water Diversion and Seasonal Changes [J]. Microorganisms, 2021b, 9, 782.

[289] Ma J Z, Edmunds W M, He J H, Jia B. A 2000 year geochemical record of palaeoclimate and hydrology derived from dune sand moisture [J]. Palaeogeography, Palaeoclimatology, Palaeoecology, 2009, 276(1-4): 38-46.

[290] Ma J Z, Edmunds W M. Groundwater and lake evolution in the Badain Jaran desert ecosystem, inner-Mongolia [J]. Hydrogeology Journal, 2006, 14(7): 1231-1243.

[291] Ma, J.Z., Ding, Z.Y., Edmunds, W.M., Gates, J.B., Huang, T.M. Limits to recharge of groundwater from Tibetan plateau to the Gobi desert, implications for water management in the mountain front [J]. J Hydrol, 2009, 364(1-2): 128-141.

[292] Maloszewski, P., Zuber, A. Determining the Turnover Time of Groundwater Systems with the Aid of Environmental Tracers .1. Models and Their Applicability [J]. J Hydrol, 1982,

57(3-4):207-231.
[293] Maloszewski, P., Rauert, W., Stichler, W., Herrmann, A. Application of Flow Models in an Alpine Catchment-Area Using Tritium and Deuterium Data [J]. J Hydrol, 1983, 66(1-4): 319-330.
[294] Mann H B. Nonparametric tests against trend [J]. Econometrica, 1945, 13: 245-259.
[295] Manning, A. H., Solomon, D. K. Using noble gases to investigate mountain-front recharge [J]. J. Hydrol., 2003, 275(3-4): 194-207.
[296] Manning, A. H., Solomon, D. K. Constraining mountain-block recharge to the Eastern Salt Lake valley, Utah With dissolved noble gas and tritium data [M]. //Hogan, J. F. Phillips, F. M., Scanlon, B. R. (eds). Groundwater Recharge in a Desert Environment: The Southwestern United States. Washington, DC: American Geophysical Union, 2004.
[297] Manning, A. H., Solomon, D. K. An integrated environmental tracer approach to characterizing groundwater circulation in a mountain block [J]. Water Resour. Res., 2005, 41(12): S12412.
[298] Manning, A. H. Mountain-block recharge, present and past, in the eastern Española Basin, New Mexico, USA [J]. Hydrogeol. J., 2011, 19(2): 379-397.
[299] Martinez, J. L., Raiber, M., Cox, M. E. Assessment of groundwater- surface water interaction using long-term hydrochemical data and isotope hydrology: Headwaters of the Condamine River, Southeast Queensland, Australia [J]. Science of the Total Environment, 2015, 536, 499-516.
[300] Matete M, Hassan R. Integrated ecological economics accounting approach to evaluation of inter-basin water transfers: An application to the Lesotho Highlands Water Project [J]. Ecological Economics, 2006, 60(1): 246-259.
[301] McDonnell, J. J. A rationale for old water discharge through macropores in a steep, humid catchment [J]. Water Resour. Res., 1990, 26(11): 2821-2832.
[302] McDonnell, J. J., McGuire, K., Aggarwal, P., Beven, K. J., Biondi, D., Destouni, G., Wrede, S. How old is streamwater? Open questions in catchment transit time conceptualization, modelling and analysis [J]. Hydrological Processes, 2010, 24, 1745-1754.
[303] McGuire, K. J., McDonnell, J. J., Weiler, M., Kendall, C., McGlynn, B. L., Welker, J. M., Seibert, J. The role of topography on catchment- scale water residence time [J]. Water Resources Research, 2005, 41: W05002.
[304] McCallum, J.L., Cook, P.G., Berhane, D., Rumpf, C., McMahon, G.A. Quantifying groundwater flows to streams using differential flow gaugings and water chemistry [J]. Journal of Hydrology, 2012, 416-417(0): 118-132.
[305] Meredith, K. T., Hollins, S. E., Hughes, C. E., Cendon, D. I., Hankin, S., Stone, D. J. M. Temporal variation in stable isotopes (O-18 and H-2) and major ion concentrations within the Darling River between Bourke and Wilcannia due to variable flows, saline groundwa-

ter influx and evaporation [J]. Journal of Hydrology, 2009, 378(3-4): 313-324.

[306] Michel, R.L. Tritium hydrology of the Mississippi River basin [J]. Hydrol Process, 2004, 18(7): 1255-1269.

[307] Miller, M. P., Buto, S. G., Susong, D. D., Rumsey, C. A. The importance of base flow in sustaining surface water flow in the upper Colorado River basin [J]. Water Resources Research, 2016, 52, 3547-3562.

[308] Mo XG, Liu SX, Lin ZH, Guo RP. Regional crop yield, water consumption and water use efficiency and their responses to climate change in the North China Plain [J]. Agriculture Ecosystems & Environment, 2009, 134(1-2): 67-78.

[309] Modica, E., Buxton, H., Plummer, L. Evaluating the source and residence times of groundwater seepage to streams, New Jersey coastal plain [J]. Water Resources Research, 1998, 34, 2797-2810.

[310] Möller, P., Rosenthal, E., Geyer, S., Flexer, A. Chemical evolution of saline waters in the Jordan-Dead sea transform and in adjoining areas [J]. Int. J. Earth Sci, 2007, 96, 541-566.

[311] Mondal, N.C., Singh, V.P., Singh, V.S. and Saxena, V.K. Determining the interaction between groundwater and saline water through groundwater major ions chemistry [J]. Journal of Hydrology, 2010, 388(1-2): 100-111.

[312] Montoroi, J.P., Grunberger, O. and Nasri, S. Groundwater geochemistry of a small reservoir catchment in Central Tunisia [J]. Applied Geochemistry, 2002, 17(8): 1047-1060.

[313] Morgan, K., Jankowski, J., Taylor, G. Structural controls on groundwater flow and groundwater salinity in the Spicers Creek catchment, Central West region, New South Wales [J]. Hydrological Processes, 2006, 20(13): 2857-2871.

[314] Mullinger, N. J., Binley, A. M., Pates, J. M., Crook, N. P. Radon in chalk streams: Spatial and temporal variation of groundwater sources in the pang and Lambourn catchments, UK [J]. Journal of Hydrology, 2007, 339, 172-182.

[315] Murad, A.A., Krishnamurthy, R.V. Factors controlling stable oxygen, hydrogen and carbon isotope ratios in regional groundwater of the United Arab Emirates (UAE) [J]. Hydrol Process, 2008, 22(12): 1922-1931.

[316] Murphy EM, Ginn TR, Phillips JL. Geochemical estimates of paleorecharge in the Pasco Basin: Evaluation of the chloride mass balance technique [J]. Water Resources Research, 1996, 32(9): 2853-2868.

[317] Nakayama, T., Yang, Y., Watanabe, M., Zhang, X. Simulation of groundwater dynamics in the North China Plain by coupled hydrology and agricultural models [J]. Hydrological Processes, 2006, 20: 3441-3466.

[318] Phillips, D.L., Gregg, J.W. Uncertainty in source partitioning using stable isotopes [J]. Oecologia, 2001, 127: 171-179.

[319] Ne´grela, P., Petelet-Girauda, E., Barbiera, J., Gautier, E. Surface water-groundwater inter-

actions in an alluvial plain: Chemical and isotopic systematics [J]. Journal of Hydrology, 2003, 277: 248-267.

[320] Nowinski, J. D., M. B. Cardenas, et al. Hydraulic and thermal response of groundwater-surface water exchange to flooding in an experimental aquifer [J]. Journal of Hydrology, 2012, 472-473(0): 184-192.

[321] Oda, T. Suzuki, M. Egusa, T. Uchiyama, Y. Effect of bedrock flow on catchment rainfall-runoff characteristics and the water balance in forested catchments in Tanzawa Mountains, Japan [J]. Hydrol. Process, 2013, 27(26): 3864-3872.

[322] Panda, B. Chidambaram, S. Ganesh, N. Adithya, V. S. Pradeep, K. Vasudevan, U. Ramanathan, A. L. Ranjan, S. Prasanna, M. V. Paramaguru, K. A study on mountain front recharge by using integrated techniques in the hard rock aquifers of southern India [J]. Environment, Development and Sustainability, 2017, 20(5): 2243-2259.

[323] Park, J C, Song, Y I, Jung Y M, et al. Assessment of the environmental, social and economic benefits of a water transfer tunnel in the Nakdong River, Korea [J]. International Journal of Water Resources Development, 2015, 31(4): 618-629.

[324] Paternoster, M., Liotta, M., Favara, R. Stable isotope ratios in meteoric recharge and groundwater at Mt. Vulture volcano, southern Italy [J]. J Hydrol, 2008, 348(1-2): 87-97.

[325] Pearce, A.J., Stewart, M.K., Sklash, M.G. Storm Runoff Generation in Humid Headwater Catchments .1. Where Does the Water Come from? [J]. Water Resour Res, 1986, 22(8): 1263-1272.

[326] Perera N, Gharabaghi B, et al. Groundwater chloride response in the Highland Creek watershed due to road salt application: a reassessment after 20 years [J]. Journal of Hydrology, 2013, 479(0): 159-168.

[327] Plummer, L. N., Busenberg, E. Chlorofluorocarbons. [M] //Environmental tracers in subsurface hydrology. Springer, 2000.

[328] Plummer, L., Busenberg, E., Cook, P. Principles of chlorofluorocarbon dating [M]. //Use of Chlorofluorocarbons in Hydrology: A Guidebook. Vienna: International Atomic Energy Agency, 2006.

[329] Pilla, G., Sacchi, E., Zuppi, G., Braga, G., Ciancetti, G. Hydrochemistry and isotope geochemistry as tools for groundwater hydrodynamic investigation in multilayer aquifers: a case study from Lomellina, Po plain, South-Western Lombardy, Italy [J]. Hydrogeol. J., 2006, 14(5): 795-808.

[330] Rademacher, L. K., Clark, J. F., Clow, D. W., Hudson, G. B. Old groundwater influence on stream hydrochemistry and catchment response times in a small sierra Nevada catchment: Sagehen Creek, California [J]. Water Resources Research, 2005, 41: W02004.

[331] Radford B J, Silburn D M, Forster B A. Soil chloride and deep drainage responses to land clearing for cropping at seven sites in central Queensland, northern Australia [J]. Journal

of Hydrology,2009,379(1-2):20-29.

[332] Rangarajan, R., Muralidharan, D., Deshmukh, S.D., Hodlur, G.K., Rao, T.G. Redemarcation of recharge area of stressed confined aquifers of Neyveli groundwater basin, india, through tritium tracer studies [J]. Environ Geol,2005,48(1):37-48.

[333] Rohden C, Kreuzer A, Chen Z, Kipfer R, Aeschbach-Hertig W. Characterizing the recharge regime of the strongly exploited aquifers of the North China Plain by environmental tracers [J]. Water Resour. Res.,2010,46:W05511.

[334] Rose, S. Utilization of Decadal Tritium Variation for Assessing the Residence Time of Base Flow [J]. Ground Water,2007,45(3):309-317.

[335] Rowland,F. S.,Molina,M. J. Chlorofluoromethanes in the environment [J]. Rev. Geophysics,1975,13(1):1-35.

[336] Rumsey,C. A.,Miller,M. P.,Susong,D. D.,Tillman,F. D.,Anning,D. W. Regional scale estimates of baseflow and factors influencing baseflow in the upper Colorado River basin [J]. Journal of Hydrology:Regional Studies,2015,4,91-107.

[337] Russoa S L,Zavattarob L,Acutisb M,Zuppi G M. Chloride profile technique to estimate water movement through unsaturated zone in a cropped area in subhumid climate [J]. Journal of Hydrology,2003,270:65-74.

[338] Sakakibara,K.,Tsujimura,M.,Song,X.,Zhang,J. Spatiotemporal variation of the surface water effect on the groundwater recharge in a low-precipitation region:Application of the multi-tracer approach to theTaihang Mountains, North China [J]. Journal of Hydrology, 2017,545,132-144.

[339] Scanlon BR. Evaluation of Liquid and Vapor Water-Flow in Desert Soils Based on Cl-36 and Tritium Tracers and Nonisothermal Flow Simulations [J]. Water Resources Research, 1992,28(1):285-297.

[340] Scanlon,B.R.,Cook,P.G. Theme issue on groundwater recharge - Preface [J]. Hydrogeol J,2002,10(1):3-4.

[341] Scanlon B R,Healy R,Cook P G. Choosing appropriate techniques for quantifying groundwater recharge [J]. Hydrogeology Journal,2002,10(1):18-39.

[342] Scanlon B R,et al. Global synthesis of groundwater recharge in semiarid and arid regions [J]. Hydrological Processes,2006,20(15):3335-3370.

[343] Scanlon B R,Reedy R C,Tachovsky J A. Semiarid unsaturated zone chloride profiles:Archives of past land use change impacts on water resources in the southern High Plains, United States [J]. Water Resources Research,2007,43(6):WR06423.

[344] Schmalz,B.L.,Polzer,W.L. Tritiated Water Distribution in Unsaturated Soil [J]. Soil Sci, 1969,108(1):43-56.

[345] Schmidt S,Geyer T,et al. Quantification of long-term wastewater impacts on karst groundwater resources in a semi-arid environment by chloride mass balance methods [J]. Journal

of Hydrology, 2013, 502(0): 177-190.

[346] Shand, P., Darbyshire, D.P.F., Love, A.J. Edmunds, W.M. Sr isotopes in natural waters: Applications to source characterisation and water-rock interaction in contrasting landscapes [J]. Applied Geochemistry, 2009, 24(4): 574-586.

[347] Sharma, M L, Hughes, M W. Groundwater recharge estimation using chloride, deuterium and oxygen-18 profiles in the deep coastal sands of Western Australia [J]. Journal of Hydrology, 1985, 81: 93-109.

[348] Sibanda T, Nonner, J, Uhlenbrook, C. Comparison of groundwater recharge estimation methods for the semi-arid Nyamandhlovu area, Zimbabwe [J]. Hydrogeology Journal, 2009, 17(6): 1427-1441.

[349] Smerdon, B. D. Allen, D. M. Grasby, S. E., Berg, M. A. An approach for predicting groundwater recharge in mountainous watersheds [J]. J. Hydrol., 2009, 365(3-4): 156-172.

[350] Smerdon, B. D., W. Payton Gardner, et al. Identifying the contribution of regional groundwater to the baseflow of a tropical river (Daly River, Australia) [J]. Journal of Hydrology, 2012, 464-465(0): 107-115.

[351] Somers, L. D. McKenzie, J. M. Zipper, S. C. Mark, B. G. Lagos, P. Baraer, M. Does hillslope trenching enhance groundwater recharge and baseflow in the Peruvian Andes? [J]. Hydrol. Process., 2018, 32(3): 318-331.

[352] Stewart, M.K., Mehlhorn, J., Elliott, S. Hydrometric and natural tracer (oxygen-18, silica, tritium and sulphur hexafluoride) evidence for a dominant groundwater contribution to Pukemanga Stream, New Zealand [J]. Hydrol Process, 2007, 21(24): 3340-3356.

[353] Stewart, M. K., Morgenstern, U., McDonnel, J. J. Truncation of stream residence time: How the use of stable isotopes has skewed our concept of streamwater age and origin [J]. Hydrological Processes, 2010, 24(12): 1646-1659.

[354] Stimson J, Rudolph D, Frape S, et al. Interpretation of groundwater flow patterns through a reconstruction of the tritium precipitation record in the Cochabamba Valley, Bolivia [J]. Journal of Hydrology, 1996, 180(1-4): 155-172.

[355] Stone W J,. Paleohydrological implications of some deep soil water chloride profiles, Murray basin, South Australia [J]. Journal of Hydrology, 1992, 132: 201-223.

[356] Sultan, M. et al. Natural discharge: A key to sustainable utilization of fossil groundwater [J]. Journal of Hydrology, 2007, 335(1-2): 25-36.

[357] Sultan, M. et al. An integrated approach for identifying aquifers in transcurrent fault systems: The Najd shear system of the Arabian Nubian shield [J]. Journal of Hydrology, 2008, 349(3-4): 475-488.

[358] Sun, H., Shen, Y., Yu, Q., Flerchinger, G.N., Zhang, Y., Liu, C., Zhang, X. Effect of precipitation change on water balance and WUE of the winter wheat-summer maize rotation in the North China Plain [J]. Agricultural Water Management, 2009, 97: 1139-1145.

[359] Tabari, H. and Talaee, P.H. Temporal variability of precipitation over Iran: 1966-2005 [J]. Journal of Hydrology, 2010, 396(3-4): 313-320.

[360] Vitale, M.V., Gardner, P. and Hinman, N.W. Surface water-groundwater interaction and chemistry in a mineral-armored hydrothermal outflow channel, Yellowstone National Park, USA [J]. Hydrogeology Journal, 2008, 16(7): 1381-1393.

[361] Templeton, R. C. Vivonia, E. R. Méndez-Barrosob, L. A. Pierinia, N. A. Andersona, C. A. Rangoc, A. Laliberted, A. S. Scotte, R. L. High-resolution characterization of a semiarid watershed: Implications on evapotranspiration estimates [J]. J. Hydrol, 2014, 509: 306-319.

[362] Thyne, G., Güler, C., Poeter, E. Sequential analysis of hydrochemical data for watershed characterization [J]. Ground Water, 2004, 42, 711-723.

[363] Ting C S, Kerh T, Liao C J. Estimation of groundwater recharge using the chloride mass-balance method, Pingtung plain, Taiwan [J]. Hydrogeology Journal, 1998, (6): 282-292.

[364] Tóth, J. Groundwater as a geologic agent: An overview of the causes, processes, and manifestations [J]. Hydrogeology Journal, 1999, 7, 1-14.

[365] Trabelsi, R., Kacem, A., Zouari, K., Rozanski, K. Quantifying regional groundwater flow between Continental intercalaire and Djeffara aquifers in southern Tunisia using isotope methods [J]. Environ Geol, 2009, 58(1): 171-183.

[366] Turner, J.V. and Townley, L.R. Determination of groundwater flow-through regimes of shallow lakes and wetlands from numerical analysis of stable isotope and chloride tracer distribution patterns [J]. Journal of Hydrology, 2006, 320(3-4): 451-483.

[367] Tweed, S., Leblanc, M. and Cartwright, I. Groundwater-surface water interaction and the impact of a multi-year drought on lakes conditions in South-East Australia [J]. Journal of Hydrology, 2009, 379(1-2): 41-53.

[368] Tyler S W, Chapman J B, Conrad S H. Soil-water flux in the southern Great Basin, United States: temporal and spatial variations over the last 120,000 years [J]. Water Resources Research, 1996, 32(6): 1481-1499.

[369] UNESCO. Map of the world distribution of arid regions. Man and Biosphere Tech Notes, no. 7 [R]. Paris: UNESCO, 1979.

[370] Varis O, Vakkilainen P. China's 8 challenges to water resources management in the first quarter of the 21st Century [J]. Geomorphology, 2001, 41: 93-104.

[371] Von Rohden, C., Kreuzer, A., Chen, Z., Kipfer, R., Aeschbach-Hertig, W. Characterizing the recharge regime of the strongly exploited aquifers of the North China plain by environmental tracers [J]. Water Resources Research, 2010, 46, W05511.

[372] Wang, B., Jin, M., Nimmo, J.R., Yang, L., Wang, W. Estimating groundwater recharge in Hebei Plain, China under varying land use practices using tritium and bromide tracers [J]. J. Hydrol., 2008, 356: 209-222.

[373] Wang, E., Yu, Q., Wu, D., Xia, J. Climate, agricultural production and hydrological balance in the North China Plain [J]. International Journal of Climatology, 2008, 28: 1959-1970.

[374] Wang P, Song XF, Han DM, Zhang YH, Liu X. A study of root water uptake of crops indicated by hydrogen and oxygen stable isotopes [J]. Agricultural Water Management, 2010, 97(3): 475-482.

[375] Wang, S., Shao, J., Song, X., Zhang, Y., Zhou, X., Huo, Z. Application of MODFLOW and geographic information system to groundwater flow simulation in North China plain, China [J]. Environmental Geology, 2008, 55, 1449-1462.

[376] Wang, S., Song, X., Wang, Q., Xiao, G., Liu, C., Liu, J. Shallow groundwater dynamics in North China plain [J]. Journal of Geographical Sciences, 2009, 19, 175-188.

[377] Wang, S.; Tang, C.; Song, X.; Yuan, R.; Wang, Q.; Zhang, Y. Using major ions and $\delta^{15}N\text{-}NO_3^-$ to identify nitrate sources and fate in an alluvial aquifer of the Baiyangdian lake watershed. North China Plain [J]. Environmental science. Processes & impacts, 2013, 15, 1430-1443.

[378] Wang, S. Study on water cycle, hydrogeochemical evolution and nitrate contamination in Lake Baiyangdian watershed, North China Plain [D]. Chiba: Chiba University, 2014.

[379] Wang, S., Tang C., Song X., Yuan R., Han Z., Pan Y. Factors contributing to nitrate contamination in a groundwater recharge area of the North China Plain [J]. Hydrological Processes, 2016, 30(13): 2271-2285.

[380] Wang, S., Yuan, R., Tang C., et al. Combination of CFCs and stable isotopes to characterize the mechanism of surface water-groundwater interaction in a headwater basin of the North China Plain [J]. Hydrological Processes, 2018, 32(11): 1571-1587.

[381] Warner, M., Weiss, R. Solubilities of chlorofluorocarbons 11 and 12 in water and seawater [J]. Deep Sea Research Part A: Oceanographic Research Papers, 1985, 32, 1485-1497.

[382] Welch, L. A., Allen, D. M. Consistency of groundwater flow patterns in mountainous topography: Implications for valley bottom water replenishment and for defining groundwater flow boundaries [J]. Water Resour. Res., 2012, 48, W05526.

[383] Westbrook, C. J., Cooper, D. J., Baker, B. W. Beaver dams and overbank floods influence groundwater-surface water interactions of a Rocky Mountain riparian area [J]. Water Resources Research, 2006, 42: W06404.

[384] Wilson, J. L., Guan, H. Mountain-block hydrology and mountain-front recharge [M]. // Groundwater Recharge in a Desert Environment. Washington, D C: American Geophysical Union, 2004.

[385] Wilson, J., Rocha, C. A. Combined remote sensing and multitracer approach for localising and assessing groundwater-lake interactions [J]. International Journal of Applied Earth Observation and Geoinformation, 2016, 44, 195-204.

[386] Winter, T. C. Recent advances in understanding the interaction of groundwater and surface water [J]. Rev Geophys (Suppl), 1995, 33: 985-994.

[387] Winter, T. C., Harvey, J. W., Franke, O. L., Alley, W. M. Groundwater and surface water - a single resource. US geological survey circular 1139 [R]. Denver: USGS, 1998.

[388] Williams MW, hood E, Caine N. Role of organic nitrogen in the nitrogen cycle of a high-elevation catchment, Colorado front range [J]. Water Resources Research, 2001, 37 (10): 2569-2581.

[389] Woessner, W. W. Stream and fluvial plain ground water interactions: Rescaling hydrogeologic thought [J]. Groundwater, 2000, 38, 423-429.

[390] Woocay, A. and Walton, J. Multivariate analyses of water chemistry: Surface and ground water interactions [J]. Ground Water, 2008, 46(3): 437-449.

[391] Xia J. A perspective on hydrological base of water security problem and its application study in North China [J]. Progress in Geography, 2002, 21(6): 517~526.

[392] Yao, Y. Zheng, C. Andrews, C. Zheng, Y. Zhang, A. Liu, J. What controls the partitioning between baseflow and mountain block recharge in the Qinghai-Tibet Plateau? [J] Geophys. Res. Lett., 2017, 44(16): 8352-8358.

[393] Ye, A Z, Duan Q Y, Chu W, et al. The impact of the South-North Water Transfer Project (CTP)'s central route on groundwater table in the Hai River basin, North China [J]. Hydrological Processes, 2014, 28(23): 5755-5768.

[394] Yidana S M, Koffie E. The groundwater recharge regime of some slightly metamorphosed neoproterozoic sedimentary rocks: an application of natural environmental tracers [J]. Hydrological Processes, 2014, 25(7): 3104-3117.

[395] Yu, M., Cartwright, I., Braden, J., De Bree, S. Examining the spatial and temporal variation of groundwater inflows to a valley-tofloodplain river using ^{222}Rn, geochemistry and river discharge: The Ovens River, Southeast Australia [J]. Hydrology and Earth System Sciences, 2013, 17: 4907-4924.

[396] Yu, X., Cui, T., Sreekanth, J., Mangeon, S., Gilfedder, M. Deep learning emulators for groundwater contaminant transport modelling [J]. Journal of Hydrology, 2020, 590, 125351.

[397] Yuan, R., Song, X., Zhang, Y., et al. Using major ions and stable isotopes to characterize recharge regime of a fault-influenced aquifer in Beiyishui River Watershed, North China Plain [J]. Journal of Hydrology, 2011, 405(3-4): 512-521.

[398] Yuan, R.Q., Song, X.F., Wang, P., Zhang, Y., Wang, S., Tang, C.Y. Impacts of percolation in Baiyangdian Lake on groundwater [J]. Adv. Water Sci, 2012, 23, 751-756.

[399] Yuan R Q, Song X F, Han D M, et al. Rate and historical change of direct recharge from precipitation constrained by unsaturated zone profiles of chloride and oxygen-18 in dry river bed [J]. Hydrological Processes, 2012, 26(9): 1291-1301.

[400] Yuan, R., Song, X., Han, D., et al. Upward recharge through groundwater depression cone in piedmont plain of North China Plain [J]. Journal of Hydrology, 2013, 500: 1-11.

[401] Yuan, R., Wang, S., Wang, P., Song, X., Tang, C. Changes in flow and chemistry of groundwater heavily affected by human impacts in the Baiyangdian catchment of the North China Plain [J]. Environmental Earth Sciences, 2017, 76(16): 571.

[402] Yuan, Ruiqiang, Shiqin Wang, Lihu Yang, Jianrong Liu, Peng Wang, Xianfang Song. Hydrologic processes of groundwater in a small monsoon-influenced mountainous watershed [J]. Hydrology Research, 2018, 49(6): 2016-2029.

[403] Yuan, R.O., Wang, M., Wang, S., Song, X. Water transfer imposes hydrochemical impacts on groundwater by altering the interaction of groundwater and surface water [J]. Journal of Hydrology, 2020, 583: 124617.

[404] Yue, S., Pilon, P., Cavadias, G. Power of the Mann-Kendall and Spearman's rho tests for detecting monotonic trends in hydrological series [J]. J Hydrol, 2002a, 259(1-4): 254-271.

[405] Yue, S., Hashino, M. Temperature trends in Japan: 1900-1996 [J]. Theor Appl Climatol, 2003, 75(1-2): 15-27.

[406] Yuc, S., Wang, C.Y. The Mann-Kendall test modified by effective sample size to detect trend in serially correlated hydrological series [J]. Water Resour Manag, 2004, 18(3): 201-218.

[407] Zeng Q, Qin L, Li X. The potential impact of an inter-basin water transfer project on nutrients (nitrogen and phosphorous) and chlorophyll a of the receiving water system [J]. The Science of the Total Environment, 2015, 536(1): 675-86.

[408] Zhao, B. Analysis and research on required age of hydrologic station—As a case study of Beigou station of Fuping county [J]. Ground Water, 2014, 36(1): 161-162.

[409] Zhu G F, Li Z Z, Su Y H, Ma J Z, Zhang Y Y. Hydrogeochemical and isotope evidence of groundwater evolution and recharge in Minqin Basin, Northwest China [J]. Journal of Hydrology, 2007, 339(3-4): 227-228.

[410] Zhu, Meijia, Shiqin Wang, Xiaole Kong, Wenbo Zheng, Wenzhao Feng, Xianfu Zhang, Ruiqiang Yuan, Xianfang Song, Matthias Sprenger. Interaction of Surface Water and Groundwater Influenced by Groundwater Over-Extraction, Waste Water Discharge and Water Transfer in Xiong'an New Area, China [J]. Water, 2019, 11(3): 539.

[411] Zimmermann U, Ehhalt D, Munnich KO. Soil-water movement and evapotranspiration: changes in the isotopic composition of the water. Proc. Symp. Isotopes in Hydrology [M]. Vienna: International Atomic Energy Agency, 1967.

[412] Zuber, A., Michalczyk, Z., Maloszewski, P. Great tritium ages explain the occurrence of good-quality groundwater in a phreatic aquifer of an urban area, Lublin, Poland [J]. Hydrogeol J, 2001, 9(5): 451-460.

[413] Zuber, A., Weise, S.M., Motyka, J., Osenbruck, K., Rozanski, K. Age and flow pattern of groundwater in a Jurassic limestone aquifer and related Tertiary sands derived from combined isotope, noble gas and chemical data [J]. J Hydrol, 2004, 286(1-4): 87-112.

后 记

本书系统地汇编了我在中国科学院地理科学与资源研究所攻读博士学位以来，在导师宋献方研究员的精心指导下，以及中山大学的唐常源教授的无私帮助下，与团队成员张应华老师以及王仕琴、张亮、王鹏、杨丽虎、柳鉴容等的共同努力下，对白洋淀流域地下水循环和水化学演化问题进行长期研究所取得的一系列研究成果。因此，这本书是我与上述各位老师和杰出同事多年合作的结晶，是“站”在大家的肩膀上取得的宝贵成果。在此，我郑重地向各位表示感谢。

本研究得到国家自然科学基金重点项目“水循环过程不同尺度观测与对比实验研究——以白洋淀流域为例”（No. 40830636）和国家重点基础发展研究计划（973计划）“华北平原地下水演变机制与调控”（No. 2010CB428805）的支持。本书的出版得到国家自然科学基金面上项目（No. 42071037）和国家自然科学基金重点项目（No. 41730749）的支持。特此鸣谢。

在整个研究工作进行过程中，在书稿组稿、编辑和出版过程中，我的妻子和女儿给予我极大地鼓励和支持。我们将一同分享著作出版的喜悦。

这本书记录了我的一段科研经历，同时为我打开了新的科研征程。希望读到本书的前辈和同事能给予我建设性的意见。希望我在今后的科研道路上继续产出高水平、创新性的成果，为科学进步和国家发展贡献自己微薄之力。

2022年1月于太原